AF493809

SOUVENIRS DES VOYAGES

DU

COMTE DE CHAMBORD

TYPOGRAPHIE FIRMIN DIDOT. — MESNIL (EURE).

SOUVENIRS DES VOYAGES

DU

COMTE DE CHAMBORD

EN ITALIE, EN ALLEMAGNE

ET DANS LES ÉTATS D'AUTRICHE

De 1839 à 1843

PAR LE COMTE DE LOCMARIA

TROISIÈME ÉDITION

PARIS

Librairie Saint-Germain-des-Prés

PUTOIS-CRETTÉ, LIBRAIRE-ÉDITEUR

13, RUE DE L'ABBAYE, 13

1872

AVANT-PROPOS.

Les deux premières éditions de ce livre étant depuis longtemps épuisées, j'ai cru devoir en publier une troisième, réduite à un seul volume, et dans un format accessible à un plus grand nombre de lecteurs.

Il a fallu sans doute, éliminer une partie des détails concernant les mœurs, les institutions, l'histoire et la statistique générale des peuples que le comte de Chambord a visités, dans le cours des voyages auxquels il m'a fait l'honneur de m'associer; mais j'ai conservé avec soin, les détails les plus intéressants de mon récit, et reproduit avec fidélité, les réflexions qu'ont inspirées à ce Prince les faits contemporains et les divers incidents de ses voyages.

Les hommes qui, dans ces derniers temps, se sont occupés de lui sans le connaître, ceux qui, revenant encore aujourd'hui à d'anciennes préventions, ont accusé son éducation et son entourage, qu'ils supposent étrangers aux idées et aux besoins de notre temps, sauront, s'ils lisent ce livre, que le comte de Chambord eut pour gouverneur un général d'artillerie de grand mérite, pour maîtres, un professeur dont le nom est européen, un capitaine du génie, un ingénieur civil sortis l'un et l'autre de notre école savante ; ils sauront que, le jour venu de compléter son éducation par des voyages, ses compagnons et ses guides furent des ministres, d'anciens ambassadeurs de son aïeul, des généraux de division chers à l'armée, un capitaine de vaisseau, des colonels que personne ne s'est jamais avisé de supposer étrangers aux idées modernes, et aux vrais intérêts de la patrie.

Ils verront l'auguste voyageur partout en rapport avec les hommes d'État et de science, avec les grands artistes, les industriels utiles à la société; ils le verront visiter les établissements publics, les universités, les colléges, où l'attendaient les sympathies de la jeunesse. Les militaires aussi reconnaîtront que si le sentiment de sa dignité royale ne lui a pas permis de porter dans l'exil un uniforme étranger, une épée qui ne fût pas la nôtre, il a du moins profité, dans les pays alliés de la France, de la courtoisie des chefs de corps, pour voir les troupes et se pénétrer de leurs besoins, pour les passer en revue, assister à leurs exercices et à leurs grandes manœuvres; ils le verront étudier nos anciens champs de bataille, suivi d'un habile maréchal, et d'officiers généraux ou supérieurs de notre armée dont il se plaisait à consulter l'expérience et les souvenirs.

Mon récit s'arrête à la fin de l'année 1843, époque où j'ai cessé d'accompagner le comte de Chambord dans ses voyages ; mais on sait que depuis, il a visité la Prusse, la Hollande, la Belgique, la Suisse et deux fois l'Angleterre, où des hommes considérables se sont fait un honneur de l'initier aux institutions du pays, comme aux éléments de sa grandeur et de sa prospérité.

Plus tard, le Prince a parcouru la Turquie d'Europe, l'Asie Mineure, la Terre Sainte, l'Égypte, la Grèce, recueillant partout où il a passé, des enseignements et des hommages. C'est ainsi qu'utilisant les loisirs d'un long exil, et communiquant sans cesse avec des Français de tous les partis, est parvenu à l'âge le plus propre au gouvernement des États, l'héritier légitime de l'excellent roi, sous le règne duquel Benjamin Constant disait à la tribune des députés : *Nous n'avons jamais été plus heureux ni plus libres que nous le sommes aujourd'hui.*

Lorsqu'en présence de nos derniers malheurs, le comte de Chambord a fait entendre sa voix, lorsqu'il nous a promis l'ordre et la liberté, il l'a fait dans un langage loyal, ferme, persuasif, que les hommes de cœur ont compris, mais que certains politiques ont trouvé trop honnête, comme si l'honnêteté du Prince n'était pas la garantie de sa parole, et un puissant moyen d'influence et de crédit pour son gouvernement ! Si la Belgique a pu se constituer en Europe et se soustraire au sort de la Pologne, ne l'a-t-elle pas dû à la forme monarchique, à la sagesse et à la loyauté de son roi?

Il est temps que notre malheureuse patrie, livrée, durant vingt années, à un despotisme sans prudence et sans franchise, revienne enfin aux traditions de son histoire, et qu'elle se dérobe aux nouveaux essais d'une république déjà condamnée par une triple expérience !

Le président de cette république à l'essai demandait récemment dans son message, si la France s'abandonnerait au *torrent qui précipite aujourd'hui les nations vers un avenir inconnu?* La France, libre de toute pression révolutionnaire, répondrait sans nul doute en complétant la métaphore : qu'elle préfère se confier au fleuve majestueux qui depuis tant de siècles fertilise ses rivages, et qui la conduirait plus sûrement, qu'un torrent impétueux, au port où elle pourrait *poursuivre paisiblement ses nobles destinées.*

SOUVENIRS DES VOYAGES

DU

COMTE DE CHAMBORD

I.

Goritz. — Trieste. — Fiume. — La Croatie.

A la fin de 1838 le petit-fils de Charles X avait terminé son éducation classique, le moment était venu de commencer son éducation de prince. Il lui fallait à son début dans le monde, un guide, qui, par son esprit et son caractère élevé, pût être à la fois son conseiller et son ami; le duc de Lévis fut chargé de cette haute mission. On crut utile de lui adjoindre un officier supérieur qui eût pris part aux dernières guerres de l'empire, et pratiqué, dans des positions diverses, plusieurs des services militaires qu'Henri de France voulait étudier; ce fut mon nom qu'on prononça (1).

(1) L'auteur avait commandé un régiment sous la restauration et rempli les fonctions de sous-directeur du personnel de l'armée. (*Note de l'Éditeur.*)

Retiré à la campagne depuis 1830, occupé des soins de ma nombreuse famille, je devais me croire moins propre qu'un autre à justifier le choix de nos princes; ils en jugèrent autrement, et je partis; je partis plein de reconnaissance, pour les rejoindre sur cette terre étrangère où les rejeta dans un jour de malheur, le mauvais génie de ma patrie.

La famille royale, au printemps de 1839, était encore à Goritz. Cette ville, éloignée de Paris de trois cent cinquante lieues, n'était donc que le point de départ du voyage que j'allais faire. J'y arrivai le huitième jour, et, après une séparation de neuf ans, je me retrouvai en présence de cette auguste famille que j'avais rarement saluée aux Tuileries au temps de sa splendeur, et que j'étais heureux et fier de servir aux jours de son adversité. Mais, hélas! je ne la retrouvai pas tout entière! Charles X n'existait plus! depuis près de trois ans cet excellent roi, si digne des hommages de ses sujets, n'avait plus droit qu'à leurs regrets. Le comte, la comtesse de Marne et Mademoiselle me reçurent avec la bonté qui les caractérisait; ils voulurent bien me parler de mes enfants et du dévouement qui venait de m'en séparer; oui, sans doute, ce dévouement est sans bornes, mais le reconnaître, c'était le récompenser.

Henri de France, lorsque je lui fus présenté, se trouvait dans son cabinet de travail avec le comte de Montbel. J'interrompis une conversation que le prince voulut bien reprendre devant moi. Il s'agissait du pacha d'Égypte et de la situation que deux guerres heureuses lui avaient faite.

« Le roi Charles X, dit le prince, protégeait « Méhémet-Ali et rien n'était plus politique; si « l'Égypte n'appartient pas à la France, elle doit « être gouvernée par une puissance amie; mais « nous n'aurions ni soutenu ni encouragé sa ré- « volte contre le sultan. Le gouvernement est « allé trop loin, il sera forcé de reculer; c'est « une mauvaise marche pour des Français. »

Après m'avoir montré son cabinet, où il se plaît à s'entourer des souvenirs de la patrie, le prince me parla de la France et assez longuement de l'armée; puis, avant de me congédier, « En vous attendant, me dit-il avec un bienveil- « lant sourire, je me suis remis à l'école du sol- « dat; j'espère que vous me replacerez au port « d'armes : je vous attends demain matin, de « bonne heure, à la diane. »

Le lendemain, en effet, je revis Henri de France sous les armes, et à son rang de taille dans un petit peloton formé d'officiers et de sous-officiers français; mais j'eus quelque peine à le touver sans guide; il fallait faire plusieurs détours pour parvenir à la salle d'armes, et ces détours m'é- taient inconnus, aussi arrivai-je le dernier.

Le prince ne me laissa pas le temps de m'ex- cuser : « J'aurais envoyé à votre rencontre, me « dit-il, mais j'ai compté sur l'instinct militaire,

« j'ai pensé que vous sentiriez de loin qu'il y « avait ici des soldats. Au reste il est dans l'or- « dre que le régiment soit sous les armes avant « l'arrivée de son chef. »

Au maniement du fusil succéda l'exercice du sabre et de l'épée; je débutai par un assaut en règle, où de bons coups de fleurets furent donnés et rendus; on voit que mon introduction fut toute militaire.

Goritz, devenu momentanément la résidence de la famille royale, est une ville de dix mille âmes, autrefois capitale du comté de son nom, avec des États particuliers, aujourd'hui ville de cercle et siége d'un archevêché. Elle est bien bâtie, sur la rive gauche de l'Isonzo; elle possède un château qui la domine et d'où elle tire son nom. Ce petit poste est sans aucune importance militaire. Les armes de Venise gravées sur ses murailles, prouvent que le pays a appartenu à cette république au temps de sa plus grande puissance.

Goritz renferme un séminaire, un collége, un institut agricole, une école militaire pour les enfants des sous-officiers, un établissement de sourds-muets, plusieurs maisons religieuses et deux belles usines.

La ville est située au milieu de jolies collines et de frais vallons; ces vertes prairies, ces champs de mûriers, de vignes, d'arbres à fruits, ces bouquets de bois, ces nombreux villages encadrés par les contre-forts des Alpes noriques, font de Goritz et de sa campagne une véritable oasis au milieu d'un désert de pierres.

L'impératrice Marie-Thérèse, après la mort de l'empereur son époux, avait eu l'envie d'abandonner complétement les affaires et de se retirer dans cette ville. En rappelant ce souvenir à Charles X, l'empereur François ajouta que lui-même ne choisirait pas une autre retraite, s'il était libre d'en adopter une. Ce double témoignage décida le roi en faveur de Goritz. On sait qu'à peine arrivé il y trouva la mort.

Le corps du monarque est déposé dans l'église des Franciscains, dont le couvent, admirablement placé sur une colline, domine la ville et la plaine. Cette chapelle est devenue un lieu de pèlerinage pour tous les Français, pour ceux mêmes que leur position politique arrête sur le seuil de la modeste demeure des enfants du feu roi.

Goritz a été visité, à quatorze cents ans d'intervalle, par deux conquérants célèbres : Alaric et Napoléon. L'un, du haut des montagnes d'Aquilée, l'autre sur les cimes de l'Apennin, montrèrent comme une proie magnifique, et à peu près dans les mêmes termes, l'Italie à leurs légions conquérantes.

« Mes amis, avait dit Alaric, l'Italie est près « d'ici ; c'est un pays dont l'opulence et la noblesse « nous promettent une riche récolte et un agréable « séjour. Nous irons à Rome; nous y trouverons

« les trésors amassés depuis tant de siècles, et « qui en ont fait la première ville du monde. »

« Soldats, avait dit Bonaparte, voici les champs « de la fertile Italie : l'abondance est devant vous, « sachez la conquérir; sachez vaincre, et la vic« toire vous fournira demain tout ce qui vous « manque aujourd'hui. »

Mais Alaric, à la tête d'une armée de barbares, passa sur ces riches contrées comme un torrent, sans laisser d'autres traces de son passage que la dévastation et des ruines. Bonaparte, chef d'une armée révolutionnaire, mais sortie d'une nation civilisée, légua à l'Italie, après une longue occupation, de bonnes institutions et d'utiles monuments.

Goritz offre peu de ressources sous le rapport des sciences et des arts; mais comment parler de la société de cette ville sans nommer le colonel Catinelli. Couvert d'honorables blessures, en retraite depuis la paix, cet officier consacre utilement ses loisirs à l'amélioration de l'agriculture.

Placé, dans le cours de sa vie militaire, à l'état-major des grandes armées, il a conservé des souvenirs qui donnent beaucoup d'intérêt à sa conversation. Henri de France aimait à le recevoir, à le surprendre au milieu de ses utiles travaux. L'habitation de l'excellent colonel était devenue sa promenade de prédilection.

Cependant le comte de Chambord allait partir pour visiter les diverses provinces de la Hongrie et de la Transylvanie. Il avait vu Vienne, Prague, Venise et Milan; il ne connaissait ni Pesth, ni Clausembourg, ni Hermanstadt. Une institution étrangère au reste de l'Europe ne pouvait manquer non plus d'exciter son intérêt. Il avait une idée de l'organisation des régiments frontières de l'Autriche; mais il désirait étudier dans la pratique, ce vaste système d'économie militaire, et apprécier par lui-même les mœurs, les coutumes, les institutions et les tendances si diversement jugées des nations hongroise et transylvaine. Tel fut le but de ce premier voyage.

Le prince avait invité le lieutenant-général vicomte de Foissac-Latour à lui prêter, dans cette circonstance, l'appui de son expérience et de ses conseils; M. le comte de Montbel ancien ministre de l'instruction publique, devait aussi l'accompagner; ses connaissances si étendues et si variées, ses relations avec la Hongrie qu'il avait habitée peu de temps auparavant, devaient être fort utiles au petit-fils de Charles X dans le cours de son voyage.

Le 6 mai, Henri de France, sous le titre de comte de Chambord, titre cher à son cœur puisqu'il lui rappelle un don de la patrie, se sépara de sa famille, et quitta Goritz pour se diriger sur Trieste et Fiume.

Après le passage de la Wipach, jolie rivière qui se jette dans l'Izonzo, à cinq lieues seulement de sa source, le pays change d'aspect : il devient triste et sévère. Les rochers arides qui bordent la route assombrissent le paysage. Lorsqu'après quatre heures de marche, on arrive au pied de la colonne élevée, en l'honneur de l'empereur François, sur le faîte de la montagne de Trieste , un ravissant spectacle se développe tout-à-coup comme par enchantement. Au loin, la blanche Adriatique et la plage vénitienne; en face, les côtes de Capo-d'Istria et la pointe brillante de Pirano, témoin de la victoire du doge Ziani contre la flotte impériale; sur les flancs de la montagne, une multitude de maisons de campagne environnées de bouquets de bois qui se détachent sur les roches ardues; au bas, la ville, le port, la rade toujours couverte de nombreux navires. Un vaisseau de ligne anglais, le *Pembroke*, détaché de la station du levant, avait jeté l'ancre devant Trieste; c'était un événement pour la population, peu accoutumée à de pareilles visites; c'était aussi une bonne fortune pour le comte de Chambord, qui trouvait ainsi l'occasion d'examiner un vaisseau de ligne. Aussi sa première pensée, en descendant de voiture, fut-elle pour le *Pembroke*.

En ce moment la rade était sillonnée de bateaux remplis de curieux, et le pont du majestueux navire couvert de nombreux visiteurs. Le prince ayant mis le pied à bord, voulut se perdre dans la foule et se borner à prendre sa part du spectacle offert à tous; mais il était déjà venu à Trieste, et bientôt il fut reconnu. Une dame, en l'apercevant, s'écria : « C'est le duc de Bordeaux, c'est Henri V ! »

Le nom royal passa de bouche en bouche et parvint jusqu'au capitaine. Celui-ci s'empressa d'offrir ses hommages au prince. Il lui présenta ses officiers et lui montra son bâtiment dans tous ses détails. M. Moresby-Fairfax, commandant du *Pembroke*, était un brave marin qui avait obtenu la décoration de Marie-Thérèse pour une action d'éclat; la cause monarchique possédait en lui un ami dévoué.

Touché de son accueil, le comte de Chambord le revit avec plaisir le soir, dans son salon, où il reçut les premières autorités de Trieste et les Français qui se trouvaient en ce moment dans cette ville. M. Moresby, en venant offrir ses hommages au prince, le pria d'accepter un lévrier de belle race qu'il avait ramené de ses voyages : « Veuillez, lui dit-il, le nommer *Fidèle;* ce titre « vous rappellera les amis de votre cause : ils sont « nombreux dans le monde. »

Trieste a été un moment le séjour de Mesdames de France Adelaïde et Victoire; c'est là que les augustes tantes de Louis XVI vinrent cacher, dans une modeste retraite, leur deuil et leur grandeur. Un historien mal informé a prétendu que le comte de Narbonne, envoyé en mission auprès des princesses, leur avait vainement offert en 1811 une pension de la part de Napoléon. Sans doute les royales exilées auraient repoussé cette aumône, si elle avait pu leur être offerte; mais, arrivées à Trieste en 1799, elles y moururent la même année, à quelques mois d'intervalle l'une de l'autre. Cette anecdote est donc tout simplement une fable, comme bien d'autres, dont on a voulu faire des réalités. Napoléon est un peu comme Hercule; les poëtes et les romanciers ont mis la dernière main à son histoire.

La route de Trieste à Fiume rappelle celle de Goritz à Trieste; ce pays triste et aride est semé de nombreux rochers; une industrieuse nécessité leur arrache çà et là quelques perches de terre où le seigle et la pomme de terre montrent par intervalle leurs rares produits. Les hameaux sont assez nombreux, mais la population est pauvre et mendiante. L'aspect de cette misère, si différent du spectacle que présente partout la riche Lombardie, inspira au comte de Chambord une réflexion fort juste : « Les souverains voyagent « beaucoup, dit-il, mais le plus souvent ils par-« courent triomphalement de beaux pays; c'est « surtout vers des contrées comme celle-ci qu'ils « devraient porter leurs pas ; car ce sont les mal-« heureux qui ont le plus besoin d'être connus « des rois. »

Le soir, nous retrouvâmes la mer en entrant dans la Croatie : nous étions à Fiume.

Cette ville est agréablement située au fond d'un golfe formé par les côtes de l'Istrie et de la Dalmatie. Le port est très-commerçant, il est l'entrepôt des bois provenant des immenses forêts de la Croatie. Fiume est bien bâtie, fort peuplée pour son étendue, et environnée de jolis jardins.

Le prince reçut la visite des autorités militaires et du gouverneur civil, M. Kiss-Nemesker, homme de bonnes manières et d'excellents sentiments. Il venait d'apprendre par la voix publique l'arrivée du comte de Chambord, et crut devoir lui représenter que s'il observait le même incognito dans le pays qu'il allait parcourir, il s'exposerait à rester en route faute de chevaux. En effet, au delà de Fiume, le service régulier des postes était interrompu pour faire place au service incertain des relais des paysans. Il fallut donc se relâcher un peu de l'incognito convenu, et accepter l'offre du gouverneur d'avertir les juges de village jusqu'à Carlstadt. Le prince retint à souper le commandant militaire et M. Kiss-Nemesker, qui lui fit hommage d'une carte fort belle et très-détaillée de son gouvernement. Elle comprenait notre route du lendemain, la route *Louise*, récemment tracée au milieu des montagnes pour gagner le bassin de la Culpa.

La route que nous suivîmes en sortant de Fiume est bonne, mais triste et montueuse. En nous éloignant de la côte, nous retrouvâmes la végétation et la verdure sombre des forêts de la Croatie. Nous étions partis à quatre heures du matin dans l'espoir d'arriver le soir à Carlstadt; mais les chevaux nous manquèrent à Bossanczi. Le comte de Chambord se résigna gaiement à bivouaquer sous l'auvent d'une misérable auberge, car Bossanczi ne se compose que d'une espèce de cabaret et d'une maison de poste assez propre ; mais la maîtresse de poste était absente, et nul autre qu'elle ne pouvait disposer de cette habitation.

Vers onze heures du soir elle arriva de Carlstadt. Sa joie fut grande lorsqu'elle apprit le nom de son hôte ; elle était Française, et depuis quinze ans établie dans ce pays ! En peu de temps sa maison fut prête à nous recevoir. Après une nuit de quatre heures, le prince donna de nouveau le signal du départ.

Grâce à notre compatriote, qui parle fort bien le Croate, nous eûmes de bons chevaux, et nous arrivâmes de bonne heure à Carlstadt.

Cette forteresse est bâtie dans une jolie plaine environnée des eaux de la Culpa et de la Coronna, peu de distance coule la Dobra, que nous venions de passer à Stutive.

Nous y arrivâmes le jour de l'Ascension par un temps superbe. A sa descente de voiture, le comte de Chambord reçut le feld-maréchal lieutenant Waldstatten, les fonctionnaires civils et les officiers de la garnison. Tous l'accompagnèrent à l'église. Le soir, après son dîner, auquel furent conviés les principaux fonctionnaires de la place, le prince alla voir les établissements publics, les fortifications, et faire une visite à la famille du général.

Carlstadt est une petite ville bien bâtie ; mais qui, du reste, n'a rien de remarquable : elle est défendue par une enceinte bastionnée, avec une ligne de palanques crénelées pour la défense du fossé. Comme toutes les villes de guerre des confins militaires, elle est gardée par la troupe de ligne; l'état-major seul du régiment frontière réside dans la ville, les troupes sont logées dans les bourgs et les villages du généralat.

Le lendemain, le prince s'arrêta à chaque station, afin de passer en revue les compagnies qui avaient pris les armes pour le recevoir. A Glina, nous rencontrâmes un état-major de régiment, avec deux compagnies, le drapeau et la musique. A Petrinia, l'état-major et la troupe attendaient le prince devant l'hôtel qu'il devait occuper. Pendant le dîner, les musiciens du corps jouèrent des morceaux d'harmonie avec un ensemble parfait. Les colonels des régiments frontières s'occupent beaucoup de leur musique : elle est nombreuse et généralement bien organisée. L'un des officiers supérieurs de Pétrinia avait servi dans les corps croates attachés à notre armée en 1809; ce souvenir fournit un texte à la conversation de la soirée.

Le lendemain 11 mai, un accident qui heureusement n'eut pas de suites fâcheuses, nous obligea de passer quelques heures à Kostaïniza. Le postillon de la voiture du prince, en traversant la ville, franchit au galop et de front un large ruisseau creusé dans le roc. Le choc fut violent; un valet de pied, ancien grenadier de la garde, fut lancé du siége de derrière sur l'impériale de la voiture; le cou de cygne fut brisé, et le postillon, renversé sous ses chevaux, roula, mais sans aucune lésion, sur le pavé, avec armes et bagages. Le major commandant la place nous indiqua fort heureusement un ouvrier actif et adroit; celui-ci ne nous demanda que trois heures de patience, et tint parole. Après avoir prodigué des soins à celui de ses domestiques qui avait eu à souffrir de ce petit accident, le comte de Chambord mit à profit ce retard pour voir le pays.

Un officier turc, chargé d'une mission par la Porte, occupait une habitation sur la rive droite de l'Unna. Instruit de la présence du prince à Kostaïniza, il revêtit son uniforme, et passa la rivière pour offrir ses hommages à l'auguste voyageur. Dans sa précipitation, il avait oublié sa cravate; mais il avait songé à ses babouches, triste chaussure sur les bords fangeux de l'Unna. Cet officier avait été blessé au visage dans la campagne de 1829 contre les Russes; il parut flatté des questions obligeantes que lui adressa le comte de Chambord sur sa blessure, et se fit un bonheur de lui donner des détails sur la part que son régiment avait prise à cette guerre. Après quelques compliments en style oriental, il prit congé, et nous remontâmes en voiture.

Depuis longtemps déjà on nous parlait de l'inondation de la Save, que nous devions passer le soir même. Il était impossible d'arriver au bac avant la nuit. En nous éloignant des montagnes, nous nous étions aussi éloignés des bons chemins. Au delà de Dubicza, la route, percée dans un bois marécageux, est mauvaise en tout temps, et impraticable quand il a plu. Une fois dans ce bois, il fallut aller au petit pas, et souvent descendre pour dégager les roues; il était nuit quand nous atteignîmes les bacs. Le passage fut long ; mais il s'effectua sans accident. Nous avions encore deux heures de marche pour arriver à Jassenovacz où nous devions coucher; le seul chemin qui y conduise est une levée étroite, alors fort glissante, et flanquée des deux côtés par l'inondation de la Save. Ce trajet fut difficile, nous étions à chaque instant exposés à prendre au moins un bain froid à une heure indue : heureusement une vingtaine d'hommes, envoyés de Jassenovacz, éclairèrent la route avec des torches, et soutinrent la voiture sur cette chaussée, tout au plus praticable en ce moment aux calèches légères du pays.

A onze heures nous arrivâmes au gîte. Le prince retint à souper les officiers de la garnison; au point du jour nous étions sur pied pour entrer en Esclavonie. La Croatie, que nous venions de parcourir, se divise en deux parties, l'une civile, l'autre militaire. La province a pour chef-lieu Agram, ville de dix mille âmes, siége du gouvernement et d'un évêché.

Le traité de 1809 avait enlevé à cette province tout le littoral, le district de Fiume, une partie de celui d'Agram, le bannat Graënze et le généralat de Carlstadt. Il ne resta à la Croatie autrichienne qu'un tiers du district d'Agram, les comtés de Kreutz et de Warasdin. Mieux eût valu pour la province passer tout entière sous la domination française; car la division à laquelle on l'a soumise a beaucoup retardé le développement de son commerce et de son industrie.

Cette idée est de l'empereur François, qui l'appliquait en plaisantant, à la Hongrie elle-même. « Napoléon s'entendait si bien à gouverner « mes peuples, disait-il un jour, qu'il aurait « bien fait de conquérir aussi la Hongrie; elle « eût conservé l'empreinte de la griffe du con« quérant et mon gouvernement en serait aujour« d'hui plus facile. »

La Croatie militaire fournit au recrutement de huit régiments frontières, dont on pourrait former au besoin autant de régiments de grenadiers. L'agriculture a fait de notables progrès depuis la paix, surtout dans le pays des confins; mais si l'on excepte les bassins de la Save et de l'Unna et les principaux vallons des cours d'eau qui se jettent dans ces rivières, le sol est ingrat, et les habitants assez peu disposés à vaincre les difficultés qu'ils y rencontrent. Cependant, la discipline leur donne des habitudes de travail et leur impose des leçons dont ils profiteront malgré eux; car sur cette terre de soldats laboureurs, les améliorations prescrites par la voie de l'ordre du jour, s'exécutent en quelque sorte tambour battant.

Plusieurs officiers et un propriétaire de Jassenovacz, montés sur de jolis chevaux transylvains, accompagnèrent le comte de Chambord jusqu'à la première station sur la route de Brod. Il voulut s'y arrêter pour examiner en détail l'intérieur d'une famille militaire. Le Code administratif des régiments frontières consacre une règle fort singulière : c'est le chef de la famille qui la dirige et qui règle les affaires extérieures, c'est la mère qui les administre à l'intérieur sous la surveillance des officiers dits d'économie. S'il arrive que la mère de famille se montre au-dessous de ses fonctions, une autre femme est désignée d'office pour les remplir, et la mère déchue de son autorité civile, se voit réduite à celle qu'elle tient de la nature et de la religion !

Le comte de Chambord désira voir un exemple de cette étrange coutume. La famille au milieu de laquelle il parut inopinément, se composait de trente personnes ; les maisons qu'elles habitaient étaient propres et indiquaient une certaine aisance. L'union paraissait régner dans cette tribu, où chacun était classé suivant son âge et ses facultés. Les uns appartenaient au service actif, les autres à la réserve ; tous maniaient la charrue ou exercaient des métiers utiles à la population régimentaire.

De Nowska nous allâmes à Podegraï ; c'était

un dimanche ; une belle compagnie de deux cents hommes rangés en bataille sur la route attendait le prince; elle le suivit à la messe. L'église était entièrement garnie de feuillage, de rameaux et de fleurs comme pour un jour de fête. Après l'office, la troupe exécuta plusieurs manœuvres et défila.

Les régiments frontières, fractionnés et cantonnés par famille sur une ligne étendue, ne peuvent, comme les régiments de ligne, être exercés aux grandes évolutions ; mais ils ne leur sont inférieurs ni pour la tenue, ni pour l'instruction de détail, et se composent en général d'hommes plus grands et plus forts.

A Gradisca, nous rencontrâmes un état-major de régiment. Les habitants avaient espéré que le comte de Chambord coucherait dans leur ville, mais il était attendu à Brod; cependant, pour répondre à l'empressement de la population, il voulut faire au milieu d'elle un séjour de deux heures. Le prince passa en revue les troupes, s'entretint avec les officiers, et reçut les dames qui demandèrent à lui être présentées. Plusieurs d'entre elles parlaient français : toutes parurent fort touchées de son bon accueil.

En arrivant à Brod, le royal voyageur trouva le général de Neuman et l'état-major de la place devant la porte du logement qu'il devait habiter. M. de Neuman joint à une fort belle tenue, de l'esprit, de l'instruction et un ton parfait; sa conversation intéressa beaucoup le prince. Personne sans doute ne pouvait lui donner sur le pays des renseignements plus variés et plus complets. L'étonnement du général était extrême de voir le petits-fils de Charles X au modeste chef-lieu de son commandement. « Le duc de Bordeaux en Esclavonie! disait-il; quand on m'a annoncé cette nouvelle, il y a quelques heures, j'avais peine à y croire! »

La révolution à laquelle le général devait cette visite, lui avait occasionné sans doute une surprise plus grande encore; car il avait été témoin de la joie et de l'enthousiasme de la nation française au moment du retour des Bourbons, et comment prévoir alors l'événement qui devait, quinze ans plus tard, la séparer des enfants de ses rois?

Le lendemain à cinq heures le comte de Chambord allait se mettre en route; deux dames se promenaient depuis une demi-heure dans les allées voisines de l'hôtel. Le prince les aperçoit, demande secrètement leur nom, et quitte son entourage pour aller au-devant des deux promeneuses; l'une d'elles était madame de Neuman, elle s'était levée à quatre heures du matin pour l'apercevoir avant son départ. Après quelques minutes de conversation, il les salua, reçut les adieux des officiers, et partit enlevé en quelque sorte, par quatre chevaux vigoureux, dirigés par un propriétaire de Brod qui avait demandé à conduire lui-même l'auguste voyageur.

Brod, chef-lieu du régiment frontière de son nom, est une petite ville de quatre mille âmes située sur la Save, au milieu d'un territoire fertile. Elle possède une citadelle, des environs pittoresques et de jolies promenades; elle fait un commerce assez étendu, favorisé par sa position sur une rivière navigable.

Vinkovèze, où nous couchâmes la nuit suivante, est aussi un chef-lieu de régiment. Comme toutes les villes que nous avons vues depuis Carlstadt, elle offre l'aspect d'une ville russe ou asiatique. Des rues fort larges, de grandes places, des maisons construites en bois ou en briques, et le plus souvent séparées par des jardins. Beaucoup d'espace et peu d'habitants, tel est le caractère particulier de toutes ces villes de construction récente.

On retrouve le Danube à Vinkovar; le prince s'y arrêta pour passer en revue une belle compagnie des hussards de Transylvanie, et se dirigea ensuite sur Péterwardein.

II.

Péterwardein. — Carlowitz. — Semlin. — Belgrade.
Témeswar. — Le Haras de Mezö-Hegyes.

Nous avions espéré arriver à Péterwardein dans la soirée, mais un violent orage nous surprit à la hauteur de Banostor.

La pluie qui tombait à torrents défonça les chemins et nous retint en route toute la nuit. Elle fut triste et fatigante. Nous avions doublé les attelages, c'était le seul moyen de ne pas rester embourbés. Les cinq postillons de chaque voiture marchaient à la tête des chevaux, poussant des cris sauvages pour les encourager ou pour les rassurer contre les éclairs et les roulements de la foudre. Enfin, à quatre heures du matin, nous frappions à la porte de Péterwardein. Le commandant de la forteresse était averti : un officier nous conduisit à l'auberge que nous devions habiter. Après trois heures de repos, le comte de Chambord reçut le commandant-général comte Csollish, et les feld-maréchaux lieutenants avec les officiers supérieurs de l'état-major et de la garnison. La réception terminée, le prince, accompagné des chefs du génie et de l'artillerie, alla visiter les fortifications, les magasins, les ateliers d'armes spéciales, et les autres établissements militaires.

Péterwardein ne renferme que quatre mille âmes environ d'une population toute militaire. Le bourg de Neusatz, situé sur l'autre rive du fleuve, est quatre fois plus peuplé que la ville; sa position sur le Danube lui donne une grande importance commerciale. La forteresse est défendue, à l'ouest, par le Danube; au nord, par un bras de ce fleuve qui, après une pointe vers le nord, revient longer la ville à l'est, à une distance de mille mètres environ. Péterwardein possède une bonne citadelle; assise sur un plateau élevé, elle domine le cours du fleuve, le faubourg de Neusatz et toute la campagne à l'ouest de la ville.

Le comte de Chambord s'arrêta sur ce point pour examiner le plan des fortifications, puis il voulut voir les mines défensives qui s'étendent dans la direction de Carlowitz; c'est le seul côté vulnérable de la place. Notre promenade souterraine, accidentée par un grand nombre de rameaux, dura au moins une heure. Nous vîmes ensuite l'arsenal et les casernes; les casernes sont spacieuses et saines, et l'arsenal abondammen pourvu d'armes et de munitions. En somme, Péterwardein est une belle et forte place; mais quand et comment fera-t-elle usage de sa force? On admire ses remparts, on cherche en vain ses ennemis.

Le comte de Chambord avait, selon sa coutume, invité les généraux et les principaux officiers à dîner avec lui; mais le commandant général avait fait des préparatifs pour recevoir le prince. Ce fut donc chez M. de Csollish qu'eut lieu le repas auquel tout contribua à donner un air de fête.

Cet officier général comptait de longs et honorables services; il était fort estimé dans l'armée autrichienne.

La forteresse placée sous son commandement était devenue, sous le règne de Charles VI, le poste avancé des possessions autrichiennes. Les victoires de Témeswar et de Péterwardein, en reculant les frontières à Belgrade, ont repris aux Turcs toutes les conquêtes de Soliman II sur les Impériaux.

Le 16 mai, nous nous mîmes en route pour Semlin; le colonel Schutter, chef du régiment de l'archiduc Léopold, et un officier d'ordonnance accompagnèrent le prince jusqu'au champ de bataille de Péterwardein. Le colonel est Français, c'est un militaire fort distingué, il commande dans la place un beau régiment que le comte de Chambord avait vu la veille dans ses casernes.

Arrivés sur le théâtre de la gloire du prince

Eugène de Savoie, nous fîmes une halte pour examiner les positions des deux armées.

La victoire fut très-longtemps disputée; Eugène faillit céder au nombre et à l'audace des janissaires; le concours héroïque du comte de Bonneval, son lieutenant, lui assura le champ de bataille, et par suite de solides trophées. La possession de Témeswar et du bannat fut l'un des résultats de ce fait d'armes. Le comte de Chambord parcourut avec intérêt ce champ célèbre, théâtre de la gloire de deux généraux nés Français, dont les talents ont été malheureusement si funestes à leur patrie.

Carlowitz est devenue célèbre par le traité de paix qui lui doit son nom. Par ce traité, signé en 1699, l'Autriche s'assura la possession de la Transylvanie; elle acquit une superficie de territoire de dix mille lieues carrées. La ville renferme environ cinq mille âmes, elle est la résidence de l'archevêque des Grecs non unis, qui forment les deux tiers de sa population; du reste, elle n'offre rien de remarquable, si ce n'est peut-être un détestable pavé; mais Semlin ne lui cède en rien sous ce rapport; c'est cependant une ville de dix mille âmes, centre d'un grand commerce favorisé par sa position sur le Danube au confluent de la Save.

Un propriétaire de Semlin, prévenu de l'arrivée du prince, avait disposé son hôtel pour le recevoir; l eût été difficile en ce moment de le loger ailleurs. Une heure après notre arrivée, nous nous embarquâmes pour Belgrade. Le général Unger-Offer, et plusieurs officiers de l'état-major avaient tout préparé pour cette traversée, et obtenu du comte de Chambord la permission de l'accompagner. Nous partîmes donc dans deux grandes chaloupes conduites par trente-deux vigoureux rameurs du bataillon des pontonniers, organisé pour le service du Danube comme les régiments frontières pour le service de terre, et recruté comme eux, parmi les habitants des confins. Un bateau expédié par le général nous avait devancés à Belgrade, aussi trouvâmes-nous l'artillerie turque sur les remparts, prête à répondre au salut de nos pierriers.

Le bruit du canon ayant attiré la foule sur le rivage, le prince débarqua au milieu d'un grand concours de monde. Guidés par le consul-général d'Autriche, nous allâmes d'abord à la citadelle faire une visite au pacha. Celui-ci avait envoyé sa garde au devant du prince; elle l'attendait sur le glacis. Iussouf suivi de ses officiers le reçut au pied de son escalier et le conduisit au salon d'honneur. Partout ailleurs cette pièce passerait au plus pour une antichambre; ici, c'est la galerie des grands jours. Le pacha s'accroupit sur son divan, son fils et les principaux officiers s'établirent à ses côtés. On avait placé, en face, des chaises pour le comte de Chambord et sa suite, nous nous assîmes donc, et la conversation s'en gagea par interprète. Le prince parla à Iussouf de sa carrière militaire, commencée à Missolonghi, et l'interrogea sur les événements de la guerre de 1828. Le pacha avait une belle figure à moitié cachée sous une longue barbe grise; sa physionomie était empreinte d'une grande tristesse. Il considérait son pachalik comme un exil, et il avait raison; car ce fut lui qui rendit Varna aux Russes, et Mahmoud ne lui a jamais pardonné ce revers.

Bientôt on apporta des pipes, du café, et des sorbets. Les pipes étaient fort belles et chargées d'excellent tabac; mais le café eût fait reculer une portière et les sorbets rougir un cabaretier. Cependant il fallut boire et fumer par courtoisie. Le prince, qui ne fume pas, se résigna stoïquement à faire honneur au café du pacha. Il lui en eût coûté d'ailleurs de répondre par un refus à l'échanson de Iussouf; ce brave homme était Français; hussard du 4e régiment en 1812, et resté prisonnier en Russie, il s'était depuis établi à Belgrade où il paraissait jouir d'une certaine considération.

Le comte de Chambord quitta le pacha comme il l'avait abordé, escorté par une garde d'honneur et au bruit des tambours de la garnison.

Le spectacle qu'offre la ville turque est fort bizarre : les murs des maisons ne sont guère mieux traités que les remparts de la citadelle; ils tomberont si le destin veut qu'ils tombent; car personne ne songe à les réparer. On nous a montré la maison qu'habita le prince Eugène; c'est une ruine au milieu des ruines, elle n'a ni fenêtre ni toiture; tout ce quartier ne présente aux regards qu'une masse de décombres, comme au lendemain du dernier siége.

Belgrade a vu la guerre de près : Eugène, en 1717, a soutenu un siége tout en l'assiégeant; il s'est tiré de cet embarras comme César à Alise, dans la guerre des Celtes, ou comme Napoléon à Mantoue, en battant l'armée de secours pour réduire ensuite la garnison. Un peu plus loin est la mosquée principale, édifice plus que modeste dans une ville aussi peuplée. Nous y sommes entrés avec l'agrément du pacha, et en sortant, nous avons jeté le plus poliment possible, quelques pièces d'argent à l'iman chargé du soin religieux de purifier les souillures de nos pas.

L'intérieur de la mosquée répond à son extérieur, c'est une halle décorée de versets du Coran. Le quartier marchand est composé d'une longue suite de petites maisons, avec une boutique au rez-de-chaussée. On a dit des Turcs qu'ils sont campés en Europe, on serait tenté de croire que ceux de Belgrade n'ont pas une idée plus solide de leur établissement, car ils n'habitent que des barraques.

Nous marchions avec de grandes précautions dans ces rues étroites et fangeuses; le moindre contact avec un habitant ou un objet suspect nous eût condamnés à la quarantaine, supplice justement redouté des voyageurs! Les gardes de santé, armés de longs bâtons, veillaient à notre sûreté, que les

Turcs, au reste, semblaient peu disposés à troubler. Tous ou presque tous, la pipe à la bouche et accroupis sur le devant de leurs boutiques, nous regardaient passer sans se relâcher en rien de leur niaise impassibilité. On respire en entrant dans la ville servienne; là on retrouve la propreté, la civilisation, le mouvement et les femmes. La largeur seule d'une rue la sépare de la ville turque, et l'on croirait entrer dans un autre monde.

Le costume des deux sexes est gracieux et riche; le sang généralement beau; les habitations sont bien construites. Nous avons vu un magasin de nouveautés, des boutiques d'orfévrerie, de bijouterie et des hôtels élégants. La Belgrade servienne est presque une ville allemande.

A l'extrémité de la rue principale, sur une petite place, est situé le palais du prince Milosh, alors souverain protégé, et fort mal protégé, de la Porte et de la Russie.

Informé de l'arrivée du comte de Chambord, il revenait de sa campagne pour le recevoir. Une compagnie de cent hommes était rangée en bataille sur la place. Cette belle troupe était habillée et organisée à la russe; la Porte, protectrice de la Servie, n'y exerçait réellement qu'une autorité nominale. Les forteresses qu'elle y conserve lui échapperont tôt ou tard; est-ce ce pressentiment de l'avenir qui l'empêchait de les réparer?

Le prince Milosh était un homme gros, grand et laid; il avait les cheveux plats artistement rangés sur le front, une large face, et un énorme bouton sur la joue. Cette physionomie peu gracieuse avait cependant une grande expression de bonhomie. Près de Milosh était son second fils, jeune homme intéressant qui parlait fort bien notre langue. Le comte de Chambord s'entretint avec lui pendant quelques instants. Le fils aîné du prince servien était alors malade à Péterwardein, où sa mère lui prodiguait ses soins.

On remarquait derrière le souverain de Belgrade ses ministres et les consuls des diverses nations, avec eux se trouvait le consul de France. Le prince lui adressa quelques mots obligeants, mais sans paraître attacher la moindre importance à une rencontre dont il redoutait avec raison qu'on ne fît un crime à ce fonctionnaire peu prudent.

On ne fuma pas cette fois ; mais on but du bon vin de Champagne, précieux antidote des sorbets du pacha !

Le prince et la princesse de Servie formaient un étrange couple : Milosh, dit-on, savait à peine lire et écrire ; j'ignore si sa femme avait plus de littérature, mais elle possédait le mérite, assez rare aujourd'hui parmi les princesses souveraines, d'être bonne ménagère et de faire très-agréablement la cuisine. C'était en outre une fière femme, et qui n'avait pas toujours le mot pour rire. Pendant les guerres de l'indépendance servienne, son mari et quelques officiers de sa suite revinrent un jour trop tôt du champ de bataille, attirés sans doute par l'attrait des talents culinaires de la future princesse. « Êtes-vous vainqueurs? leur dit-elle. — « Non. — Eh bien! retournez donc à l'ennemi, « vous ne dînerez qu'après la victoire. » Cette apostrophe toute lacédémonienne, ne rappelle-t-elle pas le fameux bouclier de Sparte et le *Reviens dessus ou dessous* de la mère de Théotidas.

Depuis notre départ de Belgrade, l'État a perdu son chef, la citadelle son pacha et le commerce français son consul. La mort de Mahmoud a mis un terme à l'exil de Iussouf, et le consul de France assez mal avisé pour avoir cherché sur la terre étrangère un prince qu'il avait peut-être salué aux Tuileries, ce consul a été frappé de destitution.

En rentrant dans sa chaloupe, au bruit des décharges de l'artillerie, le comte de Chambord prit congé des consuls et de la population qui l'avait suivi sur le rivage; nous étions de retour à Semlin avant la nuit.

Cette ville possède de jolies églises et un lazaret fort bien tenu, dans lequel on a construit des chapelles très-élégantes pour les divers cultes chrétiens. Le prince visita en détail cet établissement, où sont exposés, dans plusieurs salles, tous les produits du Levant soumis à la quarantaine.

L'Esclavonie est plus fertile que la Croatie; l'agriculture y a fait plus de progrès; mais l'éloignement où sont les terres labourables des habitations rend la culture plus difficile. Nous avons rencontré des villages, distants l'un de l'autre de quatre lieues et dont les terres se touchent. Dans ce pays, les champs sont fermés par des palissades; on parcourt des distances considérables sur une route flanquée d'une clôture sans fin. Il semble que le dieu Terme ait choisi l'Esclavonie pour le siége de son empire.

Nous nous embarquâmes de nouveau à Semlin pour entrer dans la Hongrie militaire; nous avions plusieurs lieues à parcourir sur une espèce de lac formé par la triple inondation du Danube, de la Save et de la Borcza. Avant d'arriver à Pancsova chef-lieu du régiment frontière du bannat Graënze, nous passâmes de nouveau sous les remparts de Belgrade. A l'ouest de la ville, nous aperçûmes la tour célèbre d'où jamais personne ne sortit vivant. C'est là que fut étranglé, par ordre de la Porte, Kara-Mustapha, ce superbe visir, coupable d'une folle confiance déjà punie par une suite de revers qui, de Vienne où il faisait trembler l'Europe, le ramenèrent fugitif à Belgrade pour y trouver la mort.

De ce côté de la ville on n'aperçoit que le quartier turc, dont l'aspect est infiniment moins agréable que celui de la partie servienne; celle-ci est embellie par les habitations des membres du sénat et des consuls situées pour la plupart sur les collines au levant de Belgrade. Toutefois un grand nombre de minarets, vus d'une certaine distance, donnent à la ville turque un aspect trompeur.

De loin c'est quelque chose, et de près ce n'est rien.

Cette place eut jadis une grande importance : elle fut le boulevard de la chrétienté et le théâtre d'événements considérables.

Mahomet II, Huniade, Capistran, Soliman II, Kara-Mustapha, Eugène de Savoie, trois siéges, trois batailles où les plus grands intérêts furent engagés : tels sont les noms et les faits qui se lient le plus étroitement à l'histoire de Belgrade.

En débarquant à Pancsova, place forte que le comte de Merci enleva aux Turcs en 1716, nous trouvâmes sur la plage le général major Méden et tous les officiers du régiment frontière. Une grande partie de la population s'était aussi portée au lieu du débarquement, elle suivit le prince en foule à l'hôtel où les voitures étaient attendues. Il reçut l'état-major, les fonctionnaires civils et tous les habitants notables qui demandèrent à lui rendre leurs hommages.

Nous allions quitter pour quelque temps les régiments frontières; mais déjà nous en avions vu plusieurs, et comme l'organisation de ces corps est partout la même, nous pouvions nous faire une idée exacte de cet important système d'organisation.

Les frontières militaires de l'Autriche s'étendent de l'Adriatique à l'extrémité de la Transylvanie; elles forment un cordon de plus de quatre cents lieues défendu par seize régiments d'infanterie et un régiment de hussards, présentant ensemble un effectif de soixante-dix mille hommes. Cet effectif, complétement subordonné au chiffre de la population, tend à s'élever avec elle. A l'instar des colonies romaines, cette population est militairement constituée; chaque homme, à la fois laboureur et soldat, est obligé au service actif pendant douze ans; ce temps expiré, il demeure indéfiniment soumis au service de la réserve. Durant la paix, ces régiments fournissent sur la frontière une ligne de postes de surveillance pour prévenir les invasions des Turcs et celle de la peste qui, parfois, se montre au delà des confins. Ces postes sont relevés tous les huit ou quatre jours, suivant les localités. Les hommes qui les occupent sont nourris par les familles auxquelles ils appartiennent. On voit que l'entretien de ces corps ne coûte rien à l'État, si ce n'est une première mise de douze florins pour l'équipement de chaque régimentaire.

Les officiers de ces corps sont pour la plupart choisis dans la ligne; ils en viennent, ils y rentrent; l'instruction est la même, les droits sont égaux. Le colonel est un petit souverain dont l'action s'étend à tout ce qui intéresse l'État et la famille. Il est assisté, pour la partie militaire; par une hiérarchie d'officiers, pour la partie administrative, par les capitaines et plus particulièrement par des officiers dits *d'économie;* ceux-ci veillent sur la culture des terres, règlent les assolements, font, après la récolte des grains, la part des magasins de la compagnie, dirigent, contrôlent l'administration de chaque chef, de chaque mère de famille, et comptent avec eux pour les impôts de l'État, soit en corvées, soit en argent.

Les Szeklers, qui habitent les frontières de la Transylvanie, sont dans une position différente; ceux-ci ne sont pas concessionnaires, ils sont conquérants! leurs titres de propriétés ont été écrits avec la pointe de l'épée de leurs pères; tous sont nobles, exempts d'impôts, et obligés seulement, par suite d'alliances conditionnelles avec les Hongrois, à défendre le pays contre les invasions des ennemis. Le gouvernement autrichien a un peu étendu cette obligation, car les hussards Szeklers ont pris une part active aux grandes guerres contre la république et l'empire.

De Pancsova nous partîmes pour Témeswar. Un violent orage avait éclaté la veille sur Semlin, nous en retrouvâmes les traces en route. Après avoir péniblement cheminé tout le jour, nous arrivâmes à minuit à Detta; nous n'y étions pas attendus, ce ne fut donc qu'à deux heures du matin qu'il fut possible de prende un léger repas. On ne compte que trente-six lieues de Semlin à Témeswar, nous mîmes trente-six heures à les faire, et cependant nous ne nous arrêtions que pour voir les troupes. Le comte de Chambord déjeunait frugalement dans sa voiture, et ne dînait qu'au gîte, le plus souvent à une heure où l'on ne soupe plus et à l'heure où personne ne pense encore à déjeuner. Ce régime aurait peu d'attraits pour des estomacs méthodiques; il n'est pas inutile à un jeune prince : tout ce qui le gêne lui profite.

Ces longues journées de marche n'étaient d'ailleurs pas perdues pour l'étude. Nous avons lu, chemin faisant, l'Esprit des lois, l'Histoire de la Restauration, celle de la Campagne de Russie, par le général de Chambray, et le dernier voyage du maréchal Marmont. Ces lectures, entremêlées de réflexions, interrompues par des commentaires, nous aidaient à supporter les contrariétés du voyage.

A deux lieues de Témeswar on passe la Témès; un autre orage nous attendait sur ce point; il eût retardé notre marche de plusieurs heures, si nous n'avions rencontré le pavé à une lieue de la ville. Un officier d'ordonnance et quelques hussards étaient venus au devant du comte de Chambord, ils lui servirent de guides. La pluie avait cessé au moment de notre entrée à Témeswar; un bataillon était sous les armes devant l'hôtel; la population remplissait les rues et les places; chacun voulait voir le jeune prince et le saluer. Cette bienveillante curiosité ne put être satisfaite, il faisait presque nuit quand nous arrivâmes. L'auguste voyageur, en descendant de voiture, trouva réunis les officiers généraux et le commandant de la place, présentés par le comte d'Auersperg, commandant général du bannat.

La journée du lendemain fut bien remplie; le matin, le prince reçut les officiers de la garnison, les autorités civiles ainsi qu'une députation de la noblesse. Il vit avec plaisir les magnats hongrois dans leur charmant costume. On ne peut rien imaginer en effet de plus noble et de plus élégamment varié; car chacun s'habille à sa guise. Le fond du costume, c'est-à-dire le bonnet, l'aigrette, la pelisse, le pantalon et la botte, est le même pour tous; mais les ornements de ces diverses parties du costume national sont plus ou moins riches, plus ou moins gracieux. Le comte de Chambord s'entretint assez longtemps avec ces messieurs, ils lui donnèrent d'intéressants détails sur le bannat et sur la ville en particulier.

Témeswar et ses dépendances renferment une population de vingt mille âmes; les faubourgs, traversés par le canal sont bien bâtis et très-commerçants; la ville est régulière, ornée de jolis hôtels; mais le climat est vicié par les exhalaisons du canal et des marais.

Toute la garnison, infanterie et cavalerie, s'était réunie sur la place du gouvernement pour défiler devant le comte de Chambord. Cette belle troupe exécuta plusieurs manœuvres de parade avec une grande régularité. L'après-midi fut consacrée à la visite des établissements publics et des fortifications. Témeswar est une forteresse de troisième ordre; elle possède un arsenal bien approvisionné, riche d'un grand nombre d'armes anciennes et de trophées conquis sur les Turcs. Plusieurs dames s'y étaient rendues dans l'espoir de voir le prince et de lui être présentées; il les reçut en effet dans l'une des salles de l'arsenal. Le soir il retint à dîner le commandant-général, le vice-président de la noblesse, et les principales autorités civiles et militaires. Sollicité de paraître au spectacle pour répondre au désir d'un grand nombre de personnes dont plusieurs étaient venues de la campagne à son intention, le prince se rendit au théâtre après le repas. La réunion fut fort brillante, les acteurs jouèrent la *Somnambule* en allemand : leur choix était peut-être un peu ambitieux, cependant ils se tirèrent avec honneur de cette difficile entreprise.

De Témeswar nous devions aller à Mezô-Hegyes, pour visiter le haras impérial. On peut faire ce trajet en un jour, mais seulement avec des voitures légères. Le comte d'Auersperg offrit au prince deux petites calèches. Grâce à son obligeance, nous arrivâmes le soir même au haras. Nous avions passé la Marosh à Neu-Arad; cette ville est un chef-lieu de comté, elle est fort étendue et très-commerçante, quoique sa population soit peu considérable. Le comte de Chambord s'y arrêta pour recevoir le feld-maréchal lieutenant Rosguer et les officiers des cuirassiers de Hardegg. Le général lui donna des renseignements précis sur la position de plusieurs colonies françaises dont l'origine remonte à Marie-Thérèse! Il fallait prendre un chemin plus long et plus mauvais pour revenir à Témeswar par Trübes-Wetter, centre de ces colonies. Le prince n'hésita pas à changer son itinéraire : il se faisait une fête de passer quelques moments au milieu d'une population française. Il vit à Neu-Arad plusieurs compatriotes, ce fut pour lui une heureuse rencontre.

Le haras de Mezô-Hegyes est unique en Europe; il est dirigé avec autant de zèle que d'intelligence par le lieutenant-colonel de Bloksberg. Cet établissement occupe une superficie de vingt mille hectares, entourée de haies vives et de fossés. Ce vaste terrain est sillonné par des allées d'arbres fruitiers, qui en marquent les divisions.

Chaque division comprend ou une ferme avec ses dépendances, ou des terres en culture, ou des prairies, les unes destinées au pâturage, les autres à la fauchaison. Au centre de chaque division s'élèvent d'immenses écuries avec des greniers ou de vastes hangards pour abriter les troupeaux. Près de ces bâtiments, on a pratiqué des logements à demi souterrains pour les soldats gardiens; un potager et un joli bouquet de bois avoisinent ces logements. Au milieu de ces établissements divers, se trouvent le château, ses dépendances, son parc, ses jardins, sa ferme, son manége, ses écuries, les casernes pour les officiers, et pour les onze cents soldats attachés au service du haras. On y compte quatre mille bêtes chevalines, étalons, juments et poulains. Cet établissement pourvoit les haras particuliers et les haras publics de second ordre.

Le prince était descendu au château, où M. de Bloksberg lui avait fait préparer l'appartement de l'empereur; Mme de Festitich, fille du colonel, et Mlle de Bloksberg lui firent les honneurs de cette résidence. La matinée du lendemain fut consacrée à la visite des écuries et du manége. Le manége est grand et bien construit ; on y conserve dans un cabinet près de la porte d'entrée, le squelette de l'étalon *Ennyus*, auteur de la race normande à Mezô-Hegyes, et celui d'un cheval arabe qu'a monté Napoléon. Tous les étalons de race diverse défilèrent successivement devant le prince; nous remarquâmes dans le nombre des chevaux admirables. La docilité de ces animaux témoigne de la douceur de leur éducation; leur vigueur, leurs belles proportions prouvent l'intelligence des croisements et les bons soins qu'ils reçoivent.

En sortant du manége, le prince vit les autres parties de l'établissement central : la ferme, les jardins, la maison des bains, le café, la salle de bal et celle des concerts. Mezô-Hegyes est une véritable colonie, aussi a-t-on cherché à y réunir tout ce qui peut contribuer à la rendre agréable.

Le seconde partie de la journée fut employée à la tournée des établissements secondaires. Nous vîmes successivement tous les troupeaux au pâturage; ils sont gardés par des soldats à cheval, armés de longs fouets pour contenir les esprits indépendants. Nous rencontrâmes d'abord les poulains avec leurs mères, puis les troupeaux d'un an à quatre divisés par âge. Ces jeunes chevaux se livrent parfois à de fâcheux caprices, car il ne faut qu'un mauvais caractère pour mettre en émoi tout le troupeau. Il y a quelques années, l'empereur Ferdinand en fit lui-même l'expérience : un mouvement subit de ces animaux les poussa de son côté, il fut renversé malgré les efforts des gardiens. Cet accident n'eut heureusement aucune suite. Notre intéressante inspection dura jusqu'à huit heures et demie du soir. Quand nous revînmes au château nous avions fait plusieurs lieues sans franchir les limites du haras. Le prince fut heureux de témoigner à M. de Bloksberg combien il était touché de son accueil, et satisfait de ce qu'il avait vu. Le général Foissac-Latour, dont l'expérience lui avait été si utile dans cette circonstance, joignit aux félicitations du prince les éloges d'un excellent connaisseur.

Le lendemain nous repartîmes pour Témeswar; les calèches étaient traînées par six beaux chevaux du haras; nous fîmes six lieues aussi promptement que le permettait l'état ou plutôt l'absence des chemins, et nous arrivâmes d'assez bonne heure au bac de la Marosh.

A quatre lieues au delà de Saint-Miklos, nous rencontrâmes le bourg de Trübesvetter, centre des colonies françaises de Charleville et de Saint-Hubert. Le prince y était attendu; la foule se pressait devant la maison du juge pour saluer l'auguste voyageur, et cette foule était française! Le comte de Chambord en l'apercevant saute à bas de sa voiture et s'élance seul au milieu des groupes; c'était à qui l'approcherait, à qui lui adresserait la parole. De son côté, il aurait voulu pouvoir parler à tous; mais il ne s'agissait pas seulement de voir cette population, il fallait aussi connaître ses besoins et lui être utile. Le prince engagea le juge à faire entrer chez lui tous les chefs de famille; il causa avec eux, les interrogea sur leurs intérêts, sur leurs travaux, fit donner des secours à ceux qui en avaient besoin, et accueillit toutes les demandes qu'il recommanda chaudement aux autorités. Ces braves gens désiraient surtout avoir un curé qui parlât français, l'évêque promit au comte de Chambord de faire droit à cette réclamation. Plusieurs chefs de famille avaient apporté leur certificat de congé du service militaire et ceux de leurs pères. Tous avaient conservé le caractère national sur la terre étrangère : leur conversation était semée de saillies qui réjouissaient fort le prince et lui rappelaient les jours de son enfance. « J'ai été heu-
« reux pendant quelques heures, disait-il en
« remontant en voiture, je me suis cru en France,

« quel dommage que l'illusion ait été si courte! » Il s'éloigna emportant les vœux et les bénédictions de la colonie.

Le soir, nous étions de retour à Témeswar. Pour aller aux bains le prince fut obligé de traverser la promenade. La musique militaire et un fort beau temps y avaient attiré la foule. A peine parut-il qu'il fut reconnu; il recueillit, dans cette circonstance, de nombreux témoignages de sympathie et de respect.

III.

La Hongrie militaire. — Orsova. — Les bains de Méhadia. — Carlsbourg. — Hermanstadt.

Avant d'arriver à Karensébès, chef-lieu du district régimentaire de la frontière valaque, nous passâmes à Lugos, ville commerçante du comté de Kaschau. A une lieue de Karensébès, nous rencontrâmes un piquet de pandours envoyés par le colonel Roth au devant du prince pour lui servir d'escorte. Ces cavaliers, montés sur de petits chevaux comme les cosaques, avaient un étrange aspect : ils portaient des pantalons blancs collants, des sandales avec un cothurne, un colback de peau d'ours à flamme rouge, un petit manteau flottant, plusieurs pistolets, deux poignards, un sabre, un fusil; il ne leur manquait qu'une lance pour être un arsenal vivant. A Karensébès le prince trouva la troupe sous les armes. Ce corps, parfaitement bien tenu, possède comme les autres une école régimentaire; mais il n'en est aucune dont l'instruction soit dirigée avec plus de soin et d'intelligence. On a construit dans la ville de beaux bâtiments militaires, et, au-dessus de l'un d'eux, un observatoire pour le directeur de l'école régimentaire et pour les élèves.

Karensébès fait aussi partie du comté de Kaschau. Cette ville est située, comme Lugos, sur la Temès, et fait un commerce considérable. Elle est le chef-lieu du district le plus populeux des confins. Le colonel Roth, chef du régiment de ce district, demanda au comte de Chambord la permission de l'accompagner dans les villes de son commandement, qui est fort étendu; le prince agréa avec plaisir cette demande d'un officier dont l'excellente réputation lui était connue. Le lendemain, nous allâmes à Orsova où nous retrouvâmes le Danube. Ce beau fleuve venait d'être le théâtre et la cause d'un bien triste événement : le bateau à vapeur de Constantinople s'arrêtait à la Porte de Fer, où des obstacles de navigation forçaient les voyageurs à débarquer et à gagner, par une belle route récemment construite, un autre bateau qui remontait le Danube jusqu'à Pesth. Quatorze personnes voulurent faire ce trajet jusqu'à Drinkova dans un bateau traîné par des bœufs; un peu avant d'arriver à leur destination, la corde casse, le bateau chavire, et trois personnes seulement échappent à la mort après des efforts inouïs. Depuis quatre jours les naufragés étaient au lazaret quand nous arrivâmes à Orsova ; le prince voulut les voir, et leur témoigner l'intérêt qu'il prenait à leur situation.

Les trois naufragés de Drinkova vinrent recevoir le comte de Chambord à la porte de la petite cour qui précède leur logement ; l'un deux était Espagnol ; tous se montrèrent touchés des paroles et des offres de service que le prince leur adressa. Un peu plus loin, nous vîmes un Parisien du genre artiste qui venait, disait-il, de faire à Constantinople un voyage d'agrément. Dès qu'il aperçut le comte de Chambord : « Monsieur le duc, « lui dit-il, il y a longtemps que je désire vous « voir, et je suis bien heureux de cette rencontre. « Comment se porte madame votre mère ? On dit « que vous allez à Méhadia ; moi aussi j'y vais, « et, si vous le trouvez bon, j'irai vous y cher- « cher. » Le discours était original, le prince y répondit sur le même ton.

« Mon compatriote, nous dit-il, a un langage « à lui ; mais ce langage est l'expression d'un « sentiment bienveillant, et m'a fait un vrai « plaisir. » Cette rencontre valut à notre Parisien une chaude recommandation auprès du commandant du lazaret.

A trois lieues à l'ouest de la ville, se cache sous des ronces l'entrée d'une caverne creusée dans le flanc d'une montagne escarpée. Cette caverne, au-dessous de laquelle coule le Danube, est célèbre dans les fastes du pays. C'est là que le général Vétérani, vaillant comme Léonidas, mais plus heureux que son modèle, arrêta l'armée turque avec un petit nombre de braves, et la força de rétrograder après un combat de plusieurs jours.

La reconnaissance publique a donné le nom de ce valeureux chef à la caverne témoin de son héroïque résistance.

Nous continuâmes de descendre le Danube jusqu'à Neu-Orsova; c'est une des forteresses que les Turcs ont conservées, depuis la paix de 1739, dans les provinces où il ne leur reste que ce vain simulacre de leur ancienne domination.

Le pacha fit saluer le prince par ses canons, et vint au devant de lui accompagné d'un iman, descendu de Mahomet et revêtu du costume turc dans toute sa pureté. Les abords du palais du pacha étaient inondés; il fallut passer sur des madriers mouvants dont l'agitation dérangeait un peu l'équilibre et la gravité du cortége; cependant nous arrivâmes sans encombre au salon de réception. Là fut renouvelée la cérémonie de Belgrade : gardes d'honneur, gardes de santé, pipes, sorbets, café, tout s'y retrouva; mais meilleur, et offert de meilleure grâce; car le pacha est parmi les Turcs un homme de progrès et de bonnes manières; il a été colonel d'artillerie, et porte encore l'uniforme de cette arme.

Jeune, doué d'une figure martiale et pleine

d'expression, le pacha m'a rappelé, par une ressemblance vraiment extraordinaire, le maréchal Marmont, tel que je l'avais vu en 1811 à la tête de notre armée de Portugal réorganisée par ses soins. Le pacha soutint la conversation avec autant d'esprit que de convenance. Il avait commandé l'artillerie du château de Morée à l'époque de notre expédition en Grèce. Le duc de Lévis, alors colonel du 54me de ligne, se trouvait en face de ce poste avec son régiment; ce fut un sujet de conversation.

Nous parcourûmes la ville, si ville il y a, car Neu-Orsova n'est réellement qu'une mauvaise bourgade. La mosquée où nous conduisit le pacha venait d'être l'objet d'une grande innovation : il y avait fait construire des tribunes pour les femmes, exclues jusqu'alors des prières publiques. On voit que ce colonel est un réformateur de bon goût; il poussa la tolérance envers nous jusqu'à laisser sans purification les souillures chrétiennes de nos pas.

En quittant la mosquée, nous revînmes au rivage pour nous rembarquer; mais nous comptions sans notre hôte. Derrière nous cheminait un convoi de chaises que rangèrent symétriquement sur la rive des soldats initiés au secret de la douce surprise qu'on nous ménageait. Le pacha pria gracieusement le prince de s'asseoir et de vouloir bien prêter l'oreille aux sons harmonieux de sa musique militaire. Nous nous assîmes donc attentifs et recueillis.

Deux tambours et un fifre s'avancèrent alors avec une modestie où je soupçonnais un peu d'affectation; et, après avoir mis leurs instruments d'accord par un harmonieux prélude, nos virtuoses, cédant à leurs inspirations poétiques, commencèrent avec un admirable ensemble un concert dont les bruyants éclats firent gémir les échos voisins, et malheureusement aussi nos oreilles plus voisines encore. Cependant les tambours excellaient réellement dans leur art, et le fifre avait bien aussi son mérite. Quand le souffle lui manqua, quand les bras tombèrent aux tambours, force leur fut de mettre un terme à nos plaisirs. Le pacha crut voir qu'ils avaient été vifs; il y mit le comble en flattant avec adresse notre orgueil national : les trois artistes que nous venions d'entendre étaient les élèves d'un tambour-major français!...

Après le concert reparurent les pipes, les sorbets et le café; le fort se pavoisa, les canons tonnèrent de nouveau; rien ne manqua à la réception du pacha.

Sur cette plage pittoresque d'une île du Danube qui touche à la fois à la Hongrie, à la Servie et à la Valachie, un beau soleil de juin éclairait en ce moment une scène vraiment intéressante. D'un côté le fils aîné de saint Louis représentant la civilisation; de l'autre, un descendant de Mahomet représentant une barbarie à demi vaincue; puis des groupes de Français, d'Autrichiens, de Turcs, de Valaques, de Serviens, de Hongrois, chacun avec son costume national; tout à l'entour, des montagnes majestueuses baignées par un beau fleuve, et reproduisant en longs roulements, les bruyants éclats de l'artillerie. Un peintre seul manquait à ce tableau, bien propre à agir sur l'imagination.

En quittant le pacha, nous remontâmes vers la Porte de Fer et nous rencontrâmes le premier poste valaque. L'officier qui le commandait s'avança vers le prince et le pria, en fort bon français, de faire à sa troupe l'honneur de la passer en revue.

Dans la Valachie, toutes les personnes qui ont reçu de l'éducation parlent notre langue et s'intéressent à notre histoire. Si le prince avait pu aller à Bucharest, il y aurait été reçu comme à Téméswar, et pour les mêmes causes.

Ce poste militaire nous donna une idée favorable des troupes de la principauté. Les soldats valaques comme les Serviens, ont pris les Russes pour modèles : l'équipement, la tenue, l'instruction même, tout rappelait l'influence et le protectorat de ce puissant empire.

Nous devions aller coucher à Méhadia. Pendant qu'on préparait les attelages, le colonel Roth nous donna le spectacle d'une danse valaque. Une centaine de jeunes gens et de jeunes filles dansèrent d'abord en rond, puis par couples avec des passes et des tours de main fort compliqués, une danse dont les figures et même la musique rappellent le biniou et les bals bretons. Le bal dura une demi-heure : c'était assez pour nous donner une idée de la danse valaque; c'était trop peu pour les danseuses, que cette parade de commande avait mises en haleine. Aussi le prince voulut-il qu'après avoir sauté par ordre, elles pussent se divertir pour leur propre compte ; il fit donc les frais du bal pour le reste de la journée, et laissa la jeunesse d'Orsova fort satisfaite de sa visite.

A cinq heures du soir nous arrivions à Méhadia, appelée bains d'Hercule par les Romains. Cette jolie ville, située sur l'extrême frontière d'Autriche, dans un vallon resserré entre des montagnes agrestes, ne compte à bien dire qu'une seule rue ou plutôt une longue place en forme de parallélogramme; mais cette place est environnée de belles maisons et de vastes hôtels.

L'administration régimentaire n'a rien épargné pour attirer la foule à Méhadia : une jolie église, un excellent restaurant, des logements commodes ont été construits en peu d'années, et l'on posait alors les fondations d'un nouvel hôtel pour répondre à la vogue dont jouit cet établissement. Tous les habitants étaient aux fenêtres quand le prince arriva. Le commandant général, venu de Témeswar, lui présenta les officiers, que l'auguste voyageur invita à souper ainsi que le comte d'Auersperg. Le repas eut lieu dans le principal salon du restaurant. Ce fut une nouveauté pour Henri de France, et une bonne aubaine pour le restaurateur; car toutes les tables de cette salle immense furent constamment occupées pendant le temps que dura le souper du prince.

Le lendemain nous vîmes les divers établissements de ces bains où afflue la population des provinces voisines. Les gens de la campagne ont une grande confiance dans l'efficacité des eaux de Méhadia; ils couchent volontiers dehors et par tous les temps, pour ne pas perdre l'occasion d'entrer dans le bain public.

Il est douteux cependant qu'un bain, suivi d'un bivouac humide, puisse produire autre chose qu'un rhumatisme.

Nous nous arrêtâmes le soir à Karensébès. Le comte de Chambord avait eu infiniment à se louer du colonel Roth; il voulut aller le visiter chez lui, pour offrir ses remercîments à ce digne officier au milieu de sa famille.

Cette ville est célèbre à plus d'un titre : on dit qu'Ovide y trouva une retraite, et qu'il y expia le tort d'avoir offensé l'empereur et sa famille adoptive. Auguste l'avait envoyé en exil, Tibère l'y laissa mourir ! On assure que le poëte composa ses élégies à Karensébès; il est certain que le site aurait pu les lui inspirer.

Ce sont les Valaques qui recrutent le régiment de Karensébès; assez beaux hommes, propres à la guerre, mais ennemis du travail, c'est à regret qu'ils habitent la fertile vallée de la Témès; ils préfèrent la montagne et la vie pastorale. On les voit se dédommager de la contrainte qui les attache à la glèbe, en faisant peser sur leurs femmes la plus large part de leurs travaux. Aussi les choisissent-ils, comme ailleurs on choisit un cheval de labour, à leur force musculaire et à la vigueur de leurs formes.

Lorsqu'un Valaque, en fantaisie de mariage, jette son dévolu sur une jeune fille, il se présente chez elle, et, s'adressant au père, il lui demande s'il a vu un cerf. Celui-ci répond oui ou non, selon qu'il veut lui accorder ou lui refuser sa fille. Cette formule conventionnelle et assez indirecte de déclaration d'amour, a pour but d'épargner au prétendant l'humiliation d'un refus. Si sa demande est agréée, le futur beau-père répond sans hésiter : sans doute j'ai vu le cerf, et j'ai ton affaire, mon ami. Ma fille est bonne et forte; son corps est solide comme mon poêle, ses jambes sont fermes comme le pilier de ma porte, elle est souple comme le saule du ruisseau. Je te la donne de grand cœur. Cela dit, la noce se fait, et la pauvre femme est condamnée sans pitié au rude labeur des champs.

En Illyrie les choses se passent d'une façon plus chevaleresque : la jeune fille recherchée en mariage se barricade dans sa chambre, et son prétendu ne peut l'obtenir qu'après un siége régulier. Je suppose qu'il ne se résigne à tracer sa première parallèle, qu'après avoir tenté l'escalade.

Nous allions dire adieu aux régiments frontières pour entrer dans la Transylvanie. L'excellent colonel Roth voulut conduire le prince jusqu'aux limites de son commandement. Alors aussi les pandours se séparèrent de lui. Depuis quatre jours ils ne l'avaient pas quitté ; ces braves gens se montrèrent affectés de cette séparation.

En reconnaissant les avantages que l'Autriche a retirés et retire encore de l'organisation dont nous venions de faire une étude pratique, nous reconnûmes aussi que ce système lui était particulier et ne pouvait recevoir ailleurs son application. Après avoir écouté attentivement les raisons qui s'opposaient à son introduction en Prusse, en Allemagne, en France surtout : « Sans doute, dit « le comte de Chambord, ce système n'est point « praticable en France ; mais il serait efficacement « pratiqué en Algérie, pays neuf où les conces- « sions de terrain peuvent être faites sous la con- « dition d'un service armé ; ce serait le moyen « d'assurer notre conquête, et de diminuer les « dépenses qu'elle nous occasionne. »

Le 27 mai nous quittions le bannat de Témeswar pour entrer en Transylvanie.

Nous avions franchi les montagnes qui bornent cette province à l'ouest, montagnes couvertes de bois d'une teinte un peu sévère. En descendant dans la plaine, le pays change d'aspect, on entre dans la fertile vallée de la Marosh. Cette rivière prend sa source au mont Liban, à quelques lieues de Giorgyo, l'ancien siége des Szeklers, et partage la Transylvanie en deux sections égales. A peine s'éloigne-t-elle de sa source que le volume de ses eaux, grossi d'un grand nombre de ruisseaux, la rend aussi large que la Marne à son confluent. On la passe à une lieue de Carlsbourg où nous arrivâmes à neuf heures du soir.

Après avoir monté la rampe qui mène de la porte d'entrée à la place d'armes, les voitures s'arrêtèrent au fond d'une très-grande cour; là nous mîmes pied à terre. Un bel escalier nous conduisit à une vaste salle à manger illuminée et disposée pour le repas du soir. Le comte de Chambord se croyait à l'auberge, et s'émerveillait du luxe et de l'éclat des hôtels de Carlsbourg; mais bientôt une autre porte s'ouvrit, et il se trouva en présence des officiers de la garnison et des chanoines du chapitre réunis dans le salon pour le recevoir : nous étions chez l'évêque. Membre de la diète, il était alors à Presbourg; mais il avait ordonné que l'on conduisît le prince dans le palais épiscopal, qu'il mettait à sa disposition pour tout le temps de son séjour dans le diocèse. Au reste, le prélat en agit à peu près de même avec tous les étrangers; car il n'y a point d'auberge à Carlsbourg. On comprend qu'aucun hôtel n'ait pu s'établir à côté d'un concurrent aussi redoutable.

Carlsbourg n'a qu'une enceinte bastionnée; mais la place est par sa position de facile défense. Elle est située à l'extrémité d'une petite plaine élevée qui sépare les monts Fozebaj du bassin de la Marosh. La ville est peu considérable, mais bien bâtie; elle domine un beau faubourg aussi peuplé qu'elle. Les Romains la nommait Alba-Julia, du nom de la mère de Marc-Aurèle. Le lendemain de notre arrivée était le jour de la Fête-Dieu; le comte de Chambord alla à l'office et suivit la procession. Cette cérémonie fut aussi belle qu'édifiante : le temps était superbe, toute la population extérieure s'était rendue dans la ville; les protestants, les grecs, les catholiques, confondus sur la vaste place de Carlsbourg, semblaient unis en ce moment dans une commune pensée de recueillement. Une bonne musique et de belles voix accompagnaient les cérémonies des stations, et chaque bénédiction était saluée par des décharges de mousqueterie faites par des pelotons d'infanterie rangés en bataille sur divers points de la place. Ce spectacle religieux était vraiment imposant.

Après l'office, le comte de Chambord vit les troupes, parcourut la ville et les fortifications, visita l'hôtel de la Monnaie, les médailles, la Bibliothèque riche de manuscrits fort curieux, et l'Observatoire élevé par un comte Bathiani.

Du haut des remparts nous vîmes une scène fort divertissante : une vingtaine de danseurs valaques attendaient que le prince pût les voir pour commencer une danse bizarre dont aucune autre ne peut donner l'idée. Vêtus d'un justaucorps, coiffés d'un petit chapeau lampion, munis d'un long bâton, ils avaient des grelots aux jambes et à leur tricorne; tous dansaient en s'accompagnant de la voix et de leurs grelots une danse fort animée. A chaque reprise, chaque danseur, appuyé sur son bâton, sautait légèrement, et à son tour, avec une dextérité parfaite, par-dessus la tête de son voisin, sans que la mesure en fût troublée ni les chants interrompus. Un pareil exercice ne pouvait durer longtemps; au bout d'un quart d'heure nous en vîmes la fin, et ce ne fut pas sans regret.

Le soir, le comte de Chambord reçut les dames : l'une d'elles, la jeune comtesse Olfredi, lui offrit des vers allemands de sa composition; la pensée de ces vers fut très-agréable au prince. Le 30 mai nous quittâmes la demeure hospitalière de l'évêque de Carlsbourg, mais pour y revenir bientôt; car il faut passer par cette ville pour aller aux mines de la vallée de l'Ompaly, et elles entraient dans le plan de notre voyage.

En ce moment, nous allions à Hermanstadt, qui est le siége du commandement général; c'est une ville de vingt mille âmes; elle doit son nom à un allemand du nom d'Herman qui y fonda une petite colonie. Autrefois place forte, la ville est encore environnée d'une épaisse muraille en brique, mais qu'on n'entretient pas, et l'on fait bien. Hermanstadt est située dans une jolie plaine arrosée par le Zibin et terminée à l'orient par les montagnes de Fogaras; vers le midi, le Surul et le Budislaw élèvent au-dessus de la chaîne dont ils font partie leurs cimes majestueuses et couvertes de neige; de nombreux jardins, de jolies plantations entourent la ville d'une ceinture de promenades.

Au moment de notre arrivée, un beau bataillon était sous les armes dans la rue que le prince devait habiter; une foule considérable s'y était portée pour le voir. A peine entré dans son hôtel, il reçut le commandant général comte de Wernhardt, les feld-maréchaux lieutenants Saint-Quentin et Grüber, le général des hussards Szeklers, le gouverneur et les principaux fonctionnaires civils.

Le comte de Wernhardt a rempli une belle carrière militaire; chef d'état-major du prince de Schwarzemberg, il a pris une part active aux grands événements des dernières guerres de l'empire. M. de Saint-Quentin est Français; il passe dans l'armée autrichienne pour un très-bon officier général de cavalerie; il commande les régiments frontières du généralat d'Hermanstadt.

En voyant le comte de Chambord, cet officier fut tellement ému qu'il ne put prononcer un mot. « Priez le prince, me dit-il, de ne pas me « juger sur mon silence; en présence de ce digne « rejeton de nos rois mon cœur était plein, je me « suis tu pour rester maître de moi; mais je « m'accoutumerai, je l'espère, au bonheur de « le voir. »

En effet, le comte de Chambord le reçut le lendemain en particulier, et l'excellent général retrouva la parole à la grande satisfaction du prince, qui puisa dans sa conversation des renseignements précieux sur le pays.

Depuis trois heures de l'après-midi le dîner de l'auguste voyageur était préparé chez le commandant général. Madame de Wernhardt et ses deux filles le reçurent avec une grâce parfaite. Dans le salon de la comtesse on eût pu se croire en France: le ton, la mise, les manières, le langage, tout contribuait à faire illusion.

Après le dîner nous allâmes au spectacle ; on jouait *la Norma* en allemand. La représentation eût été satisfaisante si des intérêts de coulisse n'avaient classé les premières chanteuses en raison inverse de leur talent. La hiérarchie du mérite est utile partout; elle est indispensable au théâtre, où le budget des recettes est nécessairement subordonné à cette condition. Cependant la salle était pleine et la réunion fort brillante.

La journée du lendemain commença pour nous de très-bonne heure; le comte de Chambord reçut tous les officiers, puis il visita les établissements publics, et, entre autres, la Bibliothèque et le Musée. L'hôtel du Musée est très-beau; les salles affectées aux tableaux sont un don d'un particulier. La collection est nombreuse et riche de plusieurs originaux de grands maîtres. Nous y avons vu un portrait de Marie-Thérèse, représentée à cheval le jour de son couronnement.

Le prince, en visitant l'école de natation, remarqua le soin tout particulier qu'on prend à Hermanstadt de cette partie si intéressante de l'instruction militaire.

Il avait réuni pour le dîner tous les officiers généraux et supérieurs, le gouverneur civil et le comte de Nadasti, commissaire des finances en Transylvanie. Cet administrateur avait eu le matin une longue audience du prince, et l'avait entretenu du service intéressant dont il était chargé dans la province d'où l'Autriche extrait une partie de sa monnaie d'or et d'argent.

Pendant le repas, le major Kreutner, premier aide-de-camp du comte de Wernhardt, écoutait attentivement les paroles du prince, et semblait contempler son visage si expressif et si animé; tout à coup il se retourne vers moi et me dit avec un ton pénétré : « Ah! pourquoi tous les Français « ne peuvent-ils voir votre prince comme je le « vois en ce moment! » Ces paroles d'un étranger n'ont pas besoin de commentaire.

Les dames d'Hermanstadt avaient témoigné le désir de lui être présentées; mais comme les proportions de son appartement à l'hôtel ne lui permettaient pas de les recevoir convenablement, la comtesse de Wernhardt avait offert gracieusement son salon. Après la promenade, nous nous rendîmes donc à l'hôtel du gouvernement. Une agréable surprise nous y était ménagée : la réception, par une attention délicate de madame de Wernhardt, devait être suivie d'un fort joli bal. Il faut ici me répéter : cette charmante réunion nous rappela la France, aux contredanses près, car on se borna à valser. Cependant on se permit une mazourque, danse agréable que j'ai vue si bien exécutée en Pologne et en Russie, et si imparfaitement partout ailleurs.

Toutes les dames furent présentées au prince; il causa avec chacune d'elles dans le cours de la soirée et se retira à minuit. M. de Montbel et moi nous restâmes quelque temps encore au milieu de cette réunion si aimable et si bienveillante. Au moment où nous allions sortir, la comtesse Bethlem, d'une ancienne maison souveraine de la Transylvanie, s'approcha de nous, et se rendant l'organe d'une pensée commune à toute la société d'Hermanstadt : « Veuillez, dit-elle, offrir au « prince nos hommages et nos vœux; il emporte « les cœurs de toutes les personnes qui ont eu « le bonheur de le voir et de l'approcher; nous « n'éprouvons tous qu'un regret, c'est de le per« dre si tôt. » Le lendemain, en effet, était le jour marqué pour le départ; cependant, avant de monter en voiture, le prince assista à une parade des troupes de la garnison, et reçut les adieux des officiers généraux; adieux touchants dont le comte de Wernhardt fut l'éloquent interprète.

Il exprima au prince, dans un discours plein de noblesse et de sensibilité, le bonheur qu'il avait éprouvé à recevoir le digne descendant de Louis XIV et de Marie-Thérèse! Le comte de Chambord quitta Hermanstadt, pénétré de reconnaissance pour l'accueil qu'il y avait rencontré.

Nous repassâmes par Carlsbourg pour aller à Zalathna. L'intention du prince était de pénétrer dans les montagnes de Fozebaj, et de visiter les mines d'or et d'argent les plus considérables de la Transylvanie. A une lieue de Carlsbourg, on quitte la plaine pour entrer dans l'étroite vallée qu'arrose l'Ompaly.

A six heures et demie nous arrivâmes à Zalathna, après avoir parcouru un pays fort pittoresque. Grâce à M. de Nadasti qui nous avait annoncés, et à l'hospitalité de l'administrateur de Zalathna, nous trouvâmes un bon logis et un nombre suffisant de chevaux de selle pour aller le soir même à Abrud-Banya.

La cavalcade se mit en marche par un beau temps, dans l'après-midi; elle était assez nombreuse. Le colonel Karguer, commandant la garnison de Carlsbourg, et quatre officiers du régiment de Bianchi, avaient demandé au comte de Chambord la permission de l'accompagner; plusieurs administrateurs étaient aussi du voyage. Pendant deux heures nous continuâmes de remonter l'Ompaly. Cette vallée est délicieuse, elle rappelle les plus jolis sites de la Suisse.

A une lieue d'Abrud-Banya, on descend dans un charmant vallon arrosé par une branche de l'Aranyos dont les flots chargés d'or lui ont valu, de la part des Romains, le nom d'Auratus. A peine fûmes-nous descendus dans la vallée, que nous rencontrâmes les administrateurs et les notables d'Abrud-Banya venus à cheval au devant du comte de Chambord. Il fut harangué, complimenté, en latin et en allemand, et accueilli par tous avec la plus respectueuse cordialité. Les trente personnes venues d'Abrud-Banya prirent la tête du cortége pour guider le prince et le conduire au logement qui lui avait été préparé.

Abrud-Banya est une assez jolie ville de sept mille âmes environ; c'est l'Auraria-major des Romains, dont ils exploitèrent les richesses pendant deux siècles. Le prince traversa toute la ville avec son escadron d'honneur, au milieu d'un grand concours de monde. A peine arrivé, il reçut le curé catholique, les ministres des Églises grecques et réformées, ainsi que le pasteur des unitaires.

Les églises des divers cultes à Abrud-Banya sont toutes sur la place; elles forment un pâté d'édifices dont les portes d'entrée sont placées du côté extérieur, en sorte qu'on pourrait dire que ces églises se tournent le dos. Il ne faudrait pas en conclure que les catholiques et les dissidents vécussent en mauvaise intelligence dans ce pays; l'harmonie au contraire était parfaite. Ce fut le curé qui présenta les ministres des autres cultes et qui harangua le comte de Chambord en latin. Cet ecclésiastique était un vrai pasteur montagnard; actif, robuste, charitable, toujours prêt à se mettre en campagne, à pied comme à cheval; gai, jovial même, sans être pour cela moins régulier, il exerçait sur la population une influence due à ses manières peut-être, au moins autant qu'à ses vertus.

Le prince entra dans les ateliers chimiques, où l'or est séparé des autres produits des mines; il vit l'un après l'autre les ouvriers, qu'il questionna sur leurs travaux, et suivit avec intérêt les opérations diverses faites en sa présence.

Le lendemain à la pointe du jour nous cheminions vers Veraspatak.

IV.

Les Mines de Veraspatak. — La Montagne de Détunata. — Adieux à Carlsbourg. — Enyed. — Les Salines de Maroh-Us-war. — Clausembourg.

Après trois heures de marche, par des chemins où des chevaux de montagne peuvent seuls pénétrer impunément, nous découvrîmes cette ville dans le fond d'une étroite vallée. Elle a une demi-lieue d'étendue et offre l'aspect le plus étrange. Cette cité agreste, environnée de mines d'or, a vu s'élever de nombreuses fortunes. Chacune de ses maisons est le fruit du travail de ses ouvriers; quelques-unes sont gracieusement assises sur les flancs de la montagne. Des arbres, des jardins, de jolies chapelles s'élèvent çà et là. Ce tableau, alors éclairé par un beau soleil de printemps, était animé par la chute des eaux motrices, par le bruit cadencé des bocards, et surtout par le mouvement d'une population laborieuse.

Avant de descendre dans la ville, nous allâmes visiter la montagne célèbre de Csétatye, l'une des sources de la richesse des Romains. Pendant assez longtemps ils en ont tiré un quintal d'or par semaine. Nous mîmes pied à terre pour voir de plus près ces lieux témoins de tant de soins et de mécomptes. Rien de plus imposant que l'aspect de ces immenses roches percées à jour, ou profondément creusées par la main du grand peuple. Mais un sentiment pénible se mêle à l'étonnement que ce travail inspire; là se sont épuisées d'efforts et de fatigues des générations laborieuses pour entretenir la vaisselle d'or des orgies impériales. Partout à Csétatye on retrouve la trace du travail pénible et ingénieux de la cupidité romaine.

Le prince rencontra sur le plateau moyen de la montagne une députation composée des principaux habitants du pays, venus à cheval au devant de lui. Ce fut encore le latin qui eut les honneurs de la conversation. Il y a près de dix-huit cents ans que la langue latine a acquis son droit de cité à Veraspatak; mais ceux qui la parlaient alors étaient les contemporains de Quinte-Curce, de Tite-Live et de Tacite. Peut-être auraient-ils quelque peine à comprendre le langage des latinistes qui leur ont succédé.

Après avoir parcouru ces décombres et ces galeries muettes depuis tant de siècles, nous allâmes visiter une mine ouverte récemment.

Le gouvernement concèdait aux particuliers une certaine étendue de terrain qu'ils exploitaient à leurs risques et périls, et se bornait à percevoir un sixième des produits nets. Ces concessions ont été la source de spéculations heureuses, comme aussi de longs et inutiles travaux. Il est d'usage de donner un nom à chaque terrain concédé. Un pauvre paysan avait obtenu le matin même une concession; il s'approcha du prince et lui demanda de permettre que la mine qu'il exploiterait s'appelât *Henri*. Non-seulement sa demande fut agréée, mais le comte de Chambord, voulant être l'associé du nouveau mineur, lui fit présent de son matériel d'exploitation et des avances nécessaires pour son établissement. Ce brave homme n'en pouvait croire ses yeux; il baisa en pleurant la main du prince, qui se réjouit fort d'avoir fait si facilement un heureux.

Nous remontâmes à cheval pour traverser Veraspatak. Les moulins à bocards destinés à broyer le minerai occupent une ligne perpendiculaire à la ville sur le versant occidental des montagnes au pied desquelles coule le petit bras de l'Aranyos. Tous ces moulins sont mus par une chute d'eau ortie d'un lac creusé de main d'homme sur un plateau élevé, mais dominé par quatre montagnes qui l'alimentent du produit de leurs sources.

Après avoir vu broyer le minerai, nous montâmes vers ce lac qui offre un aspect des plus agréables; puis nous prîmes notre direction sur la droite de la ville pour gagner la Detunata, montagne volcanique fort célèbre dans le pays. Nous y arrivâmes par un plateau assez étendu qui permit au comte de Chambord de rompre, par un temps de galop, la monotonie de la longue promenade au pas que nous faisions depuis deux jours ; toute la cavalcade le suivit, ce fut comme une course au clocher, ou une charge en fourrageurs dont le prince s'amusa beaucoup.

Le bois de sapins vers lequel nous courions était rempli de monde ; des pétards, des feux de joie, de nombreux vivats saluèrent l'arrivée du royal cavalier. Ce tableau était plein de vie et promettait une fête champêtre ; cependant il y manquait encore quelque chose, c'était la perspective d'un déjeuner. Depuis quatre heures du matin, nous cheminions par monts et par vaux, sous les rayons d'un brillant soleil de juin, et midi approchait ! Nous étions loin de toute espèce d'habitation. Les plus jeunes estomacs commençaient à s'inquiéter, lorsque nous aperçûmes dans le bois tout l'appareil d'une imposante cuisine en plein vent. Des cochons de lait à la broche, d'immenses casseroles, des grils chargés de côtelettes dignes des héros d'Homère, des cruches, ou si l'on veut des amphores pleines de vin de Hongrie; enfin, une représentation complète d'une fête des Loges ou des noces de Gamache. Comme l'écuyer de don Quichotte, nous nous serions volontiers approchés du chef, pour lui demander *un peu de cette écume en attendant le dîner ;* mais en présence des préparatifs, qui tous annonçaient un prochain dénoûment, Sancho lui-même eût pris patience, son répertoire de proverbes n'eût pas manqué de lui dire que : *Tout vient à point à qui sait attendre.*

Ce plateau est d'ailleurs fort remarquable ; on y retrouve partout les traces des éruptions volcaniques. Un peu au-dessous du point où nous étions, une montagne s'est ouverte pas l'effet d'un tremblement de terre ; le terrain qui l'environne est jonché d'un grand nombre de pierres de basalte d'un volume considérable, et qui prouvent l'action des feux souterrains.

Tout était original dans ce lieu, la réunion, la cuisine, le mobilier même de la salle à manger. Une heure avant notre arrivée, on avait abattu et débité les arbres qui venaient de nous servir de table et de siéges ; nous nous assîmes donc avec quelques précautions, car nos bancs étaient encore humides. Les administrateurs, les habitants notables des deux villes, prirent place à la table du prince ; les mineurs et les paysans se groupèrent à l'entour et nous donnèrent, avec les variantes obligées, une représentation pittoresque du *Dîner sur l'herbe.*

A la fin du repas le président de la députation se lève, et, d'une voix forte et bien accentuée, il s'écrie en élevant son verre de manière à être vu des groupes les plus éloignés : « A la santé et au « bonheur du digne représentant de cette antique

« race royale qui a donné tant de grands rois à « la France, et un saint à la chrétienté ! » Plus de trois cents personnes étaient réunies sur le plateau; ces paroles avaient été écoutées dans un profond silence, et chacun avait paru s'y associer. Le prince, touché des sentiments qu'il inspire, quitte vivement sa place, va droit à un groupe d'ouvriers placé à quelque distance, et, s'emparant de la gourde d'un mineur, il boit à la prospérité des habitants d'un pays où il est accueilli si cordialement. Mille acclamations lui répondent, des pétards éclatent, un poste d'ouvriers allume un grand feu au sommet de la Detunata, la musique des mineurs se fait entendre et les danses nationales commencent. Ce fut une fête populaire pleine de charme et d'abandon.

Quand les danses furent bien animées, nous nous dirigeâmes vers la Detunata. Une terrible éruption avait brisé le noyau basaltique du volcan et taillé en parallélipipèdes d'une remarquable uniformité une masse énorme de pierres. Tous ces fragments de roches, étendus pêle-mêle sur les flancs de la montagne, défendent l'accès du pic de leurs angles amoncelés; aussi mîmes-nous beaucoup de temps à parvenir au point le plus élevé de la Detunata. Du haut de ce cône immense on embrasse un vaste horizon de montagnes. A nos pieds, sur le plateau où nous venions de déjeuner, nous avions le spectacle de danses animées. Le son de la musique, les chants des mineurs, les cris joyeux, les détonations des boîtes d'artifice, les éclats lointains de la foudre, tout contribuait à donner un caractère féerique à la scène qui se déroulait devant nous.

De retour sur le plateau, le comte de Chambord reçut les adieux des habitants de Véraspatak; puis il reprit la route d'Abrud-Banya par le chemin plus long, mais plus agréable de la vallée de l'Aranyos.

A moitié chemin, une école de garçons s'étant trouvée sur son passage, le prince demanda un congé pour ces enfants, qui se réjouirent fort de cette rencontre. Le lendemain, nous étions de retour à Zalathna. Le comte de Chambord ne voulait y faire qu'un court séjour, une circonstance imprévue vint changer cette détermination : les habitants de cette ville avaient fait les apprêts d'un bal pour fêter le passage de l'auguste voyageur. Les danseuses comptaient sur une soirée de plaisirs; en pareille occurrence un prince français pouvait-il hésiter? Le départ fut remis au lendemain.

Ce retard, au reste, fut utilisé; il nous permit d'accorder plus de temps à l'examen des établissements qui font de Zalathna une ville-très intéressante. Nous allâmes voir la machine à vapeur, les fonderies, les forges, les machines qui servent à l'amalgame et à la séparation du minerai, les ateliers et le bureau des monnaies. C'est là que siégent les commissaires chargés d'acheter l'or recueilli par les paysans. On le leur paye sur le pied de 54 fr. 60 cent. l'once environ. On calcule qu'ils en vendent à l'État pour près de six millions par an.

A neuf heures, le comte de Chambord alla au bal ; il y rencontra une réunion fort agréable, et put, dans le cours de la soirée, entretenir des hommes dont la conversation devait compléter les connaissances qu'il venait d'acquérir pendant son voyage aux mines.

En sortant du bal, nous montâmes en voiture pour nous rendre à Carlsbourg. Le colonel Karguer, officier de mérite dont le prince eut beaucoup à se louer, nous y avait devancés pour faire prendre les armes à la garnison. Nous la trouvâmes en bataille sur les glacis. Chaque arme manœuvra d'abord séparément ; l'infanterie exécuta plusieurs mouvements avec beaucoup d'aplomb ; l'artillerie marcha en bataille, changea de direction, se mit en batterie, exécuta des feux en avant et en retraite, et la troupe tout entière défila.

Nous allâmes coucher à Enyed, chef-lieu du comté de Weissembourg. Le comte Joseph Banfi vint au devant du prince dans son gracieux costume de magnat. Il avait disposé l'hôtel du comitat pour le recevoir ; un bel escadron de chevau-légers était en bataille devant l'hôtel. Le comte de Chambord passa dans les rangs, et, sur la demande du général Foissac-Latour, le colonel Stahel, qui commandait ce beau corps, détacha quelques cavaliers que le général examina en détail ; cet examen fut fort satisfaisant. Après la revue, nous allâmes au collége réformé, dont le prince visita les salles, les dortoirs, la bibliothèque et le cabinet des médailles. Ce collége est considérable; il est dirigé par un homme fort instruit et très-influent dans le pays. Parmi les jeunes gens, un grand nombre étaient de l'âge du comte de Chambord; tous se pressaient autour de lui pour le voir, pour l'entendre; leur empressement semblait inspiré par le plus bienveillant intérêt.

Avant de monter en voiture, le prince reçut les adieux du directeur du collége qu'il avait vu la veille, mais qui désirait lui être particulièrement présenté. Ce savant professeur était le chef de l'opposition libérale en Transylvanie; il exerçait une grande influence sur la classe moyenne et sur la jeunesse. Cette démarche d'un pareil personnage paraîtra étrange aux hommes dont l'esprit étroit ou prévenu ne peut comprendre l'alliance du pouvoir monarchique et de la liberté; elle paraîtra fort naturelle à ceux qui savent, comme le directeur du collége d'Enyed, que les réformes sont d'autant plus salutaires, et les libertés d'autant plus solides, que le pouvoir qui s'y associe est plus indépendant des partis, et plus respectable par son origine et sa moralité.

Après s'être entretenu avec le directeur du collége, le comte de Chambord se mit en route, pour aller visiter l'une des exploitations les plus intéressantes de ce pays.

Le comte Joseph Banfi avait demandé au prince la permission de l'accompagner à Marosh-us-war. C'est dans ce lieu que sont situées les plus belles salines de la Transylvanie. Ce jeune seigneur fut notre guide dans cette excursion.

Le comte de Chambord fut reçu à Marosh-us-war par les administrateurs ; il causa avec eux pendant quelque temps, puis se plaça dans la nacelle de descente, et nous pénétrâmes, une bougie à la main, dans l'étroit passage qui conduit aux salines. Parvenus à deux cents pieds sous terre environ, un spectacle admirable frappa nos regards; nous nous trouvions au niveau de la voûte la plus haute, comme serait un lustre au point culminant du vaisseau d'un vaste temple. Tout à coup nous aperçûmes une nombreuse population éclairée par des feux de joie et par une multitude de lampions disposés de manière à former des lettres et des mots à l'intention du prince. Lorsque la nacelle toucha la terre, de bruyants vivats se firent entendre, et quarante musiciens, placés dans une galerie élevée, exécutèrent des symphonies avec un ensemble remarquable.

Les salines sont fort belles; la voûte de la premièregalerie est haute de plus de cent pieds, et ses parois, distantes l'une de l'autre de soixante pieds, sont veinées comme le plus beau marbre.

Ouverte en 1792, cette galerie est en partie creusée sous le lit même de la Marosh. Le comte de Chambord la parcourut lentement, s'arrêtant avec intérêt devant chaque atelier d'ouvriers ; puis il monta aux galeries supérieures plus récemment ouvertes. Un Français, établi dans les environs, y était venu dans l'espoir de voir le prince, qui l'accueillit comme il accueille tous les Français.

Après deux heures de promenade dans les salines, nous remontâmes, pour faire la visite des magasins, par un escalier, ou plutôt par un étroit marchepied de six cents marches.

Les comtes Tschaki et Bethlem, venus de Clausembourg en députation, étaient chez l'administrateur ; ils déjeunèrent avec le prince qui les engagea à monter dans sa voiture, ne voulant rien perdre des instants qu'il pouvait passer avec eux.

L'établissement des salines est placé sur la rive gauche de la Marosh, dont la proximité est favorable à l'exploitation de ses produits : on passe cette rivière au bac, en face des magasins du gouvernement, et l'on rejoint la grande route à Felvincz. Ce petit bourg ignoré de la Transylvanie, offre une particularité fort étrange : il se divise en deux parties : la partie supérieure a une législation qui lui est propre, et quelle législation ! la loi agraire, le rêve absurde de quelques utopistes !

Tous les cinq ans, à Felvincz, les biens sont soumis à un nouveau partage; ainsi le pesant niveau d'une folle égalité passe périodiquement sur toutes ces misères, pour faire rentrer, dans l'ornière commune, les hommes de travail et d'industrie qui seraient tentés d'en sortir.

Nous avions essuyé en route bien des orages; le dernier nous attendait à Torda. Cette ville est située sur l'Aranyos; les Romains la nommaient Salinœ; en effet, elle posséda autrefois des salines; elles sont depuis longtemps épuisées. C'est à Torda que les Hongrois, les Szeklers et les Saxons s'assurèrent en 1545, par une convention, le privilége exclusif de représentation à la diète. Nous ne nous y arrêtâmes que pour changer de chevaux; quelques heures après nous arrivions au haut de la colline qui domine à une demi-lieue de distance la capitale civile de la Transylvanie.

Clausembourg, autrefois Claudiopolis ou Cluswar, est une ville de vingt mille âmes; elle est située dans une jolie vallée fertilisée par la Samosh. La cité est entourée d'une vieille muraille en briques, et d'une promenade qui la sépare de ses faubourgs; elle possède un joli théâtre, où la langue hongroise est seule admise. Les catholiques ont un séminaire à Clausembourg; les protestants et les Grecs des écoles de théologie. Cette ville est la résidence d'une noblesse nombreuse et riche; aussi est-elle fort agréable quand l'hiver y ramène la société.

On remarque dans cette capitale plusieurs belles rues bien bâties, une place grande et régulière, et de fort jolis jardins. Nous descendîmes dans un hôtel tenu par un Italien, qui est à la fois aubergiste et professeur d'escrime. Mais le comte Adam Rhéday, trésorier de la Transylvanie, avait pris ses dispositions pour offrir à dîner au prince pendant le temps de son séjour à Clausembourg. Nous rencontrâmes chez lui les officiers généraux et les fonctionnaires que le comte de Chambord avait reçus à son arrivée, et les membres de la noblesse qui habitaient les environs. Le comte Rhéday est issu d'une famille souveraine en Transylvanie; il descend de François Rhéday, élu par les États après la mort de Ragotzi II. Ce prince ne fit en quelque sorte que passer sur le trône; il laissa des regrets en le quittant.

Homme instruit et d'un honorable caractère, le comte Rhéday joint la richesse au mérite personnel; il dépense noblement la plus grande fortune de la principauté.

Nous allâmes le soir au spectacle; on joua *la Somnambule*. Les comédiens s'acquittèrent de leur tâche avec assez de talent; ils nous prouvèrent au moins que la langue hongroise, riche et mélodieuse, se prête admirablement aux exigences de la musique.

Nous séjournâmes à Clausembourg le 8 juin; le prince en profita pour voir tout ce que cette ville offre d'intéressant. Pendant qu'il visitait l'imprimerie du collége, un jeune homme, se rendant l'interprète des sentiments de tous les imprimeurs, improvisa les vers suivants, qui furent lithographiés en présence du royal visiteur :

Progenies regum! prœclaro sanguine princeps
Orte, pates tantorum hœres generosus avorum,
Henricique nepos, animo qui magnus et armis,
Quantum aliis reges, tantumdem regibus exstat,
Orbis deliciæ, quo, sceptra paterna tenente,
Gallia, fracta malis, et longo exhausta furore,
Splendorem antiquum, rediviva, decusque recepit;
Tu, non inferior virtute animoque parenti,
Accipe, quos proni meritos largimur honores.
Claudiacæ salvere jubent, dux inclyte, musæ.
Vive ergo semper felix, nobis que faveto,
Et cantus humilis non aspernare camœnæ.

J'essaierai de donner ici une traduction libre de ces vers que les imprimeurs offrirent au prince au moment où il quittait leur établissement :

Digne héritier des rois, né d'un sang glorieux,
Prince, qu'ont inspiré tant d'illustres aïeux,
Fils de ce grand Henri, l'honneur, l'amour du monde,
Qui sut, par sa valeur, sa sagesse profonde,
Lui, supérieur aux rois, comme les rois à nous,
Rendre aux Français, brisés par les plus rudes coups,
Leur rang, leur gloire antique, et leur splendeur première
En étendant sur eux son sceptre héréditaire;
Prince égal en vertus au roi dont tu descends,
Reçois, pour ton bonheur, nos vœux reconnaissants.
Salut, sois-nous propice, et daigne ton suffrage
Des muses de Cluswar honorer l'humble hommage.

En sortant de l'imprimerie, le comte de Chambord se rendit à la salle d'escrime; tous les jeunes gens de la ville y étaient réunis. Soixante d'entre eux firent des armes devant le prince, et plusieurs avec succès. L'assaut à l'espadon fut plus satisfaisant encore; trente élèves se mirent en garde à la fois, et déployèrent dans cet exercice autant d'adresse que d'agilité. Le comte de Chambord, prié d'écrire son nom sur le registre de la salle, accéda gracieusement à ce désir. Tous reçurent avec respect ce souvenir de la visite du fils de France. Le soir les habitants et les artistes donnèrent un concert en son honneur. De bons musiciens et de belles voix s'y firent entendre; cette réunion termina fort agréablement la journée.

Le 9 juin nous devions partir pour Gros-Wardein, mais c'était un dimanche : le comte de Chambord voulut aller à l'office; il y fut accompagné par un grand nombre de protestants, et, entre autres, par le comte Rhéday. Après la messe, la revue des troupes et la parade, le prince rentra chez lui pour se disposer au départ.

Pendant le déjeuner, le comte Tshaki, venu dans l'intention d'offrir ses adieux, demanda au comte de Chambord la permission de placer sous ses yeux deux tableaux de famille. « Ils représen-
« tent mon fils et ma fille, dit-il; comme moi
« ils sont dévoués à votre cause, comme moi ils
« seraient attachés à votre personne s'ils avaient

« eu aussi l'honneur de vous approcher. Moins « heureux que leur père, ils sont éloignés en ce « moment de Clausembourg, mais ce sera pour « eux et pour moi une satisfaction de penser que « leurs traits au moins ne vous sont point incon- « nus. » Cette demande était dictée par un sentiment dont le comte de Chambord apprécia vivement la délicatesse ; il voulut que les deux tableaux restassent exposés pendant le déjeuner, et regretta de ne pouvoir entendre deux jeunes gens qui lui parurent si agréables à voir.

Nous déjeunions dans un joli kiosque élevé au milieu des jardins de l'hôtel; de toute part on cherchait à apercevoir l'auguste voyageur. La foule se pressait autour de ses voitures ; chacun voulait lui adresser un dernier regard d'adieu. Nous avions retrouvé à Clausembourg Témeswar et Hermanstadt.

V.

La Hongrie. — Gros-Wardein. — Tokai. — Erlau. — Pesth.

Nous passâmes, chemin faisant, devant le haras du comte Banfi : il était absent. Après l'établissement de Mezô-Hegyes, celui d'un particulier ne pouvait offrir qu'un intérêt secondaire; cependant le comte de Chambord aurait été charmé de faire la connaissance d'un homme distingué dont les travaux sont utiles au pays. J'ai rencontré depuis à Paris madame la comtesse Banfi; elle m'a exprimé bien vivement le regret de ne s'être pas trouvée chez elle pour recevoir le prince.

Notre logement avait été préparé à Banfi-Huniade par les soins du comte Rhéday, dont l'hospitalité nous suivait jusqu'à l'extrême limite de son administration. Nous franchîmes le lendemain les montagnes qui séparent la Transylvanie de la Hongrie.

Nous arrivâmes le 10 juin à Gros-Wardein ; le commandant d'escadron comte de Castelnau, officier français au service de l'Autriche, était venu au devant du comte de Chambord pour prendre ses ordres : il ne l'avait pas vu depuis 1825! La présence du prince lui causa une bien vive émotion. Notre logement avait été préparé à l'évêché. Avant d'y entrer, nous rencontrâmes plusieurs calèches remplies de dames qui s'étaient arrêtées sur la route, dans l'espoir d'apercevoir l'auguste voyageur : il était attendu depuis la veille à Gros-Wardein.

Cette ville est le chef-lieu du comté de Bihar et le siége d'un archevêché. Remarquable par la largeur de ses rues et l'étendue de ses places, elle est grande, assez bien bâtie, et compte douze mille habitants. Le palais épiscopal et plusieurs églises sont dignes d'une grande ville. Bâtie sur la Sébès-Koros, au centre d'un riche et beau pays, elle a été autrefois souvent visitée par les Turcs.

Le comte de Chambord devait loger à l'évêché ; il trouva réunis, au bas de l'escalier du palais, les officiers de la garnison, les fonctionnaires civils et le chapitre présentés par l'abbé prince d'Hohenloë, nommé grand prévôt le jour même. « Ah! Monseigneur, s'écria-t-il en saluant le « prince, que je suis heureux de vous voir; il y « a neuf ans que je prie pour vous ! »

L'abbé d'Hohenloë, si connu dans toute l'Europe, est en vénération dans le pays qu'il habite. Sa charité est tout évangélique, ses manières sont aimables et distinguées, son esprit est cultivé, sa modestie parfaite; il l'avait prouvée en refusant l'un des plus riches archevêchés de l'empire : pieuse humilité, digne tout à la fois d'admiration et de regrets.

L'archevêque, alors à Presbourg, l'avait chargé de recevoir le petit-fils de Charles X; le prélat ne pouvait être plus noblement représenté.

Le dîner était servi dans une vaste salle d'une grande élévation. Du côté de la cour elle est dominée par deux galeries supérieures, avec des jours sur ce vaste salon. Pendant le repas, les dames se succédèrent dans ces galeries d'où elles pouvaient voir le prince; puis le peuple les remplaça, attiré par le même sentiment d'intérêt et de curiosité.

Le comte de Chambord avait à son côté le colonel Pergler de Perglas, commandant les houlans de l'empereur Ferdinand; l'état-major seul de son régiment était à Gros-Wardein, le reste du corps occupait, dans le comté, des cantonnements étendus. Comme il était possible de réunir un escadron à six lieues de la ville, sur la route que nous devions parcourir le lendemain, le prince promit au colonel de voir cette troupe en se rendant à Debreczin.

Le lendemain nous visitâmes les principaux édifices et les casernes. Le colonel Pergler accompagnait le prince à cheval dans cette tournée. Un beau bataillon d'infanterie de ligne manœuvra et défila devant lui; puis on lui présenta l'école régimentaire qu'il vit dans les classes, à l'exercice et au gymnase. L'instruction classique et militaire de ces jeunes gens était vraiment remarquable. Ils se livrèrent devant le prince à des exercices gymnastiques qui lui rappelèrent ceux de son enfance. Lui-même en effet avait fait et avec agilité, tout ce que ces jeunes gens faisaient en ce moment sous ses yeux. Ces écoles sont généralement bien tenues; l'instruction y est poussée bien plus loin que celle des enfants de troupe de nos régiments. L'Autriche se forme ainsi sans bruit une belle pépinière de sous-officiers. L'institution des cadets au contraire offre de graves inconvénients : elle est accessible à un trop grand nombre de jeunes gens qui excèdent de beaucoup les besoins de l'armée. Certains régiments avaient quatre-vingts cadets : cette surabondance d'élèves officiers ôte toute chance d'avancement à des sous-officiers souvent plus instruits qu'eux; c'est une cause de désordre et d'embarras.

Gros-Wardein ne compte que deux mille catholiques; mais telle est la charité du prélat que, pour avoir droit à ses secours, il suffit d'en avoir besoin. Quiconque souffre est de son troupeau; il a fait pendant le choléra de très-grands sacrifices. A la honte de l'humanité, ils n'ont souvent rencontré que des ingrats!

A Kismarja nous trouvâmes réuni l'escadron du commandant Castelnau. Le colonel Pergler nous y avait devancés; le prince monta à cheval et passa les houlans en revue. Il les fit manœuvrer d'abord individuellement au manége découvert, et ensuite en plaine où les cavaliers exécutèrent l'école d'escadron. Ces divers exercices terminés, le comte de Chambord remonta en voiture, après avoir remercié le colonel Pergler, et adressé à ses officiers des félicitations méritées.

Nous arrivâmes le soir à Debreczin. A huit heures nous étions établis dans notre hôtel, mais ce ne fut pas sans peine : une foule considérable encombrait la rue; l'hôtel en était assiégé. A peine le prince eut-il mis pied à terre qu'il fut entouré, pressé, porté en quelque sorte jusque dans sa chambre. Il avait, selon son habitude, prié le général de retirer les factionnaires; il fut obligé de les redemander, pour défendre son appartement contre la curiosité un peu importune des habitants.

Debreczin, selon les uns, est une ville, et, selon les autres, n'est qu'un village. Quoi qu'il en soit, son étendue est considérable, et sa population répond à son étendue.

Ces agglomérations, assez communes en Hongrie, s'expliquent par le besoin qu'éprouvaient autrefois les habitants des campagnes de se réunir par grandes masses, pour résister plus facilement aux invasions des Turcs qui occupaient une partie du pays. Les paysans étaient en conséquence obligés d'aller fort loin et en nombre, pour cultiver et moissonner leurs terres. Ils les labouraient le sabre au côté, toujours prêts à faire face à l'ennemi, et à devenir, au besoin, de laboureurs soldats.

Quelle que soit au reste la classification administrative de Debreczin, ville ou village, c'est un lieu considérable, dont la population s'élève à cinquante-deux mille habitants, et qui voit chaque jour son commerce et sa richesse augmenter d'une manière sensible.

Nous en partîmes de très-bonne heure pour nous diriger sur Tokai. De Debreczin on peut suivre, pour aller à Erlau, une route directe qui y conduit en un jour; mais cette route, tracée à travers une plaine basse, était en ce moment gâtée par les inondations de la Theiss. Il fallut se résigner à faire un long détour par un chemin plus sûr.

Nous traversions en ce moment les vastes steppes de la Hongrie. Dans ces plaines immenses on rencontre çà et là de nombreux troupeaux de chevaux, de moutons, de bœufs et un certain nombre de buffles; les Hongrois font grand cas de la chair de ces animaux et du lait des femelles. Les bœufs sont presque tous de grande taille et armés de longues cornes régulièrement plantées. Quant aux chevaux, ils sont innombrables; mais on se demande, en les voyant, d'où leur vient leur célébrité. Ils peuvent avoir de bonnes qualités originelles; mais, livrés à eux-mêmes, mal nourris, mal soignés, ils ne se développent jamais assez pour atteindre à la taille des services publics. Les Hongrois paraissent préférer la quantité à la qualité; cette préférence fait peu d'honneur à leur jugement. Quatre chevaux de paysans en Hongrie ne font certes pas la monnaie d'un bon cheval de trait de notre pays.

Les haras qui, seuls, peuvent remonter la cavalerie et l'artillerie, sont insuffisants pour ce service. Chaque année l'Autriche est obligée d'acheter trois mille chevaux en Bessarabie, et ces chevaux, moins chers que ceux des haras du pays, sont à peu près les plus beaux de son armée; la remonte tout entière ne coûte guère plus de six cent mille francs. Si ce système d'administration est économique, il a l'immense inconvénient de ne pas mettre l'Autriche en position de se suffire à elle-même, et il enlève aux éleveurs du pays une partie des encouragements que réclame leur industrie.

On passe la Theiss avant d'entrer à Tokai. Cette ville, fort renommée pour ses vins, devrait l'être aussi pour la singularité de son pavé. Si les administrateurs de cette cité ne sont pas carrossiers, à coup sûr ils n'ont pas de voiture; car il faut être piéton ou tirer avantage d'un pareil pavé, pour le supporter tel qu'il est; c'est un véritable brise-ressorts.

Nous avons fait à Tokai un mauvais dîner, passé une mauvaise nuit; je pourrais dire aussi que nous y avons vu une mauvaise représentation de la justice locale. Au-dessous de l'appartement que nous occupions, toute une noce dansait. A force de se rafraîchir, avec du vin du pays, les danseurs s'étaient mis dans une telle joie, que la police en conçut de l'inquiétude pour l'ordre public. Un de ses agents, qui apparemment préfère, comme Achille, les actions aux paroles, entre dans la salle du bal, et, sans prononcer un seul mot, distribue force coups de bâton; chasse, poursuit dans la rue danseurs et musiciens, et demeure, après cette prouesse, complétement maître d'un terrain où la justice et la civilisation venaient de remporter un si beau triomphe. On voit que la police de Tokai n'avait alors rien à envier à celle de Constantinople.

Le 12 juin, nous remontâmes la Theiss pour rejoindre, par un détour, la route de Pesth à Eperies par Kaschau. Cette ville d'Eperies est célèbre par les exécutions des insurgés de Hongrie, sous le règne de Léopold Ier. C'est dans cette ville que furent décapités le comte dé Nadasti, Tattenbach et les autres prévenus compris dans une accusation de révolte et de complot contre la vie même de l'empereur. Ces exécutions répandirent dans la Hongrie tout entière un esprit d'agitation et de vengeance qui ne céda qu'à l'avénement de Marie-Thérèse, et lorsque la guerre de la Succession eut fourni un aliment utile au génie inquiet des Hongrois.

La route que nous suivions n'était achevée que jusqu'à Tallya. De là à Miskolcz on rencontre de très-mauvais pas. Cette ville est fort agréable; elle est située dans une riante vallée, sur la rive droite de la Bodva; elle est commerçante et dominée par un vignoble en réputation. On y retrouve une bonne route, mais qui faillit nous être plus funeste que les plus mauvais chemins du bannat.

Le pays est fort joli au delà de Miskolez; il est entrecoupé de petits vallons et de collines boisées qui reposent agréablement la vue de l'aspect monotone des plaines voisines de la Theiss; mais aussi la chaussée est accidentée; il faut souvent s'assurer, par la précaution du sabot, contre le mauvais état des attelages, et contre la faiblesse des chevaux. Cette précaution fut omise dans une descente : la voiture du prince, entraînée par son propre poids sur des chevaux incapables de la contenir, descend rapidement la pente, sort de la voie, rencontre sur la gauche une pente plus rapide encore, qui précipite chevaux, voiture et postillon. La voiture devait rouler plusieurs fois sur elle-même, le choc semblait devoir tout briser, et cependant, hommes et chevaux se relevèrent sans aucune contusion digne d'être mentionnée.

Le prince venait de quitter son landau et de me céder sa place quelques minutes auparavant pour aller causer dans la calèche de suite avec le général de Foissac-Latour. Il était désolé d'avoir changé de voiture. « Ce n'était pas vous,

« me disait-il, qui deviez verser, c'était moi! » Il n'y avait qu'un seul moyen de réparer autant que possible cette petite injustice du sort, c'était de recommencer; mais Messieurs de Lévis et de Montbel préférèrent laisser aux chemins la gloire de procurer au prince l'occasion d'une revanche.

Avec le secours de quelques voituriers qui se rendaient à Miskolez, nous relevâmes le landau : rien d'essentiel n'était brisé; nous pûmes donc continuer notre route.

Le soir à sept heures nous étions arrivés à Koresda, à quatre lieues d'Erlau. Là on quittait la chaussée de Pesth, pour prendre un détestable chemin de traverse que de nombreux ouvriers travaillaient à transformer en grande route; mais leur ouvrage était à peine commencé : je doute qu'ils en entreprennent jamais de plus urgent. Profondes tranchées, creuses ornières, passages marécageux, roches éparses en guise de pavé, rien ne manquait à l'agrément de cette voie, impraticable aux voitures comme les nôtres, surtout par une nuit obscure.

Nous y rencontrâmes autant de causes de chute qu'il y en avait peu sur la belle chaussée de Miskolez, et pourtant, nous arrivâmes sains et saufs à Erlau avant minuit.

Après quelques heures de repos, le prince reçut le général Castiglione, les officiers de la garnison, et sortit pour voir la ville.

Erlau, sur la rivière Eger, est le chef-lieu du comté d'Héwesh et le siége d'un évêché. Cette ville est bâtie en grande partie sur une colline au pied de laquelle coule la rivière; son aspect est fort agréable; elle fait un grand commerce de vins. Celui que produisent les coteaux voisins jouit d'une réputation méritée; c'est, après Tokai, le premier vignoble de la Hongrie.

Erlau est une ville ancienne dont la fondation remonte à la fin du xe siècle et au règne de saint Étienne. L'observatoire, le séminaire, le collége académique, la cathédrale et le palais de l'évêque sont dignes d'attention. Le prélat était absent comme membre de la diète; il cultivait les lettres avec distinction; son talent de poëte était très-populaire en Hongrie.

Nous allâmes coucher à Gyongyos, jolie ville très-commerçante, remarquable surtout par un charmant jardin tel qu'on en rencontre rarement dans ce pays. Le propriétaire a sans doute voyagé; car il a dessiné son parc et ses parterres d'après les plus jolis modèles de l'Angleterre et de la France.

Une compagnie de hussards de l'archiduc Ferdinand était cantonnée dans le pays; les officiers dînèrent avec le comte de Chambord; il fut charmé de rencontrer au milieu d'eux M. de Pallavicini dont la famille lui était connue.

Le 15 juin, nous cheminions vers Pesth, en passant par Gödöllö, résidence du prince Grassalcovich, chambellan et conseiller intime de l'empereur. La princesse, fille du prince Paul Estherazy, était une femme de beaucoup d'esprit et de savoir. Depuis longtemps le comte de Chambord désirait faire sa connaissance; aussi s'arrêta-t-il devant le château. La noble châtelaine était à Presbourg; il fallut se borner à visiter son habitation.

Nous parcourûmes une partie du parc, qui est beau, fort accidenté et très-étendu. Un grand nombre de cygnes se promenaient sur une vaste pièce d'eau qui aboutit à un jardin délicieux, véritable temple de Flore. Ce jardin, où tout est soigné et disposé avec un goût parfait, est émaillé des fleurs les plus variées. Vu de la grille d'entrée, le château paraît peu considérable; du côté du parc, il s'agrandit de deux ailes en équerre.

L'escalier était entièrement garni de fleurs et de plantes grimpantes du plus gracieux effet. L'intérieur du château est bien distribué; mais ce qui le distingue de toutes les habitations particulières que j'ai vues, c'est la chapelle et la salle de bal; elles sont dignes en tout d'une habitation royale (1). Dans un pavillon bâti au milieu du parc anglais, on a réuni la collection des portraits des rois de Hongrie; cette galerie royale rappelle de bien grandes vicissitudes.

(1) Cette propriété appartient aujourd'hui à l'empereur François-Joseph.

De Gödöllö à Pesth on chemine lentement dans un terrain sablonneux et à travers un pays triste et stérile. Une partie du terrain de la ville nouvelle, entre le chemin de Comorn et le Danube, dépendait autrefois du champ de Rakos, où les États de Hongrie s'assemblèrent en 1490, pour donner un successeur à Mathias Corvin, le plus grand roi qui ait gouverné le royaume.

Les États proclamèrent Ladislas de Bohême; c'était déclarer la guerre aux autres prétendants. La guerre fut longue en effet; elle enleva à la Hongrie une partie des conquêtes de Mathias, et donna naissance aux discordes civiles qui remplirent le règne de son successeur. Nouveau témoignage de la nécessité d'assurer le trône à une famille royale au sein de laquelle la loi ait fixé d'avance l'ordre immuablede succession.

Le prince, en arrivant à Pesth, alla descendre dans un hôtel; il y trouva un officier français au service de l'Autriche, monsieur de la Rue du Can, envoyé par le commandant général pour faire auprès du royal voyageur le service d'officier d'ordonnance. Le comte de Chambord apprécia cette attention du comte de Lederer; il était heureux d'avoir auprès de lui durant son séjour, un Français de plus.

Le lendemain de son arrivée le prince reçut tous les généraux de différentes armes, les officiers supérieurs de la garnison, et régla avec ces messieurs l'emploi du temps qu'il voulait consacrer à la visite des établissements militaires et civils de Pesth; il se proposait d'y passer quatre jours qui s'écoulèrent bien rapidement.

En ce moment, l'archiduc palatin présidait la diète à Presbourg; la princesse Hermine, sa fille aînée, l'y avait suivi. L'archiduchesse palatine était donc seule au palais avec ses enfants. Instruite de l'arrivée du prince à Pesth, et ne voulant pas attendre sa visite, elle lui envoya son grand-maître avec une invitation pressante pour dîner avec elle; les voitures de la cour suivirent de près cette invitation.

L'archiduchesse était fille du duc Louis-Frédéric et sœur de la reine de Wurtemberg. Cette princesse joignait beaucoup de dignité à beaucoup de bonté; elle reçut son royal neveu avec une affection qu'il était impossible d'attribuer uniquement aux sentiments de famille. Une âme comme la sienne devait éprouver une vive sympathie pour la position si intéressante du fils aîné de nos rois.

« Messieurs, nous dit cette noble princesse, « de ce ton qui va à l'âme, je suis heureuse de « vous recevoir : vous donnez un exemple de dé- « vouement et de fidélité qui vous assure des « droits à l'estime de tous, et à la reconnaissance « des princes en particulier. »

De pareils sentiments honorent les princes qui les éprouvent comme les serviteurs qui ont le bonheur de les inspirer. Nous conserverons toujours le souvenir de cette gracieuse réception. Les jeunes enfants de l'archiduchesse sont fort bien; l'archiduchesse Élisabeth promet d'être une charmante princesse; élevée par une telle mère, elle alliera certainement la noblesse de l'âme à l'attrait des grâces et de la beauté.

Pesth est déjà une grande ville, et sera, avant vingt ans, une belle capitale. Sa population, qui ne dépassait pas quinze mille âmes il y a un demi-siècle, s'élève aujourd'hui à soixante mille. La haute noblesse l'a adoptée par esprit de patriotisme, pour sa résidence d'hiver, et parmi les magnats chacun tient à y avoir un hôtel.

La prospérité du commerce, le développement de l'industrie sont une autre cause de population et de richesse; aussi de belles et nombreuses constructions s'élèvent de toutes parts sur la rive gauche du Danube.

Pesth est la ville de la noblesse, la ville du commerce, la capitale hongroise; Bude, qui en est séparée par le fleuve, est la ville des fonctionnaires publics, la ville allemande. Celle-ci diffère peu de ce qu'elle était il y a vingt ans; on y compte vingt mille âmes environ. Un pont de bateaux long de quatre cents mètres, supprimé pendant une partie de l'hiver, établissait alors la communication entre les deux villes; elles n'en feront plus qu'une quand le pont suspendu qu'on a projeté, liera l'une à l'autre les deux rives du fleuve. Alors, sans doute, une partie des fonctionnaires s'établiront à Pesth, car la politique du gouvernement est intéressée à ne rien négliger pour détruire toute espèce de distinction entre les deux villes. C'est le seul moyen de faire disparaître l'esprit qui les divise.

Le palais de l'archiduc est situé sur le plateau élevé de l'ancien Bude. Il est vaste, très-bien distribué, orné d'une belle façade. Il domine les deux villes et les campagnes environnantes. Des fenêtres du salon, on découvre un horizon fort étendu, et le cours du Danube à une distance de six lieues. Que d'événements se sont accomplis dans l'enceinte de ces hautes murailles et de ce vieux château, sur les ruines duquel s'élève aujourd'hui le palais élégant reconstruit et embelli par Marie-Thérèse !

Au bas des hautes murailles de la place, règnent des promenades bien plantées qui communiquent avec les jardins publics ou privés, où les habitants, plus heureux que leurs pères, vont jouir en paix du bien-être que procurent la civilisation et la stabilité du pouvoir. Bude, moins animé, moins habité que Pesth par les étrangers, possède cependant plusieurs hôtels et une belle maison de bains qu'on a construite récemment à la pointe orientale du quai. Au-dessus de cette maison, et sur un point élevé des collines qui bordent la rive droite du Danube, est placé l'observatoire, dans la plus admirable situation.

Le prince pendant son séjour a visité les établissements publics, les hôpitaux, l'hôtel des invalides, les fonderies, et ce qu'on ne trouve nulle part peut-être qu'à Pesth, une caserne d'artillerie disposée pour loger quatre mille hommes et un nombre de chevaux proportionné. C'est un immense quadrilatère formé par quatre lignes de bâtiments. A deux étages à chaque angle on a construit un pavillon carré; l'un d'eux est destiné au logement des officiers. Les angles extérieurs des pavillons sont liés ensemble par un mur de clôture auquel sont adossés des remises, des écuries, des hangars, des magasins et des ateliers. Un manége et une école couverte pour les exercices de l'artillerie occupent une partie de l'espace vide entre le mur et le côté nord du bâtiment. Au moment où le prince entrait dans la cour de cette belle caserne, cinq batteries y manœuvraient ensemble à intervalle serré, ce qui suppose à la cour intérieure une superficie de quarante mille mètres au moins. Cet établissement si remarquable est construit à peu de distance du Danube; mais sur un emplacement assez élevé pour être à l'abri des inondations qui avaient submergé ou détruit l'année précédente, les parties basses des deux villes.

Le lendemain de notre arrivée à Pesth, l'archiduchesse donna à dîner au comte de Chambord dans un joli pavillon de l'île Marguerite. Le prince remarqua la position pittoresque de cette île, assez rapprochée de la ville, et forma le projet d'y revenir pour s'y baigner. Un batelier fut averti de ce projet, et reçut l'ordre de se trouver le lendemain matin à cinq heures à la pointe de l'île. A l'heure dite, le comte de Chambord arrivait au rendez-vous, avec le duc de Levis, excellent nageur, dont la présence toujours si utile au prince, est une grande sûreté en pareille occasion. Mais, au lieu d'un bateau, il en trouva dix, chargés de fleurs, de musiciens et de nageurs qui attendaient son arrivée; on voit que le batelier n'avait pas été discret.

Le prince se jette à l'eau, soixante nageurs s'y jettent après lui, et forment sous sa direction, une ligne dont il occupe le centre. Les bateaux, pavoisés et couverts de fleurs, suivent avec les musiciens qui exécutent des morceaux d'harmonie.

A la tête de son peloton de nageurs, le prince descendit le fleuve jusqu'à l'école de natation, où il s'exerça de nouveau avec ses gardes-du-corps danubiens. Pendant ce temps, la population, attirée par la nouveauté du spectacle, se pressait sur le rivage, et saluait le jeune prince du cri national *Ellyen*, à la grande satisfaction des acteurs de cette fête que n'auraient désavouée ni Triton ni les Néréides.

Le soir, quatre-vingts musiciens, réunis sur la place Joséphine, donnèrent au prince un concert fort brillant. Après le concert, il se rendit au spectacle. Les acteurs jouèrent avec ensemble et talent l'opéra de *Bélisaire* en hongrois. On répétait alors au grand théâtre une tragédie dont le sujet est national. Les habitants attendaient avec impatience cette représentation, qui devait remuer leur patriotisme par les souvenirs les plus dramatiques de leur histoire.

Il existe à Pesth deux casinos, l'un appartient à la noblesse, l'autre au commerce ; le comte de Chambord, sur l'invitation des commissaires, alla visiter ces deux établissements, qui répondent l'un et l'autre à l'importance de cette capitale. On lui demanda sa signature pour consacrer le souvenir de sa visite. Cette demande lui fut souvent adressée dans le cours de son voyage : on comprend l'importance que les étrangers eux-mêmes attachent à ce grand nom de Henri de France. Quoi qu'on ait fait pour l'amoindrir, il occupe une place considérable dans la politique, et résume en quelque sorte toute l'histoire d'un grand peuple.

VI.

Comorn. — Babolna.— Presbourg.

Le lendemain, nous remontions le Danube dans le bateau à vapeur le *Nador*, chargé d'un grand nombre de voyageurs et pavoisé en l'honneur du prince.

Le capitaine Pohl, qui commandait ce navire, eut pour le comte de Chambord des attentions et des égards qu'au reste tous les voyageurs partagèrent. Il y avait à bord des Russes, des Italiens et surtout des Anglais : où n'en rencontre-t on pas? J'ai voyagé trois ans plus tard sur la route de Turin à Milan, avec un Italien qui se trouvait ce jour-là même sur le *Nador;* il avait conservé du royal voyageur, un souvenir qu'il semblait prendre plaisir à exprimer, sans se préoccuper de mes opinions politiques. Au reste, il jugeait bien mes compatriotes ; il en est bien peu qui ne sachent gré au petit-fils d'Henri IV de porter dignement dans l'exil, le glorieux titre de prince français.

Gran ou Strigonie, que nous avons vue en passant, a été la ville sainte des Hongrois; elle est le siége du primat national. Là se conserve l'autel antique où fut sacré saint Étienne, premier roi des Magyares. Conquise par Soliman II en 1543, cette ville fut reprise cent quarante-trois ans plus tard, après un vigoureux siége, par Jean Sobieski, uni au duc de Lorraine. De l'autre côté du fleuve était le fort de Barkam, théâtre de deux combats célèbres contre les Turcs.

Après la victoire de Vienne, le vaillant et généreux Sobieski, en marche pour s'emparer de ce fort, fut entraîné par son avant-garde à engager l'action avec sa cavalerie. Aussi brave qu'Henri IV, il se trouva dans la position où notre valeureux roi s'était trouvé lui-même à Fontaine-Française; mais, moins heureux que le Béarnais, le héros de la Pologne, ramené vivement par des forces décuples, prit la fuite pour la première fois, et manqua de périr dans une sanglante mêlée. Le lendemain, fortifié par l'arrivée du duc de Lorraine, il obtint sous les murs de Barkam une éclatante revanche, et prouva à ses amis comme à ses ennemis que, pour les grands capitaines, un revers n'est le plus souvent que l'occasion d'un triomphe prochain et complet.

A Comorn, le comte de Chambord prit congé

de ses compagnons de voyage, et en particulier d'une jeune comtesse hongroise qui lui avait demandé naïvement s'il n'allait pas bientôt rentrer en France. Cette question, que bien d'autres ont faite, s'explique par l'ignorance des causes réelles de la révolution de 1830.

Les généraux et les officiers de la garnison de Comorn attendaient le comte de Chambord sur la plage; les officiers du génie et de l'artillerie l'accompagnèrent dans la visite des fortifications.

Le lendemain, 20 juin, il partit pour visiter le second haras de l'empire. Quoiqu'établi sur une échelle moindre que Mezô-Hegyes, le haras de Babolna n'en est pas moins fort intéressant.

Comme Mezô-Hegyes, Babolna fournit des chevaux aux haras publics et privés, et, par une disposition toute paternelle de l'empereur, on en réserve chaque année un certain nombre, pour être vendus à bas prix, aux officiers de l'armée qui ont fait des pertes au-dessus de leur fortune. Babolna possède aussi un bel établissement rural : cent magnifiques bœufs de Hongrie y sont employés à la culture des terres; le haras est bien tenu dans toutes ses parties et fait honneur à l'intelligence et au zèle du colonel Herberg. Ces deux grands établissements sont placés sous la direction éclairée de M. le comte de Hardegg, alors général de cavalerie et président du conseil aulique de guerre.

Le 29 juin au soir, le comte de Chambord arriva à Presbourg. Il venait de se mettre à table, avec l'intention d'aller, immédiatement après le repas, faire une visite à l'archiduc palatin, lorsque ce prince, voulant prévenir son neveu, se présenta à l'hôtel où nous étions descendus.

L'archiduc Joseph exerçait en Hongrie, avec une grande distinction, les difficiles fonctions de vice-roi. Ce royaume, agité par des prétentions contraires, par des intérêts difficiles à concilier, a besoin d'une main ferme et prudente pour diriger le gouvernement. L'empereur avait trouvé dans son oncle un gouverneur sage, un administrateur habile, que tous les partis respectaient et dont le remplacement inspirait d'avance de justes inquiétudes.

Allemande plutôt qu'hongroise, Presbourg possède une cathédrale gothique, dédiée à saint Martin ; c'est dans cette église qu'ont lieu les cérémonies du couronnement des rois.

Cette cité compte près de trente mille âmes; mais le titre de capitale, qu'elle doit à Ferdinand Ier, tend à s'effacer devant l'influence nationale et toujours croissante de la ville de Pesth.

Sur le quai même, et presque en face du pont de bateaux du Danube, est située la butte de terre, ambitieusement nommée colline, que les rois de Hongrie montent au galop le jour de leur couronnement. Du haut de cette espèce d'estrade, dont quelques géographes-poëtes ont voulu faire une montagne, les rois, entourés des grands dignitaires du royaume et des gardes allemande et hongroise, frappent l'air de leur épée dans la direction des quatre points cardinaux, pour indiquer qu'ils sont prêts à défendre le royaume contre tous ses ennemis. C'est qu'en effet avant la royauté des princes d'Autriche, la Hongrie pouvait avoir à se défendre sur tous les points de son territoire. On l'a vue successivement aux prises avec la Turquie, l'Autriche, la Pologne, la Bohême, et sortir glorieuse, mais brisée, de ces luttes trop fréquentes. Presbourg, est séparée de son faubourg par une porte en forme de voûte, au-dessus de laquelle on a gravé cette inscription tirée de l'Écriture sainte :

« *Omne regnum in se ipsum divisum desolabitur.* »
Tout royaume en proie aux factions sera désolé.

Cette sentence prophétique a malheureusement reçu plus d'une fois son application en Hongrie.

Le lendemain 21 juin, nous allâmes dîner chez l'archiduc Joseph; l'archiduchesse Hermine, sa fille aînée, était en ce moment auprès de lui.

Cette princesse avait une physionomie agréable et spirituelle, des manières pleines de charme, un ton gracieux et bienveillant (1). Après le dîner, le comte de Chambord s'entretint avec elle. Pendant

(1) L'archiduchesse Hermine est morte depuis, supérieure des dames chanoinesses de Prague.

ce temps l'archiduc voulut bien nous parler du voyage que nous venions de faire. Sa conversation prouvait une connaissance approfondie de toutes les parties de son gouvernement et des services militaires de l'empire.

Pendant les quarante-huit heures de son séjour à Presbourg, le comte de Chambord alla porter lui-même ses remercîments aux évêques de Carlsbourg et de Gros-Wardein, chez lesquels il avait rencontré une si bonne hospitalité. Il retarda son départ de quelques heures pour rendre visite à l'empereur et à l'impératrice qui allaient faire leur entrée dans cette capitale. L'empereur l'engagea à dîner à Schoenbrunn pour le surlendemain. La famille impériale était tout entière réunie dans cette résidence; l'archiduc, vice-roi d'Italie, s'y trouvait avec ses enfants; tous les logements du palais étaient occupés. L'empereur avait témoigné le désir de voir le comte de Chambord habiter, dans le voisinage de Schoenbrunn, un château, auquel sa Majesté voulait attacher un service complet de sa maison; mais le prince persista dans son projet de loger dans un hôtel. Il allait à Vienne pour s'instruire, pour voir les choses et les hommes utiles, et il avait besoin de toute sa liberté. Cette résolution d'ailleurs ne l'a pas empêché de rencontrer souvent la famille impériale, et de recueillir, de la part de tous les princes, de nombreux témoignages d'intérêt et d'attachement.

Une heure avant le départ de Presbourg, le

comte de Chambord reçut le prince de Metternich, qui lui remit les journaux de France dont nous étions privés depuis longtemps; ils nous apprirent les événements du mois de mai, et cette insurrection si prompte, si imprévue qui faillit compromettre l'existence même du gouvernement.

La France, est condamnée au supplice de Sysiphe, elle lutte, sans succès possible, contre les effets inévitables du principe républicain appliqué en 1830 à notre vieille royauté. « Les accidents de la « fortune, dit Montesquieu, se réparent aisément; « on ne peut parer à des événements qui naissent « continuellement de la nature des choses. » Rousseau, dans son *Contrat social*, a exprimé la même pensée : « Si le législateur, dit-il, se méprenant sur « son objet, prend un principe différent de celui « qui naît de la nature des choses, on verra les « lois s'affaiblir insensiblement, la constitution « s'altérer, et l'État ne cesser d'être agité, jusqu'à « ce que l'invincible nature ait repris son em« pire. »

Le comte de Chambord, dès son arrivée à Presbourg, avait eu le désir d'assister à une séance de la diète; mais les deux chambres s'étaient indéfiniment ajournées pour se donner le temps de préparer leurs travaux.

L'empire d'Autriche se compose d'une aggrégation d'États qui, pour la plupart, diffèrent d'origine, de mœurs, de caractère et de langage. Des tendances plus ou moins vives de séparation doivent nécessairement se manifester dans quelques-unes au moins des fractions d'un empire ainsi formé.

Le gouvernement, de son côté, visait à resserrer de plus en plus le faisceau de sa puissance; il conjurait le danger des tendances contraires par sa prudence, par les progrès de son administration, par un emploi judicieux des troupes qu'il mélangeait ou dépaysait selon les besoins de sa politique.

De Presbourg à Vienne la route se prolonge agréablement dans la vallée du Danube; à quelque distance de la capitale on aperçoit sur la droite, vis-à-vis de l'île Lobau, le grand bourg d'Ebersdorf, célèbre par la rencontre de Léopold Ier et du roi de Pologne, en 1683, après la bataille de Vienne.

Le lendemain de son arrivée, le comte de Chambord alla à Schoenbrunn, visiter les princes de la famille impériale. Pendant que le duc de Lévis se rendait chez le grand-maître de l'empereur pour le prévenir de la présence du prince, Henri de France se promena dans ces jardins embellis par Marie-Thérèse, et devenus sa retraite de prédilection.

Cette princesse avait fait planter dans les jardins un berceau qu'elle affectionnait particulièrement. Lorsque le temps le permettait, elle allait y passer plusieurs heures. Tout en respirant l'air pur de ses bosquets, elle s'occupait des affaires de l'État. Un petit portefeuille suspendu à sa ceinture contenait les papiers qu'elle devait lire, et souvent le prince de Kaunitz, le seul de ses ministres qu'elle reçût à toute heure, l'entretenait dans ce lieu même des grandes questions du gouvernement.

C'est à Schoenbrunn que fut résolue la réconciliation des maisons de Bourbon et de Lorraine, réconciliation favorable à la paix du continent, mais où l'Autriche apporta plus de politique et la France plus de bonne foi. Là aussi fut malheureusement accepté l'inique partage de la Pologne, repoussé d'abord par la loyauté de l'impératrice, et que sa politique approuva par entraînement à la suite de la Prusse et de la Russie. « J'ai mis par cette réso- « lution une tache dans mon règne, disait-elle au « baron de Breteuil, mais j'ai résisté longtemps, « et n'ai cédé que pour éviter la guerre. »

Si l'Autriche, au lieu de négocier à notre insu, avait franchement partagé l'opposition de la France, il n'y aurait eu ni partage ni guerre. Louis XV, indigné à la nouvelle de ce traité, voulut s'emparer des Pays-Bas, pour maintenir au moins l'équilibre entre les grandes puissances. Son conseil presque tout entier s'y opposa; les plaies encore saignantes de la dernière guerre le déterminèrent à s'en tenir à une vaine protestation (1).

Napoléon établit deux fois sa cour militaire

(1) Traités de paix de Koch, corrigé et augmenté, par Schoell, t. XIV, page 78.

dans ce château ; il y fit un long séjour en 1809.

C'est dans ce même palais de Schoenbrunn que fut prononcée, le 18 mai 1809, l'abolition de la souveraineté temporelle du pape. C'est de là que fut lancé dans le monde le fameux décret qui, tenant pour non avenu l'ouvrage de dix siècles, prétendait ramener le chef de l'Église au temps de Pépin le Bref. Cette violence de Napoléon ne fut pas étrangère aux revers qui la suivirent. Quand on a fait partout sentir la dure empreinte de la force et le poids d'une insultante prospérité, il faut être toujours fort et toujours heureux.

L'auguste veuve de l'empereur François ayant appris que le comte de Chambord allait passer en vue de son appartement, lui fit témoigner son impatience de le voir. Le prince se rendit en effet à l'invitation de sa Majesté Impériale. Lorsque cette visite fut terminée, l'impératrice me dit avec émotion : « Combien le voyage du prince lui a été « profitable ! nous savons qu'il a plu à tout le « monde ; pour moi j'en suis charmée. Ah ! si la « France le connaissait ! »

Cette princesse est sœur du roi de Bavière ; associée aux bienfaits de son vertueux époux, elle a conservé dans son veuvage les respects de la cour et l'amour du peuple. Elle était, par son mérite, digne du trône où l'associa l'excellent prince dont la mémoire sera toujours chère aux Viennois.

VII.

La Musée du Belvédère. — Le Trésor impérial. — Les monuments de Canova. — Le Château de l'archiduc Charles. — Baden. — Vienne. — Essling. — Wagram.

Le palais du Belvédère construit par le prince Eugène est fort beau ; il domine la ville et ses vastes faubourgs. Ce palais a vu mourir son fondateur; il a vu les restes de l'illustre capitaine, escortés par le peuple entier, s'acheminer vers le caveau de Saint-Étienne, devenu la dernière demeure de l'homme qui avait ajouté tant de provinces aux possessions de son souverain.

On compte dans le musée du Belvédère plus de quinze cents tableaux de quatre écoles différentes : de bons Téniers, et plusieurs portraits de Rembrand.

La galerie d'Ambras, située à l'extrémité du jardin du Belvédère, possède un grand nombre de trophées et d'armes antiques. On y remarque le sabre de Scan-der-Beg, la hache d'armes de Montézuma, présent de Charles-Quint à la ville de Vienne ; les armures complètes de cet empereur et d'un grand nombre de ses prédécesseurs ; celles des ducs d'Albe et de Parme, d'Antoine de Lève, de Waldstein, et le gilet de buffle de Gustave-Adolphe. Ce musée provient presque tout entier du château d'Ambras, construit par Maximilien Ier. Ce prince y avait placé les armures recueillies par les anciens comtes du Tyrol. Pour prix de l'hospitalité qu'ils accordaient aux souverains, aux princes, aux chevaliers voyageurs, ils leur demandaient une de leurs armures. Ils ont ainsi fondé avec le temps, une collection fort curieuse dont les empereurs ont plus tard enrichi leur capitale. On retrouve dans cette galerie célèbre une partie de l'histoire d'Allemagne, à cheval, à pied, en casque et en éperons.

La bibliothèque tient au palais impérial ; elle est disposée dans une fort belle salle de deux cent cinquante pieds de long, au milieu de laquelle s'élève la statue de Charles VI. Elle compte plus de trois cent mille volumes. Une seconde salle est réservée aux manuscrits du quinzième siècle.

Le cabinet des antiques et celui des médailles sont également situés dans le palais impérial. La collection des vases antiques s'est enrichie par l'adjonction de plusieurs collections particulières ; on y voit un grand nombre de vases grecs et égyptiens, parfaitement conservés et d'un travail remarquable, et aussi les vingt-deux vases d'or trouvés dans le bannat en 1797. La cóllection des médailles est plus riche encore ; celle que le baron Herberg a apportée de Constantinople, en compte trente mille.

Le trésor renferme un grand nombre d'objets curieux. On y voit des bas-reliefs, des bustes, des vases, des camées, des statues qui ne sont pas sans mérite. Sous Joseph II, on y remarquait les couronnes royales de Hongrie et de Bohême ; mais, sur la réclamation des États, elles ont été envoyées à Prague et à Bude sur la fin du règne de ce prince. La restitution de la couronne de Hongrie mit en émoi tout le royaume : la population en masse était sur pied pour la recevoir, et lui servir d'escorte.

Jamais couronne royale n'a éprouvé autant de vicissitudes : prise, reprise, perdue et transformée, elle a partagé toutes les chances de la royauté élective dans ce pays

On conserve au trésor le manteau et le bonnet archiducal, les ordres impériaux et royaux, et plusieurs diamants de prix.

Tous ces trésors occupent le fond et le milieu de la première salle. A gauche on voit les ornements impériaux de Charlemagne, à droite les ornements royaux de Napoléon. Le manteau de Charlemagne a traversé les siècles, sans perdre de son éclat; le manteau de Napoléon datait alors de quarante ans à peine, et ses ornements sont flétris : l'or de ses broderies était faux!

L'heureux conquérant avait-il, au point le plus élevé de sa puissance, le pressentiment de sa chute providentielle et de l'instabilité de son empire? Ses propres paroles tendraient à justifier cette opinion. Lorsqu'il franchit les Alpes en 1805, pour aller revêtir à Milan ces mêmes ornements que nous trouvions, après trente ans, parmi les trophées de l'Autriche, Napoléon, seul avec Bessières, lui dit, dans un de ces moments d'épanchement qu'il se permettait parfois avec ses familiers : « Vous trouvez beau, n'est-ce pas, que « je sois empereur des Français et roi d'Italie; eh « bien! je ne me fais pas illusion, je ne suis que « l'instrument de la providence. Aussi longtemps « qu'elle aura besoin de moi, elle me con- « servera; quand je ne lui serai plus utile, elle « me brisera comme un verre (1). »

On le voit, Napoléon lui-même pressentait la fragilité de l'édifice impérial; il semblait dès lors s'être appliqué cette belle pensée de La Bruyère : « Il apparaît de temps en temps sur la « surface de la terre des hommes rares, dont les « qualités jettent un éclat prodigieux : sembla-

(1) Études sur Napoléon, par le colonel Baudus, ancien aide de camp du maréchal Bessières.

« bles à ces étoiles extraordinaires dont on ignore « les causes lorsqu'elles apparaissent dans le « ciel, et la marche quand elles ont disparu, ils « n'ont ni aïeux ni descendants, et composent à « eux seuls toute leur race! »

Deux jours après notre arrivée, le comte de Chambord alla faire une visite à l'archiduc Charles. Ce prince possédait à Vienne, près de Baden, dans un fort joli vallon, un château qu'il avait construit sur le modèle de celui que l'archiduchesse, sa femme, habitait à Wilbourg. Cette princesse avait entrepris un voyage dans le duché de Nassau; ce fut le moment que l'archiduc choisit pour lui donner cette preuve de son affection. A son retour, l'archiduchesse retrouva l'habitation de sa jeunesse embellie de tout ce que le bon goût de son époux s'était plu à y ajouter.

Ce prince visitait son parc lorsque nous arrivâmes au château; on l'alla prévenir et bientôt il parut. « Excusez, dit-il à son neveu, un « vieux soldat qui se présente à vous sous le « costume de jardinier : vous savez que le jardi-« nage est la distraction des vétérans. » L'archiduc nous parut fort bien portant, et cependant il y avait cinquante ans qu'il commandait en chef des armées. Classé parmi les généraux les plus distingués de notre siècle, il a eu l'avantage unique de lutter toujours avec honneur, et une fois avec succès, contre Napoléon et contre Moreau.

Les deux princes passèrent ensemble plus d'une

demi-heure. Après cet entretien, l'archiduc se plut à nous parler de l'armée française, et s'adressant au général de Foissac-Latour, il reconnut le mérite de notre cavalerie et particulièrement de nos cuirassiers. Ce suffrage flatteur ne pouvait qu'être fort agréable au général qui a servi lui-même, avec tant de distinction, dans cette arme.

L'archiduc Charles a terminé sa longue carrière à Wagram, c'est dire qu'il l'a finie par une action d'éclat; car à Wagram il s'est montré vaillant soldat et grand capitaine. Napoléon rendait une justice éclatante à ces deux éminentes qualités du prince. Après la guerre de 1809, il lui écrivit pour le prier d'accepter à la fois le grand cordon et la simple croix de la Légion-d'honneur : « La première de ces décorations, lui « disait-il, est le tribut dû à votre génic comme gé-« néral, la seconde à votre bravoure comme soldat.»

Un hommage semblable fut rendu par Achmet III au prince Eugène de Savoie, après la bataille de Belgrade. Il lui envoya un cimeterre et un turban avec ces paroles flatteuses pour le prince : » L'un est le symbole de ta valeur, l'autre de ton génie et de ta sagesse. » On le voit, c'est la même pensée appliquée à des emblèmes différents.

Pendant son séjour à Vienne, le comte de Chambord a fait la connaissance des archiducs Albert, Charles-Ferdinand et Frédéric, fils de l'archiduc Charles. Le prince Frédéric, que la mort a enlevé depuis à son pays, devait révéler l'année suivante, sur la côte de Syrie, l'existence d'une marine autrichienne.

Tous les archiducs s'occupent sérieusement de l'état qu'ils ont embrassé, tous cherchent à se rendre utiles en rivalisant de talents et de zèle avec les meilleurs officiers.

Qu'ils sont heureux ces jeunes princes, ils ont une patrie qu'ils servent, des compatriotes dont ils partagent les travaux ! Henri de France aime sa patrie comme ils aiment la leur; mais on l'a condamné à ne la servir que de ses vœux, lui qui eût été si heureux de lui consacrer son intelligence et son épée, si fier de pouvoir dire dans l'occasion aux princes de sa famille, comme autrefois Henri IV aux princes de Condé et de Soissons « : Sou-« venez-vous que vous êtes du sang des Bourbons; « et, vive Dieu ! je vous ferai voir que je suis votre « aîné ! » On a fait au premier des enfants de la France une position bien dure, et dont la patrie aura plus d'une fois à souffrir dans son honneur, dans sa fortune, et dans sa dignité !

VIII.

Séjour à Vienne.

Vienne a un aspect tout particulier : elle participe de la petite ville et de la grande capitale. Des rues étroites sans direction régulière; mais bien bâties, propres et bien pavées; des places sans étendue, des hôtels nombreux et bien construits, de rares monuments, une belle cathédrale, des remparts ornés de palais qui étreignent la ville dans une double ceinture de promenades; de vastes glacis bien plantés; trente-trois faubourgs où s'élèvent de beaux édifices, des habitations princières, des établissements militaires, des hôpitaux; un grand fleuve pour le commerce, un bois superbe pour les oisifs : tel est l'aspect sommaire de la ville de Vienne.

La ville proprement dite compte un petit

nombre d'édifices remarquables : et d'abord le palais de la Burg, avec sa chapelle gothique, son théâtre de cour, sa salle des redoutes et ses constructions irrégulières. Fondé par Léopold III, duc d'Autriche, au commencement du XIIe siècle, ce palais fut brûlé deux fois; restauré par Albert Ier, il fut agrandi par Ferdinand Ier, par Léopold, et enfin embelli par Marie-Thérèse. Il est vaste, mais dénué d'élégance et de majesté. Sa position, au-dessus du Volksgarten et des promenades du glacis, est saine et agréable.

Derrière la partie du palais occupée par la bibliothèque, est la place Joseph, la plus régulière, la plus grande qui soit à Vienne. Au milieu de la place s'élève la statue colossale équestre de Joseph II : l'empereur gouverne d'une main un cheval fougueux, et étend l'autre, comme pour protéger son peuple.

Cette statue est de Zanner; elle prouve un talent correct, mais froid. Ce fut une première faute de représenter en César romain, et la tête ceinte de lauriers, un empereur du XVIIIe siècle qui s'est borné à rêver cette couronne triomphale dont le statuaire a généreusement orné son front.

Joseph II avait une nature bonne, mais incomplète; il lui manquait un sens précieux pour un roi, celui de l'à-propos. Il voulait le bien; il le voulait avec zèle, avec ardeur même; mais trop souvent sans examen, et sans tenir compte des obstacles.

Ce prince devança son temps, et ne sut pas être de son pays : ce fut le malheur de son règne. Il mérita d'être heureux et il mourut de chagrin. Il mourut éclairé par une expérience tardive, avec le regret d'avoir voulu parodier Pierre le Grand, au lieu de continuer Marie-Thérèse.

La capitale de l'Autriche possède un beau monument gothique, la basilique consacrée à saint Étienne, dont la flèche, récemment reconstruite en fer, est de dix mètres plus haute que le clocher le plus élevé. Au sommet de la tour est la cloche héroïque fondue sous le règne de Joseph Ier, avec les canons pris aux Turcs par le prince Eugène à la bataille de Zenta. Cette cloche, moins grande cependant que celle du Kremlin, est d'un poids et d'un volume énormes; il faut quinze personnes pour la mettre en branle. Elle ne se fait entendre que pour la naissance ou la mort d'un membre de la famille impériale.

A Vienne le plaisir partage, avec le travail et les devoirs religieux, la vie du bourgeois et de l'ouvrier; il absorbe en quelque sorte l'existence de la noblesse et des gens oisifs.

Les ministres et plusieurs grandes familles se joignent aux ambassadeurs pour animer la saison des fêtes. Quelques-uns donnent de beaux bals; d'autres élèvent dans leur hôtel des théâtres où nos vaudevilles ont un privilége exclusif; c'est de tous les plaisirs celui qui répand le plus de charme dans cette société. Les spectacles publics, et surtout l'Opéra, offrent d'autres ressources aux amateurs de bonne musique.

La famille impériale, plus autrichienne que viennoise, mène une vie plus grave : deux ou trois fois seulement par hiver, elle réunit la société nationale et étrangère dans le palais de la Burg. Le reste du temps, l'empereur et les archiducs vivent entre eux; les petits bals de cour ne sont accessibles qu'aux personnes attachées à la maison des princes et à la noblesse du pays.

Parmi les étrangers de distinction que le comte de Chambord reçut pendant son séjour à Vienne, je citerai les princes de Metternich et Windish-Graëtz, le comte de Goës, grand-maréchal de la cour; le landgrave de Furstemberg, grand-maître des cérémonies de l'empereur; monsieur de Wimpfen, alors commandant général de la basse Autriche, ancien chef d'état-major de l'archiduc Charles à Wagram; le feld-maréchal lieutenant Baillet-Latour, autre illustration de l'armée autrichienne; le nonce du pape, et messieurs d'Esterhaz.

Le prince alla rendre visite aux princesses de Wasa, de Metternich et de Windish-Graëtz. La princesse de Metternich habitait, pendant l'été, dans l'un des faubourgs de Vienne, une charmante villa, dont elle fit avec sa grâce accoutumée les honneurs au comte de Chambord. Le prince son époux trouvait dans cette jolie résidence une distraction à ses travaux. Ce ministre célèbre offrait certainement l'exemple de la plus longue carrière ministérielle, au milieu des plus graves événements de l'histoire contemporaine. La mort de l'empereur François lui avait enlevé une partie de son influence sur l'administration intérieure, sans lui ravir celle que sa considération personnelle, ses talents et sa longue expérience lui donnaient sur les affaires générales de la monarchie.

Il y avait en lui de l'allemand et du français. Élevé à Strasbourg, et longtemps ambassadeur à Paris, son esprit participait de la gaieté du nôtre, ses formes et son caractère de la gravité germanique. Les occupations de son ministère lui laissaient assez de loisir pour suivre avec un vif intérêt toutes les découvertes, tous les progrès des arts ou des sciences, dont il cherchait en toute circonstance à faire profiter son pays. La conversation de cet homme d'État était aussi attrayante qu'elle était instructive; il suffit de se rappeler tous les faits auxquels il a pris une part active, depuis le congrès de Rastadt jusqu'au traité de 1840, pour se faire une idée des richesses de sa mémoire et des ressources variées de son esprit. La peinture et la statuaire ont payé un tribut de bon goût à la villa du prince de Metternich; la princesse a enrichi son album d'une galerie qui a bien aussi son prix. Elle y a réuni les portraits des souverains, princes, généraux, ministres ou personnages célèbres qui ont paru à diverses époques, dans son salon. Elle demanda au comte de Chambord d'ajouter son image à cette précieuse collection. Le prince accueillit gracieusement cette demande, et en confia l'exécution au pinceau de Daffinger, peintre distingué de Vienne. L'artiste ne fut pas heureux dans ce travail, que d'autres au reste ont vainement essayé depuis. Jusqu'à présent, au moins à mon avis, l'un des bons élèves d'Isabey, M. Lequeutre, seul, a réussi à reproduire fidèlement dans une charmante miniature la physionomie si mobile et si expressive d'Henri de France. La villa de la princesse de Metternich est, comme son salon de Vienne, le rendez-vous de tous les étrangers de distinction; nous y trouvâmes le prince et la princesse Wasa, le duc administrateur de Brunswick, et plusieurs ambassadeurs.

On sait que la princesse Wasa est fille de la grande-duchesse douairière de Bade, Stéphanie de Beauharnais, cousine de la duchesse de Saint-Leu. Les filles des deux cousines adoptées par Napoléon ont fait des mariages bien différents : l'une a épousé l'héritier du malheureux Gustave IV de Suède, l'autre le fils de l'heureux et habile Bernadotte. Ce général, devenu roi, de sévère républicain qu'il était, a dû son élévation à son caractère facile, à sa bonhomie gasconne, à la finesse de son esprit au moins autant qu'à sa réputation militaire.

Bernadotte, à la fin de 1813, prévoyant la chute prochaine de son ancien général, osa prétendre à le remplacer : « Monsieur le comte, dit-il un « jour au ministre russe Pozzo di Borgo, voici « le moment de donner un roi à la France, et, « comme au temps de Philippe-Auguste, la cou- « ronne ne sera sans doute un moment déposée « que pour être offerte au plus digne. — Vrai- « ment, Monseigneur, répondit le malin diplo- « mate, pour mon compte j'en serai charmé; car « si le plus digne est choisi, très-probablement ce « sera........ moi —. »

Cependant, au retour des Bourbons, Bernadotte alla rendre ses devoirs à ses anciens princes. Témoin de la joie de sa première patrie, il la partagea sincèrement, et se retrouva Français un moment, en présence des descendants de saint Louis.

L'empereur témoignait beaucoup d'amitié au comte de Chambord; il aimait à jouer au billard et à causer avec lui. Chaque jour il l'invitait à dîner; ces invitations pressantes de Sa Majesté dérangeaient un peu l'emploi de nos matinées, car à Schoenbrunn on dînait à deux heures. Cependant, le prince se réserva une journée entière pour visiter les champs de bataille d'Essling et de Wagram; c'était un dessein depuis longtemps formé. Le maréchal Marmont qui alors habitait Vienne, lui offrit de le suivre dans cette promenade d'études militaires, c'était le moyen de la rendre plus fructueuse. Le duc de Raguse joignait à des connaissances fort étendues, l'avantage bien rare alors d'avoir commandé un corps d'armée à

Wagram. Sa proposition ne pouvait donc qu'être fort agréable au prince : « Je regrette, dit-il, en « l'acceptant, de ne pouvoir vous prier de m'ac- « compagner jusqu'à Znaïm, j'aurais été heureux « de vous conduire sur le théâtre d'un succès qui « vous est personnel. » Le comte de Chambord faisait allusion au combat de Znaïm gagné par le maréchal, ce fut la dernière action de la campagne.

Le colonel d'état-major autrichien Scribanek, officier de mérite, chargé d'écrire l'histoire de la guerre de 1809, se joignit à la suite du prince, et nous procura les cartes et les renseignements nécessaires pour donner une intelligence complète des faits. Nous arrivâmes de bonne heure dans l'île Lobau, nous la parcourûmes à cheval dans toute son étendue, afin d'examiner les points de passage de l'armée française, et les ouvrages élevés pour la défense des ponts dans cette vaste place d'armes.

Nous montâmes ensuite au clocher d'Aspern, afin de mieux voir le théâtre de l'action, et de le comparer au plan que nous avions sous les yeux.

De Gross-Aspern nous avons gagné Essling, en visitant lentement l'étroit champ de bataille qui sépare ces deux villages. Là, des efforts inouïs ont été faits, marqués par les pertes les plus sensibles. Le général Foissac a retrouvé le lieu où il fut blessé grièvement, étant à la tête d'un régiment de cavalerie. Nous avons aussi vu le tertre où le maréchal Lannes fut blessé mortellement, et non loin de là, la position où mon oncle, le comte de Saint-Hilaire, appelé à remplacer le maréchal, fut atteint à son tour du boulet qui mit un terme à sa belle carrière. En ce moment, à peine âgé de dix-sept ans, j'arrivais à l'armée pour débuter sous ses auspices; je n'y trouvai plus que le regret de sa perte, et le glorieux souvenir de sa vie sans tache!

Un peu plus avant dans la plaine, tomba le général d'Espagne à la tête de sa belle division de cuirassiers; vingt généraux et plus de trente mille officiers et soldats furent tués ou blessés sur cet étroit champ de bataille, où cent quarante mille hommes seulement furent engagés.

A Essling Napoléon, obligé par la rupture des ponts du Danube, de céder le champ de bataille, ayant à dos un grand fleuve, a dû surtout son salut au prestige qu'il exerçait sur ses adversaires, alors même que la fortune semblait l'abandonner.

Nous avons ensuite parcouru le champ de bataille de Wagram, et reconnu alors, que si Essling fut un grand duel entre deux braves armées, Wagram fut un assaut de combinaisons héroïques entre deux illustres capitaines.

Cette victoire fut tellement disputée, que le passage d'un escadron autrichien égaré suffit pour répandre l'alarme dans notre camp pendant la nuit. On croyait que le corps de l'archiduc Jean avait pris l'offensive. Ce corps, en effet, avait paru dans l'après-midi à Sussenbrünn, sur la droite de notre champ de bataille. Napoléon craignait que l'archiduc ne se portât sur les ponts; ce voisinage lui causa des inquiétudes que l'événement n'a pas justifiées.

De Wagram, où nous nous rendîmes après avoir reconnu toutes les positions des deux armées, nous retournâmes à Vienne par un train spécial, mis à la disposition du comte de Chambord, par l'administration du chemin de fer.

Le lendemain, 1er juillet, le prince alla prendre congé de l'empereur et des archiducs. Cette auguste et excellente famille était presque tout entière réunie à Schoenbrunn, c'est dire que la réunion était nombreuse. Par une coïncidence remarquable, le nombre des princes de la maison d'Autriche était alors le même que celui des princes de la maison de Bourbon; mais quelle différence dans la position des deux familles! Ici, les enfants de Marie-Thérèse, étroitement unis autour de leur chef, concourent tous à accroître l'honneur et la puissance de leur sang illustre; là, on avait divisé les enfants d'Henri IV et de Louis XIV en proscripteurs et en proscrits : triste et scandaleuse division, plus nuisible à l'ordre social, plus funeste peut-être à la monarchie que toutes les fautes commises en son nom!

En revenant de Schoenbrunn, près de monter en voiture et de quitter le général de Foissac-Latour, dont la mission était terminée, le comte de Chambord se retourna vers lui, et le serra dans ses bras avec un profond attendrissement. Cette émotion du prince fut partagée par les Français et par les étrangers témoins de cette scène touchante. Le brave général avait peine à contenir sa sensibilité; deux mois passés dans l'intimité du prince lui avaient fait apprécier les qualités de son esprit; ce dernier témoignage des qualités de son cœur devait lui paraître plus précieux encore.

Nous arrivâmes, le 2 juillet, à la résidence d'été de la famille royale. Mademoiselle était heureuse de revoir son frère; le comte et la comtesse de Marne montraient, par l'expression de leur joie, combien ils avaient d'amour pour ce jeune prince, objet de toutes leurs espérances : c'était fête à Kirchberg le 2 juillet!...

IX.

Kirchberg. — Saint-Pollen. — Maria Zell. — Udine. — Campo-Formio. — Verone. — Valeggio.

Le château de Kirchberg appartenait alors au duc de Blacas qui l'avait acheté du comte d'Orsay. Antique manoir, il fut autrefois flanqué de tours, qui ont disparu depuis l'an 1500. Sa position sur un plateau élevé et l'épaisseur de ses murailles, rappellent seules aujourd'hui son ancienne destination. Au moyen âge, Kirchberg fut une forteresse; depuis longtemps il n'est plus qu'une maison de plaisance que la famille royale habitait durant la belle saison.

Le château est bien situé; sa vue est étendue, variée, mais un peu sévère. L'habitation est modeste, surtout si l'on songe au rang de ses hôtes; mais les dehors sont assez beaux. Le parc est vaste, bien percé et d'une grande ressource pour la promenade, dans un pays où les routes sont d'un entretien difficile.

Peut-être que si je fouillais dans les archives du château, j'y trouverais les éléments de l'une de ces légendes *bien imaginées* que Letti, l'historien de Sixte V, juge plus agréables que la vérité *destituée d'ornements;* mais je m'en tiendrai au vrai, et sous ma plume, il aura l'avantage d'être toujours vraisemblable.

Au nombre de ses anciens propriétaires, Kirchberg compte la famille Veterani, illustrée, nous l'avons vu plus haut, par le héros des défilés d'Orsava; mais ce qui honorera à jamais cette résidence, c'est le choix qu'en a fait le roi de France dans son exil. Ce souvenir ne périra pas; les pères le transmettront à leurs fils, il leur rappellera un temps fécond en pieux exemples et en bienfaits.

Le comte de Chambord passa trois mois dans cette résidence, occupé d'exercices utiles à sa santé ou de travaux convenables à son rang : les armes, l'équitation, la chasse deux fois par semaine, la natation dans un très-grand étang où il se plaisait à manœuvrer lui-même des bateaux à voile; tous ces exercices remplissaient les moments qu'il dérobait à l'étude ou à la société. Six heures de travail, consacrées chaque jour à l'histoire militaire, à la tactique, à l'administration, à l'économie politique, à la lecture, et à l'analyse des bons ouvrages anciens et modernes, le préparaient utilement aux nouveaux voyages qu'il allait entreprendre.

Le feld-maréchal Redeczki, commandant en chef les troupes autrichiennes en Italie, l'avait invité à assister aux manœuvres d'automne de son armée; c'était pour le prince une occasion de voir sur le terrain l'application des principes qu'il avait étudiés dans les meilleurs auteurs militaires : il la saisit avec empressement.

Nous partîmes de Kirchberg à la fin de septembre. En arrivant à Saint-Polten, nous rencontrâmes la famille d'un honorable avocat français, M. Favre, venue la veille de Vienne pour offrir ses hommages au comte de Chambord. Le prince reçut cette famille dans la soirée; le lendemain, avant de partir, « il était fort tard hier, me dit-il, lorsque « j'ai pu recevoir monsieur Favre, je l'ai à peine « vu, invitez-le à déjeuner avec moi. »

Je transmis aussitôt à notre compatriote cette invitation du prince. « J'ai été bien heureux hier « soir, me répondit-il, mais me permettre de le « revoir encore, et avec cette précieuse familiarité, « c'est mettre le comble à ma joie. »

M. Favre voyageait alors en Autriche; il aura certainement rapporté en France les impressions d'une rencontre qui m'a paru le toucher profondément.

A quelques lieues de Saint-Polten, on quitte la plaine pour remonter la jolie vallée de la Trasen, jusqu'à Annaberg; Lilienfeld, qu'on rencontre à moitié chemin, possède une manufacture d'armes, et une riche abbaye de l'ordre de Cîtaux, fondée au commencement du XIIIe siècle. L'église de ce couvent est l'une des plus belles de l'Autriche. En sortant de Lilienfeld, nous nous dirigeâmes à droite pour suivre la route de Bruck par Annaberg et Maria-Zell.

Par une rare exception, l'abbaye des bernardins d'Annaberg est placée sur une montagne. Son fondateur a voulu donner un démenti à ce vers qui exprime les goûts bien connus de deux ordres célèbres :

« *Valles bernardus montes benedictus amat.* »

Quoi qu'il en soit, l'abbé d'Annaberg n'a rien épargné pour rendre son couvent accessible aux voyageurs ; il a construit à ses frais dans la montagne, une fort belle route qui fait honneur au talent de l'ingénieur et à la libéralité du religieux.

Entre Lilienfeld et Annaberg, on rencontre le château, ou plutôt le joli chalet de Brandau. C'est l'archiduc Jean qui a construit cette habitation : on la croirait l'ouvrage d'un particulier de bon goût, plutôt que de la magnificence d'un prince; c'est qu'en effet, l'archiduc y vivait en savant, en industriel exploitant ses forges, et profitant de tous les progrès des arts, pour les appliquer à ses entreprises.

Maria-Zell, où nous devions coucher, est un lieu de pèlerinage fort populaire en Autriche. Dans l'origine, à la place où s'élèvent aujourd'hui l'église et l'abbaye des bénédictins, on ne voyait qu'un ermitage, et, près de là, nichée dans le tronc d'un chêne, une grossière statuette de la mère du Christ.

L'ermite était un saint homme, les pauvres qu'il secourut se chargèrent de sa renommée. Quelques pèlerins accoururent et s'agenouillèrent devant la Vierge, ils demandèrent et obtinrent des grâces par son intercession ; la confiance s'établit dans le pays et s'étendit au loin. Bientôt une chapelle remplaça le tronc d'arbre ; une vaste église renferma la chapelle ; une abbaye fit disparaître l'ermitage, et enfin, une ville s'éleva sur les bruyères où le pieux ermite dressa jadis son premier abri.

Les dons des voyageurs pauvres et riches, bourgeois, princes et rois, ont enrichi l'autel miraculeux sur lequel est précieusement conservée la statue primitive de Maria-Zell.

Nous allâmes de là à Leoben, où Bonaparte, aussi heureux qu'habile, signa les préliminaires d'un traité qui sauva son armée d'un danger imminent. L'empereur, préoccupé de la sûreté de sa capitale, perdit complétement de vue la situation difficile où son adversaire s'était placé. Sommé, l'année précédente, de couvrir Vienne, l'archiduc Charles s'était écrié : « Que « m'importe ! Moreau peut aller à Vienne, l'es« sentiel est que je batte Jourdan ! » Cette fois encore il eût fallu dire : qu'importe que Bonaparte aille à Vienne, pourvu qu'il n'en puisse sortir; mais l'empereur n'osa laisser faire à Bonaparte ce qu'il eût permis sans crainte à Moreau. Déjà cet homme extraordinaire exerçait sur ses adversaires cette fascination puissante qui explique une partie de leurs fautes et de leurs revers.

La Carinthie, pays de montagnes, coupé de belles vallées, est riche de mines de plomb et de fer, le fer surtout s'y trouve en grande quantité. L'usage si étendu de ce métal tend nécessairement à donner plus de développement aux travaux d'exploitation de cette province.

Elle se divise en deux cercles; le cercle de Klagenfurt et celui de Willach. La dure loi du vainqueur n'a point épargné en 1809 ce peuple de montagnards; elle a divisé la Carinthie en deux parties; elle a dit à l'une d'elles : sois française, et elle l'est devenue, à peu près comme Rome et Hambourg, en attendant l'instant de secouer le joug du conquérant. Klagenfurt est une jolie ville voisine de la rivière de la Glan, en communication par un canal avec le lac qui porte son nom.

Willach, où se retira Charles-Quint chassé d'Inspruck par Maurice de Saxe, est le chef-lieu de la haute Carinthie. Cette jolie petite ville est située au lieu où la Gailiz se jette dans la Drave. Cette rivière traverse la province dans la direction de l'est à l'ouest. Le grand nombre de cours d'eau qui s'y jettent, les lacs non moins nombreux qui couvrent la province, séparent les montagnes par des vallées courtes, étroites, mais nombreuses et qui donnent au pays un aspect pittoresque et varié.

Ponteba est le dernier village du cercle de Villach à l'extrême limite des États allemands; il est partagé par la Fella en deux parties : l'une allemande, l'autre italienne. Les confins de la Carinthie et de l'État vénitien sont au milieu même du pont jeté sur cette petite rivière. Rien de plus remarquable que la différence de mœurs, de coutumes, d'habillement même qui distingue ces deux populations, séparées par un ruisseau. Ici on parle allemand, là italien; ici les manières ont la gravité germanique, là, la vivacité méridionale. Les deux pasteurs même offrent dans leur costume une différence sensible : l'un porte des bottes, selon l'usage autrichien, l'autre des bas comme le clergé de France et d'Italie. Chose plus étrange encore! quoique soumises au même sceptre, et élevées dans la même religion, les familles qui habitent les deux rives de la Fella s'unissent rarement entre elles par des mariages.

Udine, qu'on rencontre à quelques lieues au pied des montagnes, est une ville assez considérable qui a hérité de l'archevêché d'Aquilée; ses églises renferment des tableaux de prix. Sa place principale offre un point de vue remarquable. Cette cité a donné le jour au célèbre peintre Giovanni; elle a été le siége des négociations qui ont suivi les préliminaires de Léoben. Le comte de Cobentzel, ministre plénipotentiaire d'Autriche, y fit une entrée magnifique, dans l'espoir d'imposer par le luxe de sa représentation au jeune négociateur républicain. Mais ce ne furent ni les carrosses, ni la livrée, ni l'éclat d'une pompeuse ambassade qui produisirent de l'effet sur l'esprit de Bonaparte; une seule chose le toucha profondément, ce fut la lettre que lui écrivit l'empereur François ; le vainqueur ne put résister à la séduction de cette démarche.

« Je me suis surtout décidé au parti de la paix, « lui écrivait l'empereur, sur l'opinion que j'ai « de votre loyauté, et l'estime personnelle que « j'ai conçue pour vous. »

Bonaparte penchait déjà pour la paix, les douces paroles de l'empereur le décidèrent. Le sacrifice de Venise et même celui de Mantoue furent résolus dans sa pensée, malgré l'opposition du Directoire. C'était précisément où l'Autriche en voulait venir, et dans ce but elle traînait, depuis le 18 août, les négociations en longueur.

D'Udine nous nous dirigeâmes sur Goritz, le comte de Chambord y était appelé par l'anniversaire de sa naissance; il voulut le passer avec ses augustes parents.

Nous revîmes en arrivant le duc de Valmy, venu de France pour offrir ses hommages à la famille royale. Je le rencontrai après sa réception par le Prince, il me parut aussi ému que satisfait de ce premier entretien.

Le duc de Valmy occupait alors un rang élevé parmi les fils des généraux qui ont conservé intact le dépôt de l'honneur national au milieu des excès de la révolution. Enfants dignes de leurs pères, un grand nombre d'entre eux, par leurs actes ou par leurs sentiments, se sont ralliés ouvertement au seul principe qui puisse donner au gouvernement de notre pays assez d'autorité en Europe pour conserver une paix honorable, ou pour entreprendre une guerre utile! Les noms de Bellune, Feltre, Beurnonville, Dampierre, Stengel, Pérignon, Dallemagne, Richepanse, Sainte-Suzanne, Custine, Montbrun, Lagrange, Lauriston, Godinot, Truguet, Villaret-Joyeuse, Kléber, se pressent ici sous ma plume; et j'en tais bien d'autres qui, pour être restés dans les rangs de l'armée ou de l'administration, n'en ont pas moins conservé le libre arbitre de la raison, du patriotisme et de l'honneur.

Le comte de Chambord invita le duc de Valmy à le venir joindre à Vérone et à l'accompagner pendant les manœuvres. Attaché à notre diplomatie avant 1830, Monsieur de Valmy appartenait en quelque sorte à l'armée, par son nom et par la gloire de ses pères; c'était donc un officier de plus que le prince enrôlait ainsi dans son modeste état-major.

X.

Le Frioul. — Padoue. — Vicence.

Nous quittâmes Goritz le 3 octobre pour nous rendre à Vérone, quartier général de l'armée autrichienne d'Italie. Gradisca, sur la rive droite de l'Isonzo, est le premier poste militaire qu'on rencontre sur cette route; il a été pris et repris dans toutes les guerres dont les États vénitiens furent le théâtre. Le gouvernement autrichien y a construit récemment une fort belle prison, dont les hôtes sont certainement mieux traités que les soldats qui les gardent. De nos jours, une partie de la société a donné dans un fâcheux travers. Un vif intérêt s'est attaché soudain à tous les mauvais sujets, tandis que les malheureux honnêtes et timides n'ont trop souvent rencontré qu'une dédaigneuse indifférence. La philosophie chrétienne s'applique heureusement à réparer l'injustice d'une fausse philanthropie.

Pordenone, petite ville sans importance, en a cependant pour un prince français. Le colonel Bressand, à la tête de quatre cents hommes, s'y défendit avec une telle vigueur en 1809 contre l'armée de l'archiduc Jean, que ce prince, touché de tant d'intrépidité, ne put s'empêcher de s'écrier : « Un homme comme vous ne peut rester dé-« sarmé; à défaut de votre épée, voici la mienne. « Portez - la en mémoire de votre beau fait « d'armes. »

On est heureux de quitter les champs monotones du Frioul pour entrer dans le pays accidenté de la Marche trévisane; là on chemine à travers les grands fiefs nominaux du régime napoléonien : le Frioul, Cadore, Feltre, Bellune, Bassano, Rivoli, Rovigo, Castiglione, Conégliano, Trévise, Padoue et Vicence.

Trévise fut le berceau de Totila; c'est une assez belle ville située sur la Sile : en 1801, elle donna son nom à l'armistice qui répondit à celui de Steyer, conclu dans la Haute-Autriche par Moreau.

Trévise ne conserva pas longtemps son indépendance; elle dépendit tour à tour de Vérone et de Venise, qui finit par l'englober dans sa souveraineté. On trouve, dans l'histoire anecdotique de cette ancienne république, un fait étrange, et qui inspira, dit-on, aux Vénitiens, la première pensée de cette conquête.

Peu d'années après la mort du doge Henri Dandolo à Constantinople, Trévise, voulant célébrer l'anniversaire d'un événement glorieux à la république, fit annoncer à son de trompe, dans tous les États voisins, un tournoi d'un genre singulier. Le programme de ce tournoi était l'attaque et la défense du château d'Amour.

Ce château, élevé sur la principale place de Trévise, était d'une architecture légère et gracieuse. Les plus jolies personnes du pays devaient former la garnison, et les jeunes gens du voisinage l'armée de siége. Ceux-ci furent divisés en quadrilles portant chacun le drapeau de leur patrie; Pomone et Flore furent chargées d'approvisionner les arsenaux des puissances belligérantes : des oranges, des citrons, des lys et des roses étaient les seules armes admises pour l'attaque comme pour la défense, et l'escalade formellement interdite.

Au moment où allait commencer ce spectacle original, un grand concours de curieux occupaient les maisons et les abords de la place, dans l'attente des événements de la journée. Tout à coup les trompettes sonnent, les belles Trévisanes se montrent sur la plate-forme du château et occupent leur poste d'honneur derrière les créneaux. Elles portaient un charmant costume de nymphe et d'amazone, et au bras gauche des boucliers tissés de fleurs.

Les applaudissements de la foule accueillent cette garnison modèle, et bientôt la plus douce symphonie donne le signal d'un combat dont l'issue ne semblait pas douteuse ; la lassitude seule devait nécessairement forcer les jolies combattantes à placer de leurs mains la couronne murale sur la tête de leurs vainqueurs.

Aux derniers sons de la musique le siége commence. L'air est obscurci de fleurs et d'oranges qui volent de toutes parts ; d'abord la garnison a l'avantage, et la joie publique signale plus d'une contusion sur le front des assiégeants ; mais cette joie fut de courte durée. L'impatience gagne le quadrille vénitien, le désir de s'emparer à tout prix du château lui fait oublier le programme ; il veut forcer la porte, le quadrille padouan s'y oppose ; alors plus de joie, plus d'acclamations. Les lys, les roses, le drapeau même de la fière Venise est foulé aux pieds, la querelle s'anime, les épées brillent, et le sang coule autour de cette forteresse élevée pour un jour de fête.

Les magistrats séparèrent les combattants ; mais à Venise et à Padoue les pères accueillirent les plaintes de leurs fils. Trévise se joignit aux Padouans ; la guerre s'alluma ; une bataille générale ne tarda pas à la décider en faveur des Vénitiens, qui, dès lors, méditèrent la conquête de deux villes assez audacieuses pour avoir méprisé l'étendard de la reine de l'Adriatique.

Padoue rappelait au prince des souvenirs tout français : Charlemagne, vainqueur des Lombards, Louis XII, vainqueur des Vénitiens, parurent à cinq siècles d'intervalle devant cette ville, Charles, pour la réédifier, Louis, pour en faire la conquête. Ce fut devant Padoue que notre gendarmerie, mettant pied à terre à la voix de Bayard, offrit aux chevaliers allemands de Maximilien de leur montrer le chemin de la brèche. C'est là que Petiliane disait à l'armée vénitienne, forte du concours des fils du doge et des sénateurs : « Si ce n'étaient les « Français qui sont ici, croyez que devant vingt-« quatre heures je sortirais de cette ville et en « ferais lever le siége honteusement! »

Ce général, hors d'état de résister à nos troupes, envoya les clefs de la place à Louis XII; mais Maximilien, qui les reçut du roi, ne sut ni les conserver ni les reprendre. Les Français, simples auxiliaires, ne recueillirent de cette campagne que la gloire d'avoir vaincu, partout où ils avaient pu combattre.

Padoue est située entre la Brenta et la Bracchiglione. Si l'on en croit Virgile, son origine remonte à Anténor et date de trois mille ans! Sa population était immense sous la république romaine qu'elle contribua à défendre contre les Gaulois. Alaric, et après lui Attila, se chargèrent de la dépeupler. Ce dernier força les Padouans à se réfugier dans les lagunes de l'Adriatique, où ils fondèrent cette cité célèbre appelée par les poëtes : reine des eaux! Ainsi Venise touche, par les deux extrémités de son histoire, à deux conquérants célèbres, mais célèbres à divers titres : Attila et Napoléon.

Padoue a vu naître Tite-Live, Césarotti et Canova ; elle a vu mourir un sage, un saint illustre, théologien profond, missionnaire intrépide et orateur entraînant, le vénérable Antoine, né à Lisbonne, mais auquel Padoue donna son nom.

L'Université est une des gloires de Padoue, et la gloire de cette Université est d'avoir compté parmi ses professeurs l'inventeur du thermomètre et du télescope, le physicien, l'astronome Galilée. Il quitta Venise où il possédait, selon l'expression originale de son ami Sagredo, la monarchie de soi-même, pour courir à Florence et à Rome les chances de la monarchie d'autrui. Galilée n'eût-il pas mieux fait de continuer dans sa retraite de Venise ses grands et utiles travaux?

Vicence est une ville de vingt-cinq mille âmes; ses environs sont fort jolis ; elle compte un grand nombre d'hôtels, ou, pour employer à l'expression italienne, de palais, ouvrages de Palladio, auquel elle s'honore d'avoir donné le jour. Cette ville, comme Padoue, a éprouvé de nombreuses vicissitudes; brûlée par l'empereur Frédéric, dominée tour à tour par la noblesse et par le peuple, elle le fut aussi par Vérone et finit, ainsi que Padoue et Vérone elle-même, par tomber sous la souveraineté de Venise.

A Vicence naquit un grand philosophe chrétien, Gaétan de Thiènes. Au commencement du siècle, le nom de cette ville fut lié à celui d'un personnage étroitement attaché à la politique et à la personne de Napoléon. Caulaincourt, grand écuyer de l'empereur, fut le ministre de ses mauvais jours; il fut le dernier de ses conseillers, et le seul qui consentit, en 1815, à accepter les dures conditions des relations extérieures de l'empire. C'était du dévouement, sans doute, mais bien tristement employé.

Toute la plaine entre Vicence et Vérone fut le théâtre de nombreux combats : à Caldiero, Bonaparte livra à Alvinzi une bataille qui pouvait avoir les plus graves résultats, si le général autrichien avait su profiter de sa victoire.

En 1805 Masséna attaqua dans cette même position et avec aussi peu de succès, l'archiduc Charles; mais cette fois les deux armées quittèrent à la fois le champ de bataille : l'une pour rentrer à Vérone, l'autre pour marcher au secours de Vienne, menacée par Napoléon et par la retraite des Russes.

Vérone est célèbre à plus d'un titre : les arts, la guerre et la politique lui ont assuré une place considérable dans l'histoire. Ses souvenirs remontent aux Gaulois ses fondateurs, et aux grandes batailles dont sa campagne fut le théâtre à l'époque de l'invasion des Barbares. Alaric et Stilicon, Odoacre et Théodoric se sont disputé sous ses murailles l'empire de la Péninsule. Charlemagne prit Vérone d'assaut sur les Lombards; Pepin son fils, à qui échut l'Italie, choisit cette ville pour sa résidence.

Un grand prince, descendant aussi de Charlemagne, y séjourna à son tour mille ans après ; mais sous le poids d'un dur exil, et non comme Pepin, en dominateur et en maître. Louis XVIII, banni de ce beau royaume de France, agrandi et glorifié par ses pères, avait demandé l'hospitalité aux anciens alliés de François Ier et d'Henri IV ; ils la lui accordèrent, mais pour l'en priver bientôt. A peine le canon de Loano eut-il retenti à l'autre extrémité de l'Italie, que la peur s'empara des Vénitiens empressés à fraterniser avec le Directoire. Mais Louis XVIII, sommé de chercher ailleurs un refuge, ne voulut pas que le nom d'Henri IV continuât à honorer le livre d'or d'une noblesse dégénérée. Il demanda la radiation de ce grand nom, et aussi la restitution de l'armure, présent du Béarnais à la république. Les successeurs des Dandolo, des Morosini, des Mocenigo, devenus prêteurs sur gages, répondirent qu'ils feraient droit à cette demande le jour où les Bourbons rembourseraient je ne sais quelle somme prêtée par la république à Henri IV, deux siècles auparavant.

Vingt-cinq ans plus tard, Vérone recevait dans ses murs les ambassadeurs de ce même roi de France devenu l'arbitre des intérêts de l'Espagne, de la Sardaigne et de la Grèce. Mais l'ancien hôte de Venise ne pouvait plus rien pour elle ! Rayée depuis longtemps déjà de la liste des nations, elle avait livré à l'Autriche ses arsenaux, ses trésors, son indépendance, son livre d'or, et cette armure du roi de France qu'elle avait refusé de restituer à ses fils.

La place de Vérone est admirablement située sur l'Adige, au pied des montagnes du Tyrol, au centre de toutes les communications de l'Allemagne et de l'Italie. Le fleuve divise la ville en deux parties : on le passe sur quatre beaux ponts. Cette position militaire a fixé l'attention du gouvernement autrichien qui y a fait exécuter de grands travaux. Les plus utiles sont évidemment les forts élevés au nord de la place pour protéger ses anciennes murailles, conservées comme un monument de l'art au temps de Michæli.

Et cependant un fort avancé sur le plateau rendrait plus de services que toutes ces tours, dont quelques-unes d'ailleurs peuvent être prises par escalade.

Le gouvernement militaire du royaume lombardo-vénitien était alors établi à Vérone, siége du grand quartier-général ; cependant le maréchal et une partie des généraux habitaient Milan après et avant la saison des manœuvres.

Celles de l'armée autrichienne devaient avoir lieu sur les bords du Mincio ; mais au moment de l'arrivée du comte de Chambord, l'état-major n'avait pas quitté le quartier général. Ayant appris que le maréchal Radeczki devait venir lui présenter les officiers généraux, le prince s'empressa de le prévenir. Au camp tous les honneurs appartiennent au général en chef ; c'était l'opinion de Louis XIV ; son petit-fils ne pouvait manquer de la partager. On sait que le grand roi se trouvant un jour avec son armée, dans une plaine où l'on ne voyait qu'une habitation, ordonna qu'on la réservât pour le prince de Condé; et, comme le vainqueur de Rocroi se défendait de l'occuper : « Je ne suis ici que volontaire, dit le « monarque ; je ne souffrirai pas que mon géné-« ral soit sous la tente, tandis que j'occuperais « une habitation commode. »

A Vérone, le comte de Chambord ne pouvait se dire volontaire, l'armée qu'il allait voir n'était pas française ; mais il venait étudier la théorie du métier de sa race, sous un capitaine habile, sous un vieux guerrier, illustré par cinquante années de bons services. C'en était assez pour lui inspirer le désir de rendre au maréchal tous les honneurs dus à son commandement.

Le comte Radeczki reçut le prince avec une cordialité franche et respectueuse ; il lui présenta le jour même son état-major, et l'emploi du temps fut réglé pour la semaine qui allait commencer.

Nous revîmes à Vérone l'un de nos amis de France, le lieutenant général de cavalerie baron Vincent, homme de cœur, excellent officier, distingué par son énergie, par son dévouement et ses brillants faits d'armes. Il avait fait en 1800 la campagne d'Italie, et pris part, à la tête d'un escadron, à la victoire du Mincio. Il allait donc revoir sur les bords de cette rivière, toutes les positions occupées alors par notre armée.

L'intention du prince était de visiter, avec le général Vincent, les places et les champs de bataille de l'Italie, et de conduire le duc de Valmy dans la plaine de Marengo. Des circonstances imprévues dérangèrent ce projet.

Les rives de l'Adige et du Mincio sont fécondes en glorieux souvenirs pour la France; une partie de notre renommée s'y est faite. Au quartier-général de Mozambano, le fils de nos rois se trouvait placé entre le champ de bataille d'Agnadel où vainquit Louis XII, et celui de Ravennes, où périt Gaston de Foix. Les luttes d'Eugène et de Catinat, les victoires de Vendôme à Luzzara, à Cassano, à Calcinato; les campagnes de Montmorency et de Schomberg terminées par la restitution de Mantoue à notre allié; la victoire de Médavi à Castiglione; celle de Bonaparte au même lieu, quatre-vingts ans plus tard : tout dans ce pays rappelait au jeune prince, le génie guerrier de la France; là était écrite, par les sillons de nos boulets, l'histoire de sa famille et de sa patrie.

Le premier jour, nous allâmes coucher à Pozzolengo : leurs Altesses Royales les ducs de Modène et de Cambridge venaient d'y arriver. Le lendemain, les trois princes se rendirent avec le maréchal et tout l'état-major, sur le terrain des manœuvres.

L'armée, forte de trente-deux bataillons, de vingt-deux escadrons et de douze batteries, formait deux corps, dont l'un occupait la place de Peschiera ou ses environs, et l'autre, appuyé au Mincio, figurait l'avant-garde d'une armée supposée venir de Mantoue. On ne s'attend pas que j'entre ici dans le détail des mouvements exécutés pendant six jours sur les bords de cette rivière. Ces sortes de manœuvres, préparées d'avance, et imposées à tous les chefs comme une sorte de catéchisme par demandes et par réponses, offrent un faible intérêt, et laissent peu de place à l'intelligence des officiers.

La cavalerie, forte de plus de deux mille quatre cents chevaux, avait manœuvré, quelques semaines auparavant, dans les plaines de Sacile; le terrain accidenté des rives du Mincio lui offrit peu d'occasions de se développer ou d'agir par masse. Cette troupe était bien tenue, bien montée, plus régulièrement instruite que les régiments stationnés dans le nord de la monarchie; parce que les colonels ont sous la main leurs régiments qui, chaque année, s'exercent ensemble sous les yeux de leurs généraux.

En somme, l'armée d'Italie était fort belle. Nous avons vu le soir d'une journée de fatigue, par un soleil brûlant, les régiments d'infanterie défiler comme à la parade; les chasseurs, presque tous Tyroliens, étaient agiles et bien exercés, l'artillerie est habilement dirigée et bien servie, mais son matériel laissait à désirer. En Autriche, les améliorations s'opèrent lentement; l'administration de la guerre est économe, patiente. Elle n'est point novatrice ou entreprenante, elle ne roule pas sur l'or comme la nôtre.

L'état-major général était fort nombreux. Pendant les manœuvres, on avait donné au comte de Chambord, pour officier d'ordonnance, un jeune homme fort distingué, le comte Alexandre de Papenheim, du même nom que l'illustre adversaire de Gustave-Adolphe à la journée de Leipsick. Plusieurs officiers étrangers, anglais et piémontais, faisaient partie de cet état-major; parmi ces derniers, Henri de France distingua le colonel Régis, qui avait servi dans notre armée avant la restauration.

Au milieu de ces brillants uniformes, le jeune prince seul portait un frac de ville, sans aucune distinction; ce qui lui faisait dire gaiement : « Je « n'en suis pas moins colonel, et le plus ancien « de l'armée; j'aurai bientôt vingt ans de grade. »

Je l'ai vu une fois à Kirchberg, dans son uniforme de cuirassier; il m'a rappelé alors ce mot du colonel autrichien Kreutner, à Hermanstadt? « Ah! si la France le voyait!..... »

Le troisième jour des manœuvres, le maréchal donna un grand dîner militaire sur les bords du lac de Garde. Le temps était superbe, et le spectacle de cette fête militaire magnifique. Autour de nous, des tentes, des trophées, des faisceaux, des canons, de délicieuses musiques; enfin, une armée entière. Devant nous, le lac brillant de l'éclat d'un beau jour, et roulant de nombreuses barques sur ses flots agités. Plus loin, le mont Baldo, élevant à trois mille pieds au-dessus du lac sa cime toujours blanche; le Baldo, centre et pivot de tant de savantes manœuvres qui aboutirent à la victoire de Rivoli. A notre gauche, Monte-Chiaro, théâtre de la gloire de Catinat, et de la victoire d'Eugène qui, tout vainqueur qu'il fut, disparaît dans cette journée devant son noble adversaire.

Beaulieu s'y réfugia après Lodi; Bonaparte, au lieu de le chasser de cette ligne de défense, lui laissa le temps d'augmenter les fortifications comme l'approvisionnement de Mantoue, et de rétablir son armée découragée par une campagne féconde en désastres. Le jeune victorieux ne put résister au désir de faire à Milan une entrée triomphale. Il a souvent sacrifié de grands intérêts militaires au plaisir de dater ses bulletins, et de faire acte de gouvernement, dans les capitales de ses ennemis. Il commit sa première faute à Milan et la dernière à Moscou ; il répara l'une avec habileté, l'autre lui coûta l'empire !

Le comte de Chambord habita à Valeggio, chez la fille du marquis Maffei, auteur de la *Mérope* italienne, le même hôtel qu'avait occupé avant lui, deux illustres capitaines : Bonaparte et Suwarow.

Bonaparte faillit y être surpris en 1796, par un parti de hussards qui s'y étaient introduits après le départ des troupes françaises. Le général n'eut que le temps de se sauver avec ses aides de camp, par une petite porte du parc. Quelle capture c'eût été pour l'Autriche, et quel changement cet événement eût apporté dans les destinées de l'Europe!

Le comte de Chambord, pendant son séjour à Valeggio, s'est trouvé en relation avec le duc George de Cambridge, plus âgé que lui de deux ans. Ce prince, distingué par son éducation et ses bonnes manières, nous donna bientôt la mesure de ses nobles sentiments; comme Henri de France lui demandait si, dans le cours de ses voyages, il n'irait pas visiter Paris : « J'irais bien volontiers, répondit-il, si vous y « étiez. »

Le gouvernement, en Angleterre, était hostile aux enfants de Louis XIV, et ils peuvent en être fiers, car ce sentiment est le plus glorieux témoignage de leur nationalité. Quand Charles X quitta la France, en 1830, le prince Léopold de Cobourg, reconnaissant des bontés récentes du roi, voulut mettre à sa disposition son château de Claremont; Guillaume IV s'y opposa. Anglais avant tout, il se rappela alors l'Espagne, la Morée, Alger, et pensa que les tristes solitudes d'Holi-Rood étaient dignes d'un prince qui avait osé contrarier, dans ces trois grandes circonstances, la politique de l'Angleterre. C'était pousser un peu loin les rancunes nationales?...

Si le comte de Chambord avait hérité de l'éloignement du gouvernement de Londres pour l'indépendance et le patriotisme de sa famille, il pouvait aussi compter sur les sympathies de tous les Anglais dont le cœur bien placé sait apprécier un noble caractère, et s'émouvoir, se passionner même pour tout ce qui est grand, honorable et juste. A la tête de ces généreux partisans de sa cause, le petit-fils de Louis XIV fut heureux de voir le duc de Cambridge; les sentiments que ce prince lui exprima les honorent tous deux !

Les manœuvres durèrent une semaine. Le comte de Chambord y prit un goût extrême; le soir, il allait visiter les bivouacs, parlant allemand et italien aux officiers et aux soldats. Le jour, il suivait avec intérêt, les mouvements des corps et l'exécution des ordres du maréchal. « Pourquoi, disait-il, n'est-ce pas là une armée « française? avec quel bonheur j'irais y prendre « mon rang! »

Le dernier jour de la petite guerre de Vérone fut signalé par une perte douloureuse pour l'armée : le prince Guillaume de Bentheim, commandant le second corps d'opérations, mourut subitement au moment où il signait un ordre du jour à ses troupes. Il aimait le soldat et il en était aimé; sa mort fut un sujet de deuil pour tous.

Le lendemain, à la grande parade, un nouvel accident faillit renouveler la douleur de cette perte : le général Valmoden, commandant du premier corps, privé, par ses blessures, de l'usage d'un bras, fit une chute de cheval qui pouvait être très-grave; mais qui n'eut heureusement aucune suite sérieuse.

La dernière cérémonie, celle du dimanche, qu'on appelle en Autriche parade d'église, est une espèce de revue d'honneur, où tous les corps réunis sont inspectés par les princes, après avoir entendu une messe militaire.

L'artillerie, à cette parade, fit l'exercice à feu; après la messe, l'armée défila par divisions, escadrons et sections de batteries : elle offrait un fort beau coup d'œil.

L'armée autrichienne était alors forte d'environ deux cent soixante mille hommes au pied de paix, déduction faite des régiments frontières; elle pouvait réunir quatre cent mille hommes en temps de guerre sans compter la landwer. Cette force militaire, en rapport avec la population et avec la situation des finances de l'Autriche, suffisait à lui assigner le rang qui lui appartient en Europe.

Le comte de Chambord devait partir le soir même; il reçut les adieux des princes, de l'excellent maréchal Radeczki, des officiers généraux, et, ce qui lui fut bien sensible, du duc de Valmy, et du général Vincent qui lui avait été si utile pendant les manœuvres.

Le général eut quelque peine à maîtriser son émotion ; ne voulant pas paraître au dîner d'adieu donné par le duc de Modène, il se renferma dans sa chambre jusqu'à l'heure du départ. Des larmes avaient roulé dans ses yeux au moment où il s'était éloigné du prince.

Rien n'est plus touchant, parce que rien n'est plus vrai que cette sensibilité d'une âme accoutumée à braver tous les dangers des champs de bataille. Avant d'avoir vu le fils de ses rois, le général Vincent était dévoué à sa cause par conviction, par patriotisme. A peine avait-il passé dix jours dans son intimité, et il le quittait profondément dévoué à sa personne : au reste, c'est ce qui est arrivé partout et à tous.

A Valeggio, excepté nos amis de France, chacun croyait que nous retournions à Goritz ; mais le comte de Chambord en avait autrement décidé. Les États d'Autriche lui étaient en grande partie connus, il voulait visiter d'autres pays, et d'abord l'Italie, cette terre classique des arts, des sciences et de la gloire militaire.

En conséquence, des passeports avaient été demandés deux mois auparavant ; on ne les avait pas refusés, comment motiver un refus ? mais on ne les avait pas accordés. Le prince ne se résigna point à attendre indéfiniment le bon plaisir de la diplomatie. Sûr des sympathies de tous les princes, qu'il ne voulait d'ailleurs ni gêner ni compromettre, il résolut de se passer d'une formalité qui n'a pour lui d'autre effet que de contrarier son incognito.

Tout le monde voyage aujourd'hui, les uns pour

leur plaisir, les autres pour leurs affaires ou leur instruction ; comme ceux-ci, le comte de Chambord voulait voyager pour s'instruire. Les voyages peuvent n'être, pour d'autres, qu'une louable occupation ; ils sont, pour lui, une obligation sérieuse.

Si la France venait un jour à s'apercevoir qu'on l'a privée, en 1830, d'un principe nécessaire à son bonheur et à sa gloire, il faudrait que ce principe fût dignement représenté ; si, au contraire, les portes de la patrie devaient demeurer fermées à l'héritier légitime de nos rois, il faudrait encore qu'il honorât son pays dans l'exil, et méritât ce témoignage de ses contemporains, que, s'il naquit pour le trône, il se montra digne de s'y asseoir.

Les voyages sont aujourd'hui le droit de quiconque jouit de son indépendance ; le fils de France a voulu constater la sienne aux yeux du monde ; c'était un devoir de sa position : les hommes de cœur lui ont su gré de l'avoir rempli !..

XI.

Mantoue. — Novi. — Gênes. — Livourne. — Pise.

En quittant Valeggio, nous nous rendîmes à Mantoue; le comte de Chambord connaissait déjà cette place importante, il l'avait visitée en 1838. La nature et l'art ont contribué à sa défense; mais qui la défendra contre son redoutable climat? Bloquer Mantoue et laisser à la fièvre le soin de réduire sa garnison, telle sera sans doute la règle de conduite d'un général appelé à faire la guerre dans cette partie de l'Italie. C'est ce que fit Bonaparte, et la place n'a tenu longtemps devant lui que parce qu'il a perdu à Milan la saison où le blocus eût été le plus funeste aux Autrichiens.

Le bastion de Cesena a vu périr un homme illustre dans les fastes populaires, André Hofer, chef de l'insurrection du Tyrol en 1809.

Prisonnier après la soumission d'Inspruck, il fut conduit à Mantoue et jugé par un conseil de guerre. Le conseil penchait pour la peine de l'emprisonnement, il se refusait à prononcer la mort d'un brave, d'un patriote dévoué, dont le seul crime était d'avoir préféré la loi de l'Autriche au joug de la Bavière. Un ordre télégraphique, parti de Milan, exigea la mort d'Hofer, et le tribunal obéit.

Le premier ingénieur de Mantoue fut Charlemagne; Virgile fut le plus illustre de ses enfants; son plus grand prince fut François de Gonzague, qui osa se mesurer à Fornoue avec Charles VIII. Attila ravagea cette ville; arrêté devant ses murs par le pape saint Léon, au moment où il s'apprêtait à marcher sur Rome, le grand dévastateur consentit à s'éloigner de l'Italie, en traînant après lui le butin de vingt siéges.

Eugène et Vendôme se sont rencontrés sous les murs de Mantoue, affranchis alors du joug allemand par le petit-fils d'Henri IV. Ce fut aussi dans cette ville qu'eut lieu l'entrevue célèbre de Napoléon et de Lucien Bonaparte. Il s'agissait, pour le conquérant, de faire briller une couronne aux yeux de ce frère insoumis, et de le ramener ainsi dans la sphère impériale, au prix d'un royaume à son choix. Lucien, tout républicain qu'il était alors, eût accepté, comme Bernadotte, un trône affranchi du vasselage que Napoléon imposait à toutes les royautés de sa création. Ce n'était pas le compte de l'empereur; aussi l'entrevue fut-elle orageuse; mais le beau rôle, dans ce conflit fraternel, appartient tout entier à Lucien.

On le voit, Mantoue a d'imposants souvenirs. Attila, Charlemagne, Napoléon, furent les jalons de son histoire.

Cette ancienne capitale a été la résidence d'une cour galante et prodigue. Elle possède quelques monuments remarquables, le palais du Té, entre autres. Plus vaste que somptueux, il est l'ouvrage de Jules Romain, de ce peintre-architecte qui, cette fois, ne fut inspiré ni par le génie de Michel-Ange, ni par celui de Raphaël.

Le père du Virgile italien, Bernado Tasso, est mort à Mantoue; il repose dans l'église Santo-Egidio; poëte lui-même, mais effacé par son fils, il n'est immortel que par lui. C'est ainsi que Louis Racine, malgré la pureté de sa poésie, doit une partie de sa renommée à l'honneur d'avoir eu pour père l'auteur de *Britannicus* et d'*Athalie*. Les Français ont laissé dans la ville d'honorables traces de leur domination; ils ont fait de la place Virgile, autrefois marais infect, une promenade salubre et agréable. De Mantoue, le prince se rendit à Gênes, en passant par Crémone, Pizzighitone, Novi et Tortone.

La prise de Pizzighitone fut le dernier exploit de Villars; supplié par un officier de braver avec moins de témérité le feu de l'ennemi : « Si j'avais

« votre âge, répondit-il, vous auriez raison peut-« être, mais à quatre-vingt-trois ans qu'ai-je de « mieux à faire que de mourir ici? » Cet homme là a toujours été heureux, dit-il, quelques jours après, en apprenant la mort de Berwick sous le canon de Philippsbourg. C'est ce bonheur que Villars cherchait à Pizzighitone, il ne le trouva pas; force lui fut d'aller mourir dans son lit, à Turin où il est né.

Novi rappelait au comte de Chambord une grande action de guerre : là, Moreau et Suwarow furent aux prises; mais Moreau ne commandait pas l'armée; comme Catinat sur l'Adige, il venait d'être remplacé par un général plus brave, plus brillant qu'habile, et comme lui, il demeura volontairement sous les ordres de son cadet. Villeroi avait été vaincu par Eugène, Joubert le fut par Suwarow, et, à l'exemple de Catinat, Moreau s'attacha à sauver l'armée. L'analogie entre ces deux événements est frappante.

Ce grand exemple d'abnégation donné par le vertueux Catinat a trouvé des imitateurs : Bouflers à Malplaquet, Noailles à Fontenoy, combattirent avec dévoûment sous des généraux plus jeunes qu'eux. Ces souvenirs honorent la France. Pouvaient-ils échapper à un prince aussi étroitement lié à la gloire de son pays?

Le comte de Chambord examina en passant, ce champ de bataille où périt Joubert, à un poste qui n'était pas le sien.

Au delà de Tortone est la plaine de Marengo, théâtre de l'action célèbre qui effaça l'échec de Novi, et décida du sort de la Péninsule. Gagnée, elle nous rendit l'Italie; perdue, elle l'eût assurée à l'Autriche.

Desaix fut tué en arrivant sur ce champ de bataille, où son intervention décida la victoire. Par une funeste coïncidence, son rival de gloire et son ami, Kléber, tombait le même jour, et à la même heure, en Égypte, sous le poignard d'un assassin! La perte de ces deux généraux fut vivement sentie; mais nos rangs se resserrèrent derrière eux pour produire de nouveaux capitaines. En France, la race militaire demeure, quand les chefs de famille disparaissent.

Un monument modeste marque la place où périt Desaix; il termina bien jeune une vie déjà bien longue aux yeux de la gloire!

Gênes la superbe devait fixer l'attention du comte de Chambord. Cette belle cité est riche de souvenirs instructifs. Quelle imposante antiquité, que de vicissitudes, que de révolutions intérieures la recommandent aux méditations de l'historien!

Forcés de faire la guerre pour échapper aux troubles intérieurs, puis d'acheter chèrement la paix pour éviter la conquête, les Génois furent successivement aux prises avec Pise, Venise, la Corse, le Milanais, la Sardaigne, la Grèce, l'Empire et la France. Ce petit État, si favorisé de la nature, si disgracié de la politique, a épuisé sans succès pendant plusieurs siècles, toutes les formes républicaines. On l'a vu tour à tour créer des capitaines du peuple avec un pouvoir absolu, des consuls, des doges, des podestats avec un pouvoir restreint; passer de la noblesse au peuple, et du peuple à la noblesse; devenir la proie d'une famille, puis d'une autre; invoquer la dictature et saluer l'anarchie; dégoûtée de ses meilleurs citoyens, choisir des magistrats à l'étranger; lasse de son indépendance, se donner à Milan, à Rome, à Naples, à l'empire, à la France, et ne briser ses derniers liens que pour se donner encore.

Pour le comte de Chambord, en particulier, cette ville avait un intérêt bien grand. Quatre de ses ancêtres avaient dicté des lois à cette belle cité. Avant lui, qui la visitait en voyageur ignoré, Charlemagne, Jean d'Anjou, Louis XII, François Ier, l'avaient visitée en vainqueurs et en maîtres ; Louis XIV l'avait mandée à Versailles dans la personne de son doge ; trois maréchaux de France, Boufflers, Richelieu, Masséna, l'avaient vaillamment défendue ; son nouveau roi, digne et vertueux monarque, maintenu dans ses droits héréditaires par l'influence de Louis XVIII, avait combattu sous le duc d'Agoulême en Espagne, avec le titre de premier grenadier de notre armée ! Le Fils de France était presque chez lui, dans cette capitale, dont les archives sont à moitié françaises.

Gênes constituait alors, une grande partie

de la force maritime du royaume de Sardaigne ; cependant sa flotte ne se composait que de douze vaisseaux, frégates et corvettes. L'adjonction de ce duché, riche de plus de vingt mille matelots, aurait donné à cette monarchie l'importance d'un État maritime de troisième ordre, tel que la Suède, le Danemarck et la Hollande, si la France s'était trouvée dans une situation normale ; car la Sardaigne penchait pour notre alliance. Si elle avait pu compter sur nous pour la soutenir au besoin, ou contre les prétentions de l'Autriche, ou contre le despotisme anglais, elle aurait été consacré sans doute à l'accroissement de sa marine une partie de l'or qu'elle employait à l'entretien d'une armée de terre considérable. Cette direction donnée à la puissance sarde, eût été favorable à notre politique. Il est du devoir de la France de favoriser partout le développement des marines secondaires, dont elle est la protectrice naturelle et intéressée.

Gênes possède de beaux monuments : le théâtre Charles Pitti, le palais de l'Université, celui de la reine douairière, la villa Negroni, le grand hôpital, et surtout la maison de refuge pour les pauvres, immense et précieux édifice dû à la noble famille Brignole. Paul Véronèse a donné son nom à l'une des salles du palais du roi, ancienne résidence des Durazzo.

L'église de l'Annonciade sur la place du même nom, renferme une chapelle qui appartenait à la

France. Là repose le corps du maréchal de Boufflers qui, selon l'historien Denina « fut reçu par « les Génois comme un libérateur, et en mérita « le titre par l'héroïsme et le génie qu'il déploya « dans la défense de Gènes contre les Autrichiens ».

Depuis la paix, Gènes est entrée dans la voie d'une prospérité croissante; elle partage avec Marseille le commerce de la Méditerranée où Livourne prenait naguère une plus large part. Le mouvement imprimé à l'agriculture en Sardaigne par la haute protection du roi, le rachat des droits féodaux dans cette île, la fondation d'un établissement agricole modèle par une société française sous le patronage du monarque, les chemins de fer projetés pour mettre la place de Gènes en communication avec la Suisse, tout contribue à assurer à cette ville le plus brillant avenir.

Le comte de Chambord s'embarqua à Gènes pour Livourne. En approchant de cette ville, il aperçut de loin l'île d'Elbe, séjour d'un autre exilé qui rêva l'empire de Charlemagne et qui, un moment, réalisa son rêve.

Livourne est l'ouvrage des Médicis; ils l'acquirent des Génois par échange, et en firent une ville maritime pour ruiner les Pisans. Le port est franc, il est l'entrepôt des produits du grand-duché; mais comme entrepôt des marchandises étrangères, il a perdu de son importance, par la concurrence de Trieste, de Gênes, de Marseille, et surtout par l'usage des communications directes avec le Levant, introduit depuis vingt ans, dans les habitudes du commerce.

La rade de Livourne est peu sûre, son port a peu d'étendue. Ces deux inconvénients sont certainement pour beaucoup dans la préférence accordée aux autres places de l'Adriatique et de la Méditerranée. Le port est bordé d'un quai, il sert de promenade aux habitants.

On s'arrête en allant au pont, devant la statue équestre en marbre de Ferdinand Ier; ce monument de la piété filiale de Côme II est assez remarquable pour l'époque où il a été élevé. Seul à Livourne, il rappelle aux voyageurs qu'ils ont mis le pied sur la terre privilégiée des arts, car cette cité n'a pas le caractère italien. C'est une ville universelle dont les habitants portent tous les costumes, parlent toutes les langues, pratiquent tous les cultes, et surtout le culte de l'or.

Les bâtiments du commerce et les paquebots du Levant touchent à Livourne, ou passent en grand nombre en vue de son port. En apercevant, du haut du fanal, les milliers de vaisseaux glissant en paix sur les eaux bleues de la Méditerranée, infestées naguère par de hardis pirates, le comte de Chambord pouvait s'honorer du grand service rendu à l'Europe par sa famille, il pouvait se dire avec une douce fierté : la sécurité dont ils jouissent, c'est à mon pays, c'est à mon aïeul qu'ils la doivent.

La route de Florence à Pise est belle et facile;

elle passe à travers les domaines de l'évêque. Ces terres, peu productives entre les mains du prélat, devaient, dit-on, être vendues avec son consentement, pour être remplacées par une dotation immobilisée. Cette sage mesure rendra à la culture, des terres dont les produits accroîtront les richesses du pays.

Pise, autrefois l'une des douze cités de l'Étrurie, et la troisième des républiques maritimes italiennes, peuplée de plus de cent mille âmes au temps de ses consuls, a perdu toute son importance politique et les quatre cinquièmes de sa population. Elle n'est plus aujourd'hui que la dernière raison des médecins : « Allez à Pise, » est l'extrême ordonnance d'un docteur à bout de science.

A l'une des extrémités de Pise et dans sa partie la moins habitée, on trouve réunis le Baptistère, la cathédrale, la Tour penchée et le Campo-Santo.

Le Baptistère, placé en face du grand portail de la cathédrale, est une rotonde en marbre, au milieu de laquelle on remarque une grande urne soutenue par des colonnes en granit d'Orient appuyées sur des lions; la voûte, de forme elliptique, est extrêmement sonore.

La cathédrale date du XIe siècle; on y entre par trois magnifiques portes de bronze qui rappellent celles du temple de Salomon à Jérusalem. Cinquante quatre colonnes, dont plusieurs sont en marbre vert et en porphyre, soutiennent les cinq nefs de l'église, plusieurs tableaux de prix, une chaire et un pavé de marbre, une voûte dorée ornée de bonnes peintures et de sculptures antiques, contribuent à embellir ce monument.

On demande encore aujourd'hui si l'inclinaison de la Tour penchée est due au caprice de l'architecte, ou à l'affaissement du terrain sous la partie inclinée de la tour.

Bologne a ses tours penchées, et l'une d'elles l'est de plus de huit pieds. La tour de Caerphilly dans le Glammergenshire, haute au plus de soixante-dix pieds, s'écartait de onze pieds de la perpendiculaire, mais partout ces déviations eurent une cause indépendante de la volonté de l'architecte : nulle part on ne s'est avisé de l'attribuer à un caprice.

Le Campo-Santo est voisin de la cathédrale : c'est une vaste enceinte avec un portique pavé de marbre, ouvrage de l'architecte Jean de Pise, et orné de peintures de plusieurs artistes célèbres, au nombre desquels il faut citer Michel-Ange, Canova, et surtout Gozzoli, ce peintre habile et fécond qui eut l'effrayant honneur d'achever vingt-trois tablaux en deux ans. Il fut le Raphaël de l'époque; les Pisans lui accordèrent, ainsi qu'à Jean de Pise, la sépulture du Campo-Santo qu'ils avaient illustré par leurs œuvres.

La terre de ce cimetière, consacré par la religion et les arts, a le privilége dû à sa nature, de dévorer promptement les corps qui lui sont confiés; elle fut apportée en **1228** de Jérusalem par les croisés.

Alors, c'était un grand bonheur d'être inhumé en terre sainte; rien donc de plus facile à expliquer que ce fait réputé inexplicable par quelques voyageurs incrédules. De nos jours, nous frétons des navires pour aller chercher de l'engrais dans un autre hémisphère; au XIIIe siècle, on allait en Palestine pour en rapporter de la terre consacrée par le sang du Sauveur du monde.

Pise conserve un triste et touchant souvenir: une gracieuse princesse, dont il faudrait déplorer la destinée si la Providence réglait ses comptes ici-bas, Madame Marie d'Orléans, devenue duchesse de Wurtemberg sous des conditions qui ne devaient pas être remplies (1), a terminé bien jeune, dans cette ville, une vie à laquelle ses talents et ses belles qualités avaient déjà donné tant de prix.

Reconnaissante et fidèle, comme la vénérable princesse de Penthièvre, son aïeule, Marie d'Orléans, déjà frappée par des événements politiques qu'elle ne pouvait ni juger ni approuver, avait eu aussi à souffrir dans ses sentiments religieux les plus

(1) On sait que les enfants nés de ce mariage devaient être élevés dans la religion catholique, et que cette clause n'a point été observée.

intimes; c'en était trop pour son noble cœur! Sans force contre le mal qui le dévorait, elle n'en trouva que pour offrir à Dieu son dernier sacrifice.

Cette mort prématurée a été profondément sentie par l'auguste famille dont la princesse Marie n'avait pas oublié les bienfaits; la fille de Louis XVI lui a donné de vifs regrets, et ces regrets seuls sont un éloge.

Disons en passant, que si Louis XIV se montra superbe avec Alexandre VII, il ne le fut pas moins envers les plus grandes puissances de l'Europe, et qu'au moment où il obtenait du pape, par le traité de Pise, la réparation de l'insulte faite au représentant de la France, il exigeait que l'Espagne cédât le pas à son ambassadeur, et que l'Angleterre renonçât à ses prétentions de supériorité maritime!

De Pise, le comte de Chambord se rendit à Sienne par la Scala. Ce pays est magnifique : rien de plus riche et de plus pittoresque que cette partie du bassin de l'Arno.

Sienne avait autrefois cent cinquante mille habitants; c'était une ville considérable qui eut le périlleux honneur d'inspirer de la jalousie aux Romains, et plus tard à l'empereur et à Florence. Elle joua un rôle brillant dans la guerre sociale, et dans les querelles des Guelfes et des Gibelins. Sienne en 1840, ne comptait que vingt-cinq mille âmes; son rôle, modeste et pacifique, consistait à prendre sa part du bonheur dont jouissaient ses anciens ennemis les Toscans, sous le gouvernement paternel des princes d'Autriche.

En approchant de la ville, on cherche en vain la citadelle élevée, en 1560, par Côme Ier, pour contenir les Siennois dans l'obéissance à ses lois. Depuis le règne de Pierre-Léopold, cette citadelle a disparu pour faire place à des promenades qui ajoutent à l'agrément et à la salubrité de la ville.

Côme avait dû prendre ses précautions contre les souvenirs d'indépendance des habitants de Sienne; il voulait effrayer pour n'avoir point à punir. Léopold se trouvait dans des conditions plus heureuses pour son peuple et pour lui; il n'était ni conquérant, ni usurpateur, il n'avait pas besoin de forteresses!

« Un prince, dit Machiavel, qui craint ses su-
« jets plus que les étrangers, doit fortifier ses
« villes; dans le cas contraire, il doit s'en passer;
« il n'y a pas de meilleure forteresse que l'affec-
« tion du peuple. »

XII.

Sienne. — Viterbe. — Arrivée à Rome.

Sienne ne prend rang qu'après Livourne et Pise ; mais elle est plus agréable et mieux habitée. Le grand-duc y venait chaque année passer quelque temps à l'époque des fêtes. Ces fêtes ont un caractère particulier. A l'aspect de la place destinée aux courses de chevaux, on se demande comment on a pu faire un hippodrome de cette grande coquille, qu'à Rome on eût réservée aux jeux nautiques.

Cette place a plus de mille pieds de tour ; on y arrive par onze rues. C'est là que les citoyens élisaient leurs magistrats et délibéraient sur les affaires de la république. La place du dôme est bornée par les principaux édifices de la ville : le palais ducal, celui de l'archevêque, l'hôpital de Maria Scala et la cathédrale.

Le plus précieux ornement de ce beau temple est sans doute le tableau de la *Sainte-Famille* cherchant un refuge en Égypte, par Charles Maratti. Un peintre ordinaire eût donné à ses personnages une expression de douleur et de crainte; il eût en quelque sorte montré Hérode prêt à saisir sa proie; Maratti, mieux inspiré, fait deviner l'intervention divine, en imprimant sur le front des pieux fugitifs un caractère sublime d'espérance et de foi.

Deux des pilastres de la coupole mettent en évidence un trophée contemporain de la cathédrale : les Siennois, joints aux exilés de Florence, le conquirent sur les Florentins à la bataille de Monte-Aperto. Tout autour de la nef sont rangés, sur une seule ligne, les bustes des papes jusquà Alexandre VI, dans un période de quatorze cent cinquante ans. Cette galerie papale aurait quelqu'intérêt, si comme celle du séminaire de Saint-Sulpice à Paris, elle représentait plus ou moins fidèlement l'image des souverains pontifes; mais le statuaire, par une économie fort originale d'imagination, a eu l'idée bizarre de diviser les bustes des papes en trente séries, et de donner la même figure aux numéros correspondants de chaque série. La papesse Jeanne avait, par une exception facile à comprendre, un visage à elle toute seule, dans cette galerie; elle l'a gracieusement cédé au pape Zacharie, lorsque l'Église eut fait justice de cette fable ridicule.

Sienne a donné le jour à cinq papes, et entre

autres à Pie II, le savant pontife, à Paul V, qui acheva Saint-Pierre et fonda le musée du Vatican. Elle a produit sainte Catherine, que l'Église sanctifie et que le monde honore; car la vierge de Sienne ne fut pas seulement une sainte devant Dieu, elle fut aussi une grande intelligence, une âme forte, une héroïne aux yeux du monde. Les Siennois sont justement fiers de sa mémoire. La maison et l'atelier de teinture de Beni-Casa, son père, ont été convertis par un décret d'État, en riches chapelles, décorées, par Francisco Vanni, de peintures représentant des épisodes de la vie de la sainte. Ce Beni-Casa était un artisan riche et estimé; il avait placé son orgueil dans sa fille; il voulait la marier et la donner au monde; mais, sortie victorieuse des longues épreuves auxquelles il la condamna, elle força son père lui-même à reconnaître et à bénir sa pieuse mission.

Je ne quitterai pas Sienne, sans rappeler le fait qui honore le plus les belles compatriotes de Catherine; il prouvera que, dans cette ville, l'héroïsme chez les femmes n'est pas plus rare que la beauté.

Le marquis de Marignano, à la tête des troupes de Florence et de l'empire, assiégeait Sienne, défendue par Montluc; les femmes s'associèrent à sa défense, avec une énergie qu'il reconnaît à sa manière dans ses mémoires : « Dames siennoises, « dit-il, vous êtes dignes d'immortelles louanges, « si jamais femmes le furent. Au moment de la

« belle résolution que ce peuple fit de défendre « sa liberté, toutes les dames de Sienne se répar- « tirent en trois bandes : ces trois escadrons « étaient composés de trois mille dames! Leurs « armes étaient des pelles, des fascines, des « hottes, et avec cet équipage firent leurs mons- « tres, et travaillèrent aux fortifications. Elles « avaient fait un chant en l'honneur de la « France, lorsqu'elles allaient au travail; on n'a « jamais vu de chose si belle que celle-là.

Si l'on en croit Montluc, les dames de Sienne, dont il décrit complaisamment les costumes élégants et variés, tout en préparant les armes de la défense, ne négligeaient pas celles de la coquetterie. Mais ceci est sans doute une malice, à laquelle il est impossible de s'associer.

Le siége de Sienne dura huit mois; jusqu'à la fin, les habitants secondèrent les efforts de leurs défenseurs.

Cet extrait des mémoires du vaillant capitaine prouve qu'au XVIe siècle, la population était infiniment plus considérable qu'elle ne l'est au XIXe; au lieude trois mille dames, les Siennois auraient peine aujourd'hui à en réunir cinq cents, même pour aller au bal.

Au delà de Sienne, et jusqu'au lac de Bolsène, l'aspect du pays est sévère. Bolsène rappelle d'imposants souvenirs : à sa place s'élevait jadis Volsinium, l'ancienne capitale des Volsques, ces redoutables ennemis des Romains.

Le lac, que l'on côtoie l'espace de trois lieues, est encadré par le paysage le plus pittoresque. Les environs de Bolsène contrastent par leurs délicieux points de vue, avec le pays que nous venions de parcourir. Ce lac, théâtre des pêches joyeuses de Léon X, passe pour avoir été le cratère d'un volcan. Vis-à-vis de Bolsène, et à peu de distance de la route, est une colline formée de prismes réguliers de basalte, qui ne peuvent être qu'un produit volcanique comme ceux qui forment la Detunata, montagne que nous avions vue en Transylvanie.

Un peu plus loin, sur la gauche de la route et du village de Bolsène, est Orvieto, petite ville justement fière de sa cathédrale, à laquelle Nicolas Pisani et Michel-Ange ont attaché la gloire de leur nom. Ses murailles, élevées par Martin V, servirent de refuge à Clément VII, lorsque le pontife, sorti déguisé du château Saint-Ange, se délivra, après sept mois d'angoisses et de captivité, de l'affreux spectacle de la dévastation de Rome par les troupes protestantes de Charles-Quint. Orvieto rappelait au fils de France un grand et religieux souvenir : Louis IX y fut canonisé en 1297, et, ce qui rend cette canonisation plus remarquable, elle fut prononcée par Boniface VIII ! Cet hommage, rendu aux vertus chrétiennes de saint Louis par le plus ardent champion de la puissance pontificale, ajoute encore, s'il est possible, à la gloire du grand roi !

Au delà de Bolsène est située, sur une haute colline, Montefiascone, ancienne métropole, dont le siége fut rétabli par Pie VI, en faveur d'un orateur célèbre dans les luttes parlementaires de l'Assemblée constituante, l'abbé Mauri.

En sortant de Montefiascone, on entre dans la campagne, triste, mais bien cultivée, de Viterbe.

Cette ville a vu naître Œgidius, le célèbre prédicateur, et, comme Sienne, elle a eu son héroïne, sa vierge canonisée : sainte Rose ! A seize ans elle osa, quand les rois hésitaient encore, se déclarer l'adversaire de Frédéric II et l'alliée du pape Innocent IV. Elle combattit l'usurpation de l'empereur, fut vaincue, proscrite, et rentra triomphante dans sa patrie, après la mort du tyran de l'Italie. Sainte Rose mourut à vingt-huit ans, objet de vénération et d'amour !

Viterbe, don de Charlemagne à Adrien Ier, est célèbre à plus d'un titre.

Dans les cinquante dernières années du XIIIe siècle, les élections des papes se firent à Viterbe, et depuis l'an **1270**, sous la condition de clôture absolue imposée aux cardinaux par Grégoire IX. L'observation de cette règle si sage était devenue une nécessité. Après la mort de Clément IV, les cardinaux, divisés d'opinions, et peu pressés de se donner un chef, différaient depuis deux ans, l'élection de son successeur. Louis IX venait de mourir au cap Carthage ; Philippe son fils, aborde en Italie, passe à Viterbe et reproche aux cardinaux, avec l'autorité d'un roi de France, leurs indécisions et leurs lenteurs si préjudiciables à la chrétienté. Les reproches du jeune prince ne furent point inutiles : ils contribuèrent à hâter l'élection de Grégoire X, et à donner force de loi et de coutume, à la règle de clôture prescrite depuis quarante ans ; mais malheureusement négligée jusqu'alors.

De Viterbe jusqu'à Rome, la campagne paraîtrait presque déserte, si l'œil ne se reposait sur le bourg de Capraruola, où la famille Farnèse possède, au-dessus de Ronciglione, un château remarquable par sa position, son architecture, la richesse de ses détails et de ses peintures.

Ronciglione et la vallée qui l'avoisine, les lacs de Vico et de Bracciano, offrent encore quelques points de vue pittoresques, sans changer l'aspect général de ce pays triste, désolé par la mala-aria, mais fécond en souvenirs intéressants.

A l'aspect de la ville éternelle, que l'on découvre à une lieue et demie environ, le voyageur cherche au milieu de ces clochers, de ces colonnes, de ces dômes majestueux, Saint-Pierre, que son imagination s'est tant de fois représenté. Pendant quelque temps le temple se dérobe à la vue, masqué par une colline à droite de l'ancienne voie Cassienne qu'on suit depuis Monterosi ; mais bientôt le géant se développe dans toute sa magnificence, et l'œil ravi ne voit plus que lui. Cependant, avant d'entrer à Rome, l'histoire nous arrête sur les lieux où de grands événements se sont accomplis. Devant nous, est le pont Milvius, auquel tant de faits considérables se rattachent, et sous nos pieds, le sol à jamais célèbre où Constantin triompha de Maxence, où le labarum porta le dernier coup au paganisme, déjà vaincu par le sang de nos martyrs, et par les vertus de nos pontifes.

Ces lieux rappellent un souvenir non moins illustre dans l'histoire de l'Église, et auquel ne se lient que des idées de protection et de paix. En deçà du pont Milvius, dans l'année 774, Charlemagne fut reçu par les Romains comme un libérateur et un souverain bien-aimé. Le sénat, le clergé, le peuple avec les bannières de la ville et des écoles, se déployaient sur la rive droite du Tibre, et les acclamations d'une nombreuse population saluaient la présence du vainqueur des Lombards, du glorieux roi des Francs, venu à Rome pour accroître le domaine de Saint-Pierre, et pour poser les premiers fondements du second empire d'Occident.

Au delà du mont Mario et du Tibre, près du Puincio, est le champ que cultiva Cincinnatus. Rien, depuis la Storta, ne rappelle les soldats laboureurs de la république. On n'aperçoit nulle trace d'agriculture dans ce pays, dont les premiers dictateurs s'honorèrent d'avoir manié la charrue. A gauche de la route, s'élève une petite église sur l'emplacement où fut, dit-on, le tombeau de Néron, de ce fou de tyrannie, dont le tribun Flavius, condamné à mort, résuma l'histoire en peu de mots : « Je t'ai « trahi, lui dit-il, lorsque tu es devenu cocher, « bouffon, incendiaire, assassin et parricide. » Eh bien, les statues de ce monstre furent audacieusement relevées en plein Forum, après sa mort. La corruption des mœurs explique les plus dégradantes affections.

Le 20 octobre, dans l'après-midi, le comte de Chambord arriva à Rome, il y entra, voyageur ignoré, par cette porte Flaminienne que Charles VIII franchit autrefois la lance au poing, précédé de la gendarmerie française, magnifique cortége de sa souveraineté.

Le prince alla loger sur la place d'Espagne; il s'y établit dans le plus modeste incognito; mais son arrivée était par elle-même un événement, auquel le mauvais vouloir, et, on peut le dire, la maladresse de la diplomatie, allaient donner une grande importance.

XIII.

Établissement à Rome. — Le pont Saint-Ange. — La Basilique Saint-Pierre. — Le Panthéon. — Le Vatican.

Le comte de Chambord était descendu à l'hôtel de l'Europe; il y occupait un appartement modeste, et personne à Rome, pas même le maître de l'hôtel, ne soupçonnait encore sa présence; mais l'incognito n'était pas longtemps possible. Le duc de Lévis se rendit le lendemain chez le cardinal Lambruschini, secrétaire d'État des affaires étrangères, pour lui faire connaître l'arrivée du prince, et son désir d'être reçu par Sa Sainteté.

Cette communication produisit une certaine impression. On avait écrit de Vienne que le petit-fils de Charles X renonçait à son projet de voyage; supposition toute gratuite, qui prouvait une grande ignorance du caractère du jeune prince. Toujours prêt à soumettre sa volonté à la raison et à la justice, il n'abandonne pas facilement un projet utile et mûrement réfléchi. Les obstacles, en pareille occurrence, ne peuvent que fortifier ses résolutions.

Cependant, l'ambassadeur de France venait de mander à sa cour que le duc de Bordeaux ne sortirait pas des États d'Autriche. Le lendemain il fallut expédier une seconde dépêche et écrire : le duc de Bordeaux est à Rome! C'était désagréable, fâcheux peut-être, mais qu'y faire? La chose en elle-même était fort simple. Tout le monde va à Rome aujourd'hui; le fils de saint Louis a voulu faire comme tout le monde. Il avait d'ailleurs épargné au pape l'embarras même d'une résistance à toute prétention contraire; car il ne s'agissait plus que de lui appliquer à Rome la merveilleuse doctrine du fait accompli. Obligée en effet de l'accepter, la diplomatie entreprit d'interdire au descendant des rois très-chrétiens l'entrée du palais papal, où je ne sais quel ambassadeur turc venait d'être accueilli avec une grande courtoisie.

Mais alors, le Saint-Père, retenu par une indisposition au Quirinal, son palais d'été, ne sortait pas et ne recevait personne. La réception du prince fut donc nécessairement ajournée. Toutefois Grégoire XVI chargea Mgr Massimo, son majordome, de mettre à la disposition de l'auguste voyageur les moyens de visiter avec fruit tous les monuments de la ville sainte.

Le premier objet de la curiosité du comte de Chambord fut la basilique Saint-Pierre, magnifique temple qu'on juge mal au premier aspect, qu'on admire encore après l'avoir vu dix fois.

Pour aller à Saint-Pierre de la place d'Espagne, il faut passer le pont Saint-Ange, autrefois Ælius. En deçà du pont, est une petite place destinée à l'exécution des criminels, et ceux qu'on exécute à Rome n'ont que trop mérité ce titre. A droite de la place, vers le Tibre, s'élève une chapelle où les condamnés entendent la messe avant de subir leur peine ; admirable usage qui consacre à la prière la dernière heure de l'homme qui va paraître devant Dieu !

Autre usage non moins touchant peut-être ! Le pape jeûne le jour d'une exécution ; il jeûne et prie pour obtenir la confession sincère et le salut du condamné. Si le coupable résiste aux sollicitations du prêtre, le pape continue d'implorer pour lui le repentir. Le père commun des chrétiens, en communication avec Dieu par la prière, à cette heure suprême d'un fils rebelle, sollicite en sa faveur la grâce divine, et le plus souvent il l'obtient.

Le château Saint-Ange fournirait à lui seul les matériaux d'une longue histoire; il fut d'abord un tombeau, et un tombeau magnifique, celui de l'empereur Adrien. Léon IV, menacé par les Sarrasins, fit entourer d'une muraille tout le quartier Saint-Pierre, qui prit ainsi le nom de cité Léonine. Nicolas V fit augmenter, en 1451, les fortifications de la cité, et celles du château, pour mieux recevoir ses chers alliés, l'empereur Frédéric II et Ladislas de Hongrie. Le sage pontife avait appris dans l'histoire des empereurs, à se défier même de leur amitié.

Alexandre VI joignit par une galerie, le Vatican au château Saint-Ange ; il s'y réfugia par cette voie, lorsque Charles VIII, mécontent de la politique du pontife, fit son entrée à Rome en triomphateur et en maître.

Deux rues parallèles conduisent du château Saint-Ange à Saint-Pierre ; l'une se prolonge devant l'hôpital du Saint-Esprit, œuvre d'Innocent III, agrandi par ses successeurs, et devenu le modèle de toutes les maisons de charité dont le christianisme s'honore. L'autre rue passe devant un monument du Bramante, le palais du duc Torlonia, de ce banquier grand seigneur, dont les fêtes brillantes sont accessibles à tout voyageur porteur d'un habit et d'une lettre de change.

Au delà de ce temple élevé par Plutus à Therpsycore, on rencontre la place Saint-Jacques et la maison où Raphaël s'éteignit à trente-sept ans, épuisé par l'excès des voluptés ! Quelle mort pour l'auteur de la *Transfiguration !* Combien de chefs-d'œuvre auraient suivi cette composition sublime, si la morale du christianisme avait exercé sur le cœur du grand artiste, l'influence qu'ont eue sur son génie les traditions et les mystères de notre foi !

Un peu plus loin, on aperçoit la place Saint-Pierre, sa magnifique colonnade, ses fontaines d'où jaillissent les eaux du Janicule, l'obélisque élevé par Sixte-Quint, le Vatican et enfin la basilique! Vue de la place, elle ne répond pas à la pensée de Michel-Ange. A l'aspect de sa façade théâtrale, on regrette que le plan de l'architecte Maderne ait prévalu. N'étaient les statues colossales du Christ et des douze apôtres élevées sur la balustrade qui termine l'attique de la grande façade, on serait tenté de chercher Saint-Pierre, en face de Saint-Pierre même.

On entre par un beau portail, au-dessus duquel est la mosaïque de Giotto, dans le vestibule, qui lui-même a les proportions d'une église. Il communique avec la basilique par cinq autres portes; l'une d'elles est la porte Sainte, ordinairement murée; le pape l'ouvre au commencement du jubilé. Aux deux extrémités du vestibule, s'élèvent deux statues équestres : celle de Constantin, protecteur des chrétiens, celle de Charlemagne, le bienfaiteur et l'appui de leurs pontifes.

On ne peut se défendre d'une certaine émotion, lorsqu'après avoir soulevé le rideau massif qui sépare le vestibule du temple, on met le pied dans ce beau monument; et cependant, les peintres, par l'exagération de la perspective, ont presque tous contribué à nous en donner une idée qu'au premier aspect il ne justifie pas. On s'attend à le trouver plus vaste qu'il ne l'est réellement. Les architectes romains, pour détruire l'effet de cette impression, ont voulu constater la supériorité d'étendue de Saint-Pierre sur les plus grandes églises ; ils ont retracé sur les pavés de marbre de la nef, les proportions des cathédrales de Milan, Florence, Londres, Paris, et Constantinople. La plus spacieuse le cède de cent pieds au moins à Saint-Pierre, dont notre métropole remplit à peine la moitié. Après avoir examiné la basilique dans tous ses détails, on demeure comme ébloui de ce luxe prodigieux de sculptures, d'ornements, de décorations, de bas-reliefs, de mosaïques, de statues, de peintures qu'il est impossible d'énumérer à la première vue. On s'étonne surtout à l'aspect de cette coupole immense, dotée par Michel-Ange des proportions du Panthéon, et que son audacieux génie a élevée sur quatre piliers, à quatre cents pieds du sol. Il fallait que le roi des temples de Rome païenne ne fût, en quelque sorte, qu'un accessoire dans l'église reine de la Rome des chrétiens ! Ici, les peintres n'exagèrent plus : leurs fictions disparaissent devant cette imposante réalité.

Au-dessous de la coupole, est le maître-autel isolé, tourné vers l'Orient, exhaussé par sept marches de porphyre, et surmonté lui-même du baldaquin de bronze doré que le Bernin a soutenu par quatre grandes colonnes torses du même métal. Cette décoration grandiose, mais gâtée, comme la grande porte de bronze, par des détails de mauvais goût, nuit à l'effet de la perspective ; elle rapetisse la nef, et il est impossible d'oublier qu'elle fut une dépouille du Panthéon !

Pie VI ayant mis la dernière main à Saint-Pierre par la construction de la sacristie, on peut dire que cette basilique fut l'ouvrage de trois siècles et de douze architectes; aussi n'y rencontre-t-on ni cette harmonie de vues, ni cette suite d'idées particulière aux monuments qu'une seule génération voit commencer et finir, sous l'inspiration d'un seul homme.

Au-dessous du maître-autel, est la confession ou le sépulcre de saint Pierre. On y descend par des degrés que protége une balustrade circulaire. Cent douze lampes brûlent jour et nuit, dans ce caveau, où repose le corps du pieux Pie VI, auprès des reliques du premier des apôtres.

Devant ce monument vénérable, sur ce sol sacré où le petit-fils de nos rois allait fléchir le genou, plusieurs des fils de Charlemagne s'étaient agenouillés avant lui : Lothaire, empereur d'Italie et souverain de Rome; Charles, Louis, Réné, Jean d'Anjou et Charles VIII, Charles VIII, mécontent d'Alexandre VI, sollicité d'attaquer son élection, mais qui vint puiser, auprès du tombeau de saint Pierre, le respect de ses droits spirituels, entre les mains de son moins digne successeur. Ce lieu est plein de souvenirs antiques. Contigu au souterrain de la basilique, il rappelle l'ancien temple de Constantin; là seulement on retrouve le parvis de cette vieille église, témoin de tant d'actes de dévouement, d'héroïsme, de piété, et malheureusement aussi de sanglantes profanations.

A l'extrémité de la nef et du chœur, sur un autel de marbre, s'élève, soutenue par quatre statues colossales des docteurs des Églises grecque et latine, la tribune de saint Pierre, monument en bronze doré, qui enveloppe la modeste chaire de bois du prince des apôtres.

La sacristie se compose de trois belles salles; l'une, dite Capitulaire, est le lieu où les cardinaux, formés en congrégation, reçoivent les ambassadeurs après la mort des papes. La succursale des clercs renferme une précieuse antiquité, c'est la dalmatique, présent de Charlemagne à Adrien, celle dont les papes se servaient pour le sacre des empereurs. Le pape Léon III en fit usage pour la première fois, lorsqu'après l'office de Noël de l'an 800, il posa la couronne impériale sur le front victorieux du roi des Francs. On voit que cet ornement précieux est contemporain du second empire d'Occident.

Cent vingt papes ont été enterrés à Saint-Pierre; mais les ouvriers de Jules II, en renversant les murailles de l'ancienne basilique, ont dispersé les restes d'un grand nombre de ces martyrs, de ces saints de la primitive Église. Cependant, les souterrains du temple, et le temple lui-même, sont encore aujourd'hui une nécropole où l'on trouve réunies les cendres d'un grand nombre de papes, de princes et de princesses qui ont marqué dans l'histoire.

Dix-neuf tombeaux plus ou moins remarquables

s'élèvent dans les diverses chapelles de la basilique. Le plus grand nombre d'entre eux est dû au ciseau de Canova, de Thorwaldsen, du Bernin et de La Porte, mais tous ne répondent pas au talent de leur auteur. Celui de Pie VII, par exemple, me semble au-dessous de la réputation de Thorwaldsen. Le Saint-Père y est représenté entre les figures allégoriques de la Force et de la Sagesse; ces statues, trop distantes de celle du pontife, laissent entre elles et lui un vide disgracieux. On regrette surtout que la physionomie du pape ne rappelle aucune des circonstances intéressantes de sa vie laborieuse, si féconde en grands événements.

Sans doute le chef-d'œuvre de l'Algarde, le bas-relief du mausolée de saint Léon qui représente ce pape arrêtant Attila à Mantoue, le tombeau de Paul III, celui d'Urbain VIII, sont remarquables sous le rapport de l'art; mais il en est un qui ne doit rien à l'art, quoique l'artiste se nomme Canova, et qui absorbe complétement l'attention, c'est celui des Stuarts.

Henri de France, près de cet éloquent mausolée, offrait aussi un grave sujet de réflexions; mais en présence de cette race royale d'Angleterre, irrévocablement liée à un passé scellé du plomb de la mort, on s'incline devant un arrêt fatalement accompli; en contemplant, au contraire, le front prédestiné du fils aîné d'Henri IV, on relève la tête pour chercher, au delà des prévisions humaines, la solution d'une épreuve dont la Providence seule a le secret.

On a voulu comparer les Bourbons aux Stuarts, et sans tenir compte des différences de temps, d'origine, de caractère national, de faits même, on a pressuré cette comparaison pour en faire sortir des pronostics que les partis peuvent bien accueillir, mais que la raison ne saurait y trouver.

Saint-Pierre, malgré quelques détails de mauvais goût, est certainement le plus beau monument qui soit sorti de la main des hommes : quel luxe! quelle prodigalité de richesses! cent trente-six statues, dignes, au moins pour une partie, de faire la réputation d'un artiste; des mosaïques qui ornent toutes les devantures d'autels ou reproduisent avec une admirable fidélité, dans de vastes tableaux : la Transfiguration, la Communion de saint Jérôme, le Martyre de saint Érasme, la sainte Pétronille du Guerchin; des bas-reliefs, des décorations, des peintures, des monuments dus aux princes des arts; tout cet ensemble est vraiment digne d'admiration. Mais combien de trésors ont été enfouis dans ces fondations profondes si difficiles à assurer dans un sol sillonné par les eaux du Janicule! Saint-Pierre a coûté deux cent soixante millions de l'époque, et comment oublier que leur perception a été l'une des causes de la division qui afflige l'Église chrétienne? Après avoir visité le plus beau monument de la Rome moderne, le comte de Chambord voulut voir le temple le plus remarquable de l'ancienne Rome, le Panthéon, aujourd'hui Sainte-Marie-des-Martyrs. Cet édifice, construit par Agrippa, avait été dédié à Auguste ; mais celui-ci trouva bon de céder à Jupiter et à tous les dieux un honneur qu'il ne jugeait pas encore opportun d'accepter pour lui.

Le portique du temple est un merveilleux travail de l'art ancien ; il est soutenu par deux rangées de belles colonnes monolithes. Les colonnes de la façade supportent un fronton autrefois décoré d'un superbe bas-relief en bronze. Au milieu du portique est la porte massive du même métal, qui seule a échappé aux spoliateurs de ce monument.

Les Sarrasins et les Vandales l'avaient épargné ; c'est dans le siècle des arts qu'il a subi ses plus malheureuses dégradations.

En dédiant cet édifice à la Vierge et aux martyrs, Boniface IV voulut, dit-on, le purifier des souillures du paganisme ; mais alors pourquoi ne pas faire un saint de l'Apollon du Belvédère, et une vierge de la Minerva Medica? Le Panthéon méritait peut-être une exception dans ce pieux système de transformation et de dédicaces. Il est à regretter qu'on n'en ait pas fait un musée des antiques. On y eût songé de nos jours, mais sous le règne de l'empereur Phocas on avait bien d'autres affaires.

Une large ouverture, ménagée au point le plus élevé du dôme du Panthéon, livrait passage à la fumée de l'encens que le roi des sacrifices brûlait sur le réchaud sacré. Cette ouverture a été religieusement respectée; elle faillit être funeste à Charles-Quint. Lorsque cet empereur vint à Rome en 1536, huit ans après le sac de cette ville par ses troupes, il eut la fantaisie de monter sur la plate-forme de la rotonde. Un Romain qui l'accompagnait sentit se raviver dans ce moment, les souvenirs des violences impériales. A l'aspect de la ville qui se développait devant lui, une pensée sinistre traversa son esprit; il en fit part à son père : « La tentation m'est venue, lui dit-il, de venger « en une seconde, tout le mal que l'empereur a fait « à Rome en six mois; j'ai été au moment de le « pousser dans l'abîme ouvert sous ses pas. — Mon « fils, répondit le vieillard, on fait ces choses-là, « on ne les dit pas. »

Ce sont choses qu'on ne dit pas sans doute, mais qu'on fait encore moins. Ce Romain était un homme des anciens jours; sa morale est plus vieille que le christianisme, elle remonte à Mucius-Scœvola!

Après l'incendie qui a détruit Saint-Jean-de-Latran, le Vatican est devenu la résidence des souverains pontifes, et leur résidence d'hiver, depuis la construction du Quirinal.

Contemporain de la vieille basilique sous le nom modeste de presbytère, le Vatican a été agrandi par les papes Lybère, Symmaque, et plusieurs de leurs successeurs jusqu'à Grégoire XVI; si bien que ce palais semble avoir suivi les progrès de cette religion divine dont il est l'un des plus anciens monuments. Charlemagne s'y logea avec sa suite en 774, et après lui, plusieurs empereurs amis ou ennemis des pontifes. Souvent profané par les factions, ravagé par les guerres étrangères, il a résisté comme l'Église elle-même à toutes les entreprises des ennemis. Le palais est vaste, bien situé, mais bâti sur une pente du mont Vatican et sur un plan plus élevé que Saint-Pierre, il le domine et lui nuit. L'escalier à deux rampes du Bernin, placé à l'extrémité du vestibule du temple, près de la statue de Constantin, conduit aux grandes salles du palais. On rencontre avant d'y arriver, une petite chapelle voisine de l'appartement du pape, et consacrée aux exercices pieux du Saint-Père. Les tableaux du salon royal qui précède le cabinet de réception, représentent des traits remarquables de l'histoire des papes; j'y ai vu à regret, des souvenirs de la Saint-Barthélemy, cette cruelle et perfide revanche des massacres du Béarn par les protestants. Les jours funestes à l'humanité sont et seront toujours des jours de deuil pour la religion.

L'appartement du pape est fort simple; on y remarque des tentures en velours noir dont le principal ornement est un crucifix d'ivoire, qu'on retrouve dans toutes les pièces qui dépendent de cet appartement en face du siége où le pape s'assied, soit pour travailler, soit pour prendre ses repas. Ainsi, le chef de l'Église ne peut lever les yeux sans rencontrer l'image de son modèle, sans se rappeler les leçons sublimes de la vie et de la mort du Christ.

Le Saint-Père reçoit dans un cabinet voisin du dernier salon. C'est là que Pie V, absorbé depuis longtemps déjà, dans la pensée de la grande lutte dont l'issue intéressait toute la chrétienté, tomba, dit-on, le 7 octobre 1570, dans une profonde extase qui lui révéla le combat et la victoire de Lépante. « Allez, dit-il aux personnes qui l'en-« touraient, allez rendre grâces à Dieu dans son « temple, la croix triomphe en ce moment. »

Quelque temps après un courrier arriva de Venise porteur de la grande nouvelle; il confirma heure pour heure, de point en point, la merveilleuse vision du pontife, et justifia, par son témoignage, la confiance du peuple romain.

La salle à manger est voisine du cabinet de travail du Saint-Père. Deux cardinaux, sur des siéges de bois, assistent à son repas; là, comme dans les autres chambres de son appartement, le pape est assis sous un dais, qui contraste avec la simplicité de la table pontificale.

Les chapelles Sixtine et Pauline communiquent au grand salon. La première, due à Sixte IV, est ornée de belles fresques du Pérugin et de Michel-Ange; mais le tableau des Clés données à saint

Pierre, disparaît devant ceux de la Création du Monde et du Jugement dernier de Buonarotti. La Création, ou plutôt la Bible avec toutes ses richesses, orne la voûte de la chapelle Sixtine; le Jugement dernier remplit l'espace au-dessus de l'autel. Cette composition gigantesque prouve les connaissances anatomiques, plutôt que le bon goût et la délicatesse de Michel-Ange. Les arts, appliqués à la religion, doivent tendre à faire naître ou à développer les inspirations pieuses; le grand peintre semble parfois l'avoir oublié.

La seconde chapelle, ouvrage de San-Gallo, est ornée de six fresques que la fumée a noircies. Deux d'entre elles appartiennent aussi à Michel-Ange; mais à Michel-Ange octogénaire, et courbé sous le poids des immenses entreprises qui remplirent ses dernières années.

Tout ce qui concerne les divinités païennes, leur culte et leurs prêtres; tout ce qui est relatif aux empereurs, aux consuls, aux magistrats, à l'armée, à l'état civil, aux arts et aux métiers de l'ancienne Rome, se retrouve sur l'une des parois des murs de la longue galerie du Bramante; sur l'autre, sont les inscriptions provenant des catacombes, où se reproduisent tous les symboles chrétiens.

Pour connaître l'origine de la bibliothèque du Vatican, il faut remonter au VIIe siècle, et au pape saint Hilaire; Calixte III l'embellit d'une partie de celle de Constantinople. On a placé dans une des galeries les portraits des papes qui ont le plus contribué à sa formation ; et d'abord, celui de Sixte-Quint, recevant des mains de Fontana le plan de la galerie construite sous son pontificat. On éprouve un sentiment difficile à définir, devant l'image de ce vigoureux vieillard, dont l'élévation et le règne ont été si extraordinaires.

La bibliothèque occupe plusieurs salles ; l'une d'elles est consacrée aux livres provenant des dons ou des legs des princes étrangers, l'empereur Ferdinand II, le prince Palatin, le duc d'Urbin, et la fille de Gustave-Adolphe. Le bibliothécaire présenta au comte de Chambord plusieurs manuscrits fort curieux : un Virgile du IVe siècle, un manuscrit grec, un Térence du VIIIe, le calendrier mexicain, des manuscrits de Pétrarque, du Tasse et du Dante ; enfin, un Traité des sacrements, composé par Henri VIII et dédié par lui à Léon X. Le prince examina attentivement cette œuvre si remarquable d'un roi, dévot catholique tant que ses passions ne contrarièrent pas sa foi, infidèle et persécuteur quand ses coupables amours l'eurent poussé dans la voie de l'hérésie ! C'est là pour l'anglicanisme une bien triste origine. L'ouvrage que nous avions sous les yeux, le condamne de la main même de son fondateur ; de la main de ce cruel despote qui, de son propre aveu, ne refusa jamais « la vie d'un homme à sa haine, ni l'honneur d'une femme à ses désirs ».

Les livres de la bibliothèque papale sont, pour les étrangers, articles de foi : renfermés dans des armoires à panneaux pleins, le *mirar y non tocar* des Espagnols ne leur est pas même applicable. A défaut des livres qu'on ne voit pas, on contemple du moins, et souvent on admire de nombreuses fresques, et particulièrement celles de Raphaël Mengs, du cabinet des Papyrus, de beaux vases de porcelaine dus à la munificence de nos derniers rois, des médailles, des estampes et d'excellents camées. Les musées sacré et profane excitent un vif intérêt; le premier contient un grand nombre d'objets à l'usage des premiers chrétiens, et recueillis dans leurs tombeaux. Ce sont autant de reliques, car les hommes qui les possédèrent sont morts, pour la plupart, martyrs de la foi. Le second renferme des meubles de luxe de l'ancienne Rome, des vases, des urnes, des réchauds trouvés dans les temples du paganisme, collections précieuses pour les antiquaires et pour les peintres.

Les chambres auxquelles Raphaël a donné son nom, sont ornées des œuvres de trois générations de peintres unis entre eux par les liens étroits qui attachent l'élève au maître : le Pérugin, Raphaël, et Jules Romain. On retrouve ces grands artistes au musée des peintures et celui-ci est unique dans le monde? Le goût éclairé de Pie VII n'y a réuni que cinquante tableaux; mais tous sont remarquables et plusieurs sont des chefs-d'œuvre. Le Titien, Paul Véronèse, Pérugin, Caravage, le Poussin, le Guide, le Dominiquin, André Sacchi, le Guerchin, Baroche, Raphaël, Jules Romain, Fra-Angelico de Fiésole, tous les peintres justement célèbres ont apporté un riche tribut à cette magnifique collection.

Après s'être arrêté pendant quelque temps, devant le tableau de la Transfiguration, destiné à la France par Raphaël, et conservé aux Romains par Léon X, le comte de Chambord s'approcha du chevalet d'un peintre qui achevait alors une bonne copie de ce chef-d'œuvre. Le prince adressa quelques félicitations à l'artiste, il était Français. « Ah ! monseigneur, répondit-il, « c'est monsieur le duc de Berry qui m'a mis le « pinceau à la main, lui seul m'a protégé au « début de ma carrière. Jugez combien je suis « heureux d'avoir mérité votre suffrage ! » Ce souvenir d'un père qui lui a transmis ses sympathies pour les arts, toucha profondément le prince. L'idée lui vint d'acquérir ce tableau ; mais il n'appartenait plus au peintre ; sa destination était la France (1) !

En sortant de la galerie de peinture, le comte de Chambord alla visiter l'atelier des mosaïques. L'art de la mosaïque a conquis dans Rome chrétienne, son droit de cité depuis quatorze cents ans, et il florissait depuis nombre de siècles, dans l'ancienne Rome. On ne voit si petite église qui n'ait sa mosaïque plus ou moins ancienne, plu-

(1) Il était destiné à M. Thiers !

ou moins précieuse. La mosaïque a remplacé dans les temples, les tableaux à l'huile réunis par les papes dans les galeries publiques.

Des ordres avaient été donnés pour que le musée de sculpture fût montré au prince le soir aux flambeaux; c'est en effet le meilleur moyen d'apprécier le mérite des statues qu'on y a rassemblées. Elles sont le produit des fouilles de plusieurs siècles. On doit à Pie VI une partie de la galerie, la rotonde, plusieurs salles et le grand escalier, à Pie VII la galerie nouvelle et l'hémicycle du belvédère. Nous remarquâmes particulièrement dans la grande galerie, la statue de Démosthènes. Examinée à la lueur des torches, cette figure est admirable : on croit voir l'illustre orateur à la tribune ; on se recueille pour l'écouter, ou plutôt on l'entend, il parle, il s'anime, et Eschine est devant lui !

Dans la dernière salle est l'Apollon du Belvédère, sorti des fouilles d'Antium. Cette merveilleuse statue orna, dit-on, les bains de Néron. Madame de Staël pense que la beauté du chef-d'œuvre obligea ce prince à le respecter. Je l'avouerai, j'ai peine à admettre que ce monstrueux empereur, qui fit périr son frère, sa mère, sa femme, qui tua sa maîtresse d'un coup de pied, qui brisa dans un accès de colère les vases précieux de son palais et mit le feu à Rome par curiosité, eût respecté une statue parce qu'elle était belle ? Cette réserve ne paraît pas supposable.

On entre par un beau vestibule dans les jardins du palais. Une allée bordée d'un fort bel espalier d'orangers conduit aux charmilles, plus élevées que le parterre. Ce parterre, dessiné par le Bramante, est vaste et orné de plusieurs débris antiques. Les eaux du jardin sont fort belles. On rencontre çà et là des jets, imperceptibles aux promeneurs, qui pourraient en être soudainement inondés; je me hâte de dire que les gardiens se permettent rarement cette petite espiéglerie.

Le plus précieux ornement du jardin pontifical est la villa Pia, ouvrage de l'architecte Ligorio. Ce charmant casino, décoré de stucs et de peintures remarquables, a été dessiné sur le modèle des maisons de campagne romaines au temps des Césars; il est construit sur une terrasse entourée de statues. On a creusé au pied de cette terrasse un bassin alimenté par des fontaines jaillissantes. Le pape venait chercher dans ce lieu un délassement à ses travaux, et s'amusait parfois à nourrir de sa main les nombreux poissons qui se jouaient sous ses yeux, dans l'onde limpide du bassin.

Le paysagiste a ménagé dans les jardins des points de vue qu'il a variés avec un art infini; mais un regret se mêle au plaisir qu'on éprouve à contempler de ce point élevé, Rome et les belles teintes de sa campagne. Comme le Vatican domine Saint-Pierre, les jardins dominent le Vatican, et du haut des allées supérieures on a en quelque sorte Saint-Pierre à ses pieds! Cet inconvénient a frappé le Bramante; mais il avait pour mission de reconstruire la basilique au lieu même où fut enseveli le premier des apôtres, et non de chercher ailleurs, un emplacement plus convenable à l'érection de ce beau monument!

XIV.

Une fête au Quirinal. — Saint-Jean-de-Latran. — Sainte-Marie-Majeure. — Le Forum. — L'arc de Constantin. — Le palais des Césars. — Frascati. — La Ruffinella. — Tivoli. — La Maison de Mécène.

Le premier novembre est consacré à la commémoration des hommes qui, par la sainteté de leur vie, ou le dévouement de leur mort, ont le plus contribué à la propagation et à la gloire du christianisme.

Ce fut Boniface IV qui conçut, après la dédicace du Panthéon, la pensée de cette fête au commencement du septième siècle. L'un de ses successeurs, Grégoire IV, l'établit en France en 837, le reste de l'Europe ne tarda pas à imiter le royaume très-chrétien. Il y a donc plus de mille ans que l'Eglise célèbre cette grande solennité.

Le pape devait assister à l'office, dans sa chapelle du Quirinal. Mgr Massimo vint, de la part de sa sainteté, offrir au comte de Chambord une tribune particulière. C'était la première fois que le petit-fils de Charles X allait paraître en public. Un grand nombre de personnes saisirent cette occasion pour le voir à l'office, ou pour se trouver sur son passage. Du bas de l'escalier jusqu'à la chapelle, il lui fallut marcher au milieu d'une foule désireuse de l'apercevoir. A son retour, il trouva cette foule plus compacte encore.

La chapelle du Quirinal est aussi grande et de la même forme que la Sixtine au Vatican. Si elle n'a pas comme celle-ci, l'honneur d'avoir eu Michel-Ange pour décorateur, elle est ornée cependant avec une magnificence de bon goût, et possède avec des fresques estimées une belle Annonciation du Guide.

Le pape était assis sous un dais, à côté de l'autel, sur les marches duquel, comme sur celles du trône pontifical, se pressaient les auditeurs de Rote, les conservateurs et les prélats. Des deux côtés du chœur, étaient rangés les cardinaux ayant auprès d'eux les caudataires. Le cardinal Falsa-Cappa officiait; le discours latin fut prononcé par un élève du collége allemand.

A la droite du trône, se tenait debout le sénateur de Rome. Un seul homme représente aujourd'hui cette assemblée reine devant laquelle des rois s'humiliaient. Cependant cette dignité, à laquelle se rattachaient, dans le moyen âge, des droits de souveraineté ou de gouvernement, cette dignité dont s'honora Robert de Naples, que Martin IV rechercha, et qu'exercèrent comme une sorte de dictature, Jean d'Anjou, Henri de Castille et le tribun Rienzi, cette dignité ne rappelle en rien aujourd'hui les anciennes attributions du sénat. Par sa charge de chef municipal, le sénateur représente plutôt l'ancien questeur, comme les conservateurs représentent les édiles.

Le chapitre de Saint-Jean-de-Latran célébrait le 2 novembre une messe pour les rois de France décédés ; le doyen des chanoines invita leur auguste héritier à assister à cette cérémonie. Saint-Jean est la métropole de toutes les églises catholiques : *Ecclesiarum urbis et orbis caput et mater*. Cette inscription, qui consacre la suprématie de la vieille basilique construite par Constantin, rappelle cette déclaration de Romulus, rapportée par Tive-Live : « Les dieux veulent que ma Rome soit la capitale du monde, *caput orbis terrarum sit.* »

On entre de la place dans le portique, et du portique dans l'église de Saint-Jean par cinq portes. La première à droite, est la porte Sainte, elle ne s'ouvre que l'année du grand jubilé. Le maître-autel est orné de quatre colonnes de granit qui supportent un tabernacle gothique, où sont conservées les têtes de saint Pierre et de saint Paul, dans des reliquaires décorés de la fleur-de-lys d'or envoyée à Rome par notre roi Charles V.

Avec les reliques des premiers apôtres, cette basilique possède un autre trésor, c'est la table sur laquelle saint Pierre a offert le sacrifice, elle fut sauvée de l'incendie en 1308, par le dévoûment de quelques hommes pleins de courage et de foi.

Le palais de Saint-Jean-de-Latran, contemporain de l'ancienne basilique, avait disparu dans le même incendie. Sixte-Quint le réédifia ; mais il ne lui rendit ni ses souvenirs ni ses honneurs. C'est aujourd'hui un palais vide, où l'on cherche en vain la trace des grands événements qui s'y sont accomplis.

Saint-Jean est célèbre par la tenue de douze conciles celui qui précéda l'incendie fut présidé par Boniface VIII. La fameuse bulle *Unam sanctam* fut publiée à la suite de ce concile : elle avait pour but la consécration de cette doctrine renouvelée de Grégoire VII, que l'autorité temporelle doit être soumise au pouvoir spirituel. C'est le principe contraire qu'il faut craindre aujourd'hui.

La religion retrouve à Saint-Jean un grand et précieux souvenir : un siècle avant Boniface VIII, Innocent III y convoqua tous les prélats du monde chrétien; plus de quatre cents évêques, trois cents abbés, les ambassadeurs d'un grand nombre de souverains répondirent à l'appel du pontife. Là, furent établies des lois sages, et abolies des coutumes abusives; là, fut consacrée la grande loi de la communion pascale qui a fait un devoir impérieux de la plus douce, de la plus énergique consolation que la foi puisse offrir à l'humanité.

Du haut du balcon, au milieu de la façade de la basilique, le pape, venu de son palais, en grand cortége, après son élection, bénit la foule accourue sur son passage et rassemblée sur la vaste place de Latran. Le religieux spectacle de la bénédiction solennelle du Saint-Père a arraché à un écrivain protestant des paroles plus significatives que la plus éloquente description : « Dans ce moment, « dit-il, aucun de nous ne songeait à notre diffé- « rente croyance, tous les cœurs étaient pleins « d'une égale dévotion. » Que pourrait dire un catholique, après un aveu si loyal et si touchant?

Nous avions vu à Saint-Pierre les statues de Charlemagne et de saint Louis, nous trouvâmes à Saint-Jean la statue d'Henri IV, élevée par la reconnaissance du chapitre. En mémoire des bienfaits du bon roi, les chanoines montrèrent avec empressement à son petit-fils tous les trésors de leur basilique, et le doyen lui fit hommage d'un ouvrage fort précieux, avec des gravures, intitulé : *Basilique de Latran.*

La plus belle église de cette capitale, après Saint-Pierre, est à mon avis, Sainte-Marie-des-Anges. Pie IV la fit construire sur les ruines des thermes de Dioclétien, pour sanctifier le lieu où cet empereur, qui n'eut de rigueurs que pour les chrétiens, ordonna la mort de tant de martyrs.

C'est dans cette église que fut célébrée, le 4 novembre, la messe anniversaire de la mort de Charles X; elle fut dite par un chartreux français, en présence de tous ceux de nos compatriotes qui avaient pu s'unir, dans cette occasion, à la pieuse intention du fils de France.

Ce temple est desservi par les religieux de l'ordre de Saint-Bruno; leur cloître, l'un des plus remarquables qui existent, est aussi l'ouvrage de Michel-Ange. Il l'a caché derrière les ruines de ce somptueux et vaste palais des Thermes qui occupait sur le Quirinal l'emplacement d'une petite ville.

Una domus urbs est, urbs oppida plurima claudit.

Ce que Martial a dit des habitations des grands de Rome, à plus forte raison l'eût-il pu dire des palais des empereurs.

Le portique du cloître des Chartreux, soutenu par cent colonnes de travertin, a la forme d'un carré composé de quatre corridors égaux. Au centre est un jardin cultivé par les Pères; au fond du cloître, et en communication avec l'église, on trouve leur chapelle particulière où sont réunies de nombreuses reliques étiquetées pour la plupart, et trouvées dans les catacombes, ou dans des habitations privées. Un établissement où près de mille indigents sont occupés à des travaux utiles, a aussi été formé dans ces mêmes thermes de Dioclétien, à côté du cloître des Chartreux. Le travail et la prière consacrent ainsi les débris de ce monument, habité jadis par l'oisiveté et par la tyrannie.

Parmi les religieux du cloître, trois étaient enfants de la France; l'un deux avait servi dans notre armée comme officier de cavalerie. Instruit de cette particularité, le comte de Chambord alla les visiter dans leur humble cellule. Ce fut un moment de joie pour ces vertueux prêtres, à qui toute autre joie du monde est interdite.

S'il est à Rome un quartier intéressant par les souvenirs qu'il rappelle, c'est sans doute l'espace qui sépare le Colisée du Capitole. Le Capitole! toute l'histoire romaine s'y trouve, depuis les Sabins, qui s'y établirent avec leur roi Tatius, jusqu'aux conservateurs qui l'occupent aujourd'hui.

C'est au Capitole que s'assemblait le sénat pour traiter des affaires du gouvernement; c'est au Capitole que les consuls préparaient la victoire, et que, vainqueurs, ils en rendaient grâces aux dieux; c'est du haut du Capitole que Manlius renversa les Gaulois et sauva la patrie; c'est là que Cicéron, forcé de s'exiler pour échapper à la haine de Claudius, déposa sa statue domestique de Minerve, et la voua à la garde et à la protection de Rome.

Témoin des triomphes anciens, le Capitole a vu, dans le moyen âge et le siècle dernier, décerner des lauriers aux héros de la croix, et des palmes pacifiques à l'éloquence et à la poésie.

A quelques pas du Capitole, est la roche Tarpéienne, d'où fut précipité Manlius le sauveur de Rome, et tant d'autres ambitieux ou concussionnaires moins cupides que Scaurus, et moins odieux que Sylla.

Le palais du Sénat et la place même du Campidoglio, ont succédé à l'Atrium, au Tabularium, à l'Athénée; d'autres monuments ont remplacé la maison de Tatius, celle de Manlius Capitolinus, les temples de Junon et de la Fortune. Au lieu où s'élevaient les épaisses murailles gardiennes du siége des délibérations sénatoriales, on voit maintenant les palais pacifiques destinés surtout à la glorification des arts, et cette destination est merveilleusement remplie.

La place qui conduit à ce monument est ornée d'une belle statue équestre, en bronze doré, de l'empereur Marc-Aurèle. Au haut et de chaque côté des degrés de la rampe qui conduit à la maison de Rienzi ou au théâtre Marcellus, sont les statues de Castor et de Pollux près de leurs chevaux.

C'est de ce point élevé, c'est du haut de ces degrés, que par une parodie grotesque des temps antiques, l'un de nos généraux modernes, le très-peu républicain Berthier, le front ceint d'une couronne, au milieu d'un pompeux cortége, annonça au peuple romain, en l'an de grâce 1798, « que les enfants des Gaules relevaient les autels « de la liberté fondée par le premier des Brutus! »

Sur cette terre des empereurs et des papes, l'établissement d'une république sérieuse est une chimère que repoussent le bon sens et l'expérience. A Rome, les républicains sont à vingt pieds sous terre, et à vingt siècles de nous!

Deux esprits ardents et supérieurs, Arnaud

de Bresse et Nicolas Rienzi tentèrent, à deux cents ans d'intervalle, cette folle et dangereuse entreprise. Ils périrent l'un et l'autre victimes des violences du peuple dont ils avaient été les idoles.

Berthier, heureusement pour lui, eut un sort moins funeste; son triomphe capitolin produisit des résultats tout différents. Il en fut quitte pour abjurer le culte du premier des Brutus, dans sa souveraineté de Neufchâtel, et pour expier sur les marches dorées du trône impérial, l'anachronisme de sa mission républicaine.

Du côté du Capitole qui regarde le Forum est la voie Sacrée, par où passaient, avec leur entourage d'honneur, les généraux victorieux. Qui de nous ne s'est représenté doué de larges proportions, ce chemin par lequel montaient au temple de Jupiter, ces consuls, ces dictateurs marchant au milieu des trophées des champs de bataille, précédés ou suivis des rois vaincus par eux? Eh bien! cette voie Sacrée, n'était pas plus large que la rue maudite où périt Henri IV.

En suivant la voie moderne qui conduit du Capitole au Forum, on trouve la petite église Saint-Joseph, où l'on conserve une chapelle consacrée à saint Pierre et à saint Paul. Sous l'Église, est la prison Mamertine. Nous venons de voir le Capitole où triomphaient les victorieux, ici d'autres souvenirs nous attendent. Dans ce double cachot furent successivement entassés les vaincus de toutes les nations et de tous les partis.

Les sicaires de Néron y enfermèrent saint Pierre et saint Paul avant leur martyre. L'escalier qui communiquait du Capitole à ce lieu de douleur, s'appelait les Gémonies ; on y exposait les corps des suppliciés.

Près de l'église Saint-Adrien était le temple d'Antonin et Faustine, aujourd'hui Saint-Laurent de Miranda ; l'ancien portique lui a survécu et l'ancienne dédicace aussi. Dédier un temple à Antonin, passe encore, puisqu'à Rome les empereurs avaient un pied dans l'Olympe ; mais déifier une courtisane, une Faustine ! quel dévergondage d'adulation !

La façade du temple de la paix regardait l'amphithéâtre Flavien ou le Colisée. C'est le soir, et par un beau clair de lune, que d'ordinaire on visite ce monument; ce fut aussi l'instant que choisit le comte de Chambord pour contempler cette belle ruine arrachée par Benoît XIV, au marteau des démolisseurs.

Commencé par Vespasien, et achevé par Titus, ce vaste amphithéâtre est l'un des plus magnifiques témoignages du génie constructeur des Romains. Que de réflexions fait naître l'aspect de cette masse imposante! Autrefois, les empereurs, leur famille, leur cour, les consuls, le sénat, les vestales dans leurs places réservées du podium, tous les magistrats de Rome, des populations de curieux venus des extrémités de l'empire, entraient dans l'amphithéâtre par soixante-dix portes, par vingt escaliers, et s'asseyaient sur les nombreux gradins, sous l'abri de l'immense vélarium, riche des peintures les plus vives; autrefois, des vaisseaux destinés aux jeux nautiques, des monstres marins amenés du fond de la Propontide, des troupeaux de panthères, de tigres et de lions; autrefois, des milliers de gladiateurs, phalange terrible d'où sortirent, dans un jour de vengeance, Spartacus et la guerre des esclaves. Aujourd'hui, quelques curieux errants et contemplatifs, quelques croix de bois, quelques prédicateurs nomades enseignant la paix et prêchant la charité, dans cette enceinte si animée jadis par les acclamations sauvages d'une foule ivre de sang : tel fut le Colysée dans le passé, tel on peut le voir dans le présent.

Cent mille spectateurs y prenaient place à l'aise, et le nombre en parut plus grand encore, le jour de l'ouverture de cet amphithéâtre. Ce fut une ravissante fête pour les Romains, une fête horrible pour l'humanité! Cinq cents gladiateurs devaient combattre dans l'arène, en présence de Titus, cinq mille bêtes féroces, et payer de leur vie les plaisirs du peuple-roi.

Ces cruels spectacles durèrent trois siècles. Depuis Constantin, le cri barbare : les chrétiens aux bêtes, avait rarement retenti dans l'arène; mais le sang de l'esclave n'avait pas cessé de couler pour la jouissance du maître. Cette monstrueuse coutume devait avoir un terme. Un pieux et intrépide pèlerin, un chrétien venu d'Alexandrie, osa le premier frapper d'un anathème public, ces joies barbares.

Il avait entendu parler des luttes des gladiateurs justement odieuses à ses frères; il voulut voir, il vit. Témoin de ces jeux féroces, et transporté d'une sainte colère, il descend précipitamment les gradins qui le séparent des combattants, s'élance dans l'arène, et, apostrophant d'une voix de tonnerre, empereur, consuls, sénat et peuple, il leur reproche avec une éloquence foudroyante, leurs homicides plaisirs; il les somme au nom de Dieu, de les abandonner.

Ce courage, cet énergique dévouement d'un seul homme, inspire d'abord une sorte de stupeur à la foule étonnée; mais bientôt, l'étonnement fait place à la fureur, et le peuple, arrachant aux gladiateurs leurs armes, massacre l'orateur de l'humanité, au lieu même où il vient de plaider sa cause.

Cependant ses paroles laissèrent une profonde impression dans les cœurs. L'empereur Honorius supprima peu de temps après, par un décret, les combats de gladiateurs, et le sang de l'un de nos martyrs scella ainsi l'abolition de ces scandaleux spectacles, l'une des hontes du paganisme.

La statue de Néron s'élevait autrefois sur la place du Colisée; elle disparut après avoir subi plusieurs révolutions.

Près du Colisée est la Meta Sudans, débris d'une fontaine où les gladiateurs se désaltéraient après les combats du Cirque; les vainqueurs venaient y laver leurs blessures, et se débarrasser de la poussière sanglante de l'amphithéâtre. Non loin de la Meta Sudans s'élève l'arc de Constantin. Le sénat, qui avait voté un temple à Néron, à Faustine, qui en eût voté un à Messaline, si elle eût tué Claude, au lieu d'être tuée par lui, le sénat fit détruire l'arc de triomphe consacré à Trajan. Des débris de cet édifice on construisit l'arc de Constantin, en mémoire de la victoire de Ponte-Molle, et de la prise de Vérone.

En 1536, sous le pontificat de Paul III, neuf ans après le sac de Rome par l'armée de Charles-Quint, ce prince y fit son entrée sous l'arc de Constantin. Si nous en croyons Rabelais, le pape se fût bien passé de cette visite. Cependant il reçut l'empereur, comme on reçoit les gens que l'on craint, beaucoup mieux que les gens qu'on aime.

Au milieu du Forum, s'élevait la Rostra, ou tribune aux harangues. Aucun endroit à Rome ne réveille plus de souvenirs que cette tribune d'où sont sorties toutes les résolutions qui ont formé, développé, affermi, ébranlé, et enfin détruit la grande République.

A peu de distance de la Rostra, on rencontrait les Comices attenant à la Grœcostasis, lieu de réception des ambassadeurs. Avant de les admettre devant le sénat, on les faisait passer devant la Curia-Hostilia où le peuple prononçait sur les lois, comme pour rappeler à ces étrangers, qu'ils allaient traiter, non-seulement avec un gouvernement libre, mais avec une nation, ou plutôt avec une ville souveraine. Au pied du mont Palatin, et sur la pente qui regarde le Forum, près du lieu où l'on voit aujourd'hui Sainte-Marie-Libératrice, était le temple de Vesta, entouré des habitations et des tombes de ses prêtresses : le temps n'en a laissé aucune trace.

La rotonde des vestales bâtie par Numa, a conservé dix-neuf colonnes cannelées d'ordre corinthien. Elle n'était sans doute qu'une annexe du temple du Forum, près duquel habitaient les vierges de Vesta.

Non loin de ce temple, était l'école de l'éloquent Augustin, venu de Carthage à Rome, malgré sa mère. C'est là qu'il enseignait la rhétorique à ces jeunes gens, dont l'inapplication et l'inconstance, instruments secrets des desseins de Dieu sur lui, l'engagèrent à aller chercher à Milan, auprès de saint Ambroise, l'accueil *d'une bonté paternelle, et une charité vraiment digne d'un évêque.*

Le milieu du Forum était couvert de monuments assez rapprochés l'un de l'autre pour offrir partout des abris au peuple. Ces monuments ont disparu ou n'ont laissé que de tristes restes. Le temps se hâte de détruire ce que l'homme lui abandonne. Pour s'en convaincre, il suffit de lever un moment les yeux, et de les reposer sur le mont Palatin qui domine le Forum et le grand Cirque, sur le Palatin berceau de Rome, où fut construite, avec les débris de l'habitation de son premier roi, le palais de son premier empereur.

Mais, à Rome, les ruines mêmes sont productives. Les thermes de Titus, l'amphithéâtre Flavien, le temple de la Paix, celui de Jupiter Capitolin, la villa Farnèse se sont formés des restes de ce palais gigantesque. De l'autre côté du mont Palatin, la villa Mattéi s'est élevée sur les débris de la maison d'Auguste. Cette habitation, où l'on retrouve des fresques de Raphaël, des chambres antiques fort bien conservées, une ancienne arène pour les athlètes, appartient aujourd'hui, sous le nom de villa Palatine, à M. Charles Mills, qui l'a restaurée et embellie avec le bon goût qui le distingue. Le comte de Chambord alla visiter cette habitation, dont le propriétaire lui fit les honneurs avec une grande courtoisie.

Le prince était à Rome depuis dix jours déjà; la nouvelle de sa venue n'était pas encore répandue au delà des Alpes; mais elle était connue à Naples, à Florence, à Venise, et chaque jour amenait de nouvelles visites. L'entourage même de l'auguste voyageur s'était augmenté : le comte de Montbel venait d'arriver; le nommer c'est éveiller des sentiments d'estime pour un loyal caractère, des sympathies pour un esprit plein de charme. Avec lui, nous retrouvâmes M. Trébuquet, dévoué pendant de longues années à l'éducation du prince, et bien digne de sa confiance par son savoir et ses vertus.

A cette même époque, madame la duchesse de Lévis rejoignit son mari. Son salon devint bientôt un lieu de réunion où nos compatriotes rencontraient parfois le comte de Chambord. Français et étrangers y étaient accueillis avec cette grâce parfaite, cet esprit bon et aimable qui donnent tant de prix aux relations de société.

Les peintres et les sculpteurs libres de céder au besoin de voir le prince, avaient aussi obtenu le plus bienveillant accueil. Ils avaient été présentés par MM. Rubichon et Mounier ; le premier savant économiste, le second élève de l'École polytechnique, officier fort distingué de l'arme du génie, et attaché, deux ans auparavant, à l'éducation du prince. L'un et l'autre achevaient en ce moment un travail très-considérable extrait des procès-verbaux d'enquête du parlement d'Angleterre. Cet ouvrage, fruit de l'association de leurs veilles et de leurs talents, a eu depuis un légitime succès.

Cependant l'appartement de l'hôtel de l'Europe était devenu trop petit, pour le grand nombre de personnes qui avaient demandé à y être admises; Henri de France, savait d'ailleurs, que des démarches réitérées étaient faites, pour l'obliger à quitter Rome. Bien décidé à ne rien permettre qui pût inquiéter le Saint-Père, mais aussi à ne pas céder à un ridicule système d'intimidation, il jugea que le vrai moyen de mettre un terme aux obsessions dont il était l'objet, était de faire un établissement pour trois mois. « Je ne voulais

« que passer à Rome, disait-il en riant, ils vont « me contraindre à l'habiter. »

Aussitôt que l'intention du comte de Chambord fut connue, plusieurs personnes lui firent offrir des habitations. M. Valentini, qui n'était cependant pas son banquier, mit à sa disposition une charmante villa, et ne pouvant faire agréer cet hommage, il pria le prince d'accepter un très-bon tableau dont le sujet est Faustule, berger du roi d'Albe, apportant à sa femme Laurentia Romulus et Rémus, qu'il a trouvés et recueillis sur les bords du Tibre; cette œuvre est de Camuccini. La mort, hélas! a enlevé ce peintre habile aux arts qu'il honorait par son caractère et son talent.

Parmi les offres qui furent faites à Henri de France, la plus agréable à ses yeux fut celle du prince Musignano, fils aîné de Lucien Bonaparte, savant distingué, homme de cœur et de jugement. Le comte de Chambord ne put accepter cette proposition; la villa Musignano est située près de la porte Pie, et son intention était d'habiter le centre de la ville. Un Français établi à Rome, M. Bouis, se chargea de meubler le palais Conti, demeure simple, mais commode et bien placée.

Les arrangements furent bientôt pris, et les dispositions arrêtées pour passer à Rome une partie de l'hiver : les équipages ne tardèrent pas à arriver. Le comte de Chambord put dès lors, parcourir à cheval, les environs de la ville, et choisir chaque jour un nouveau but de promenade dans cette campagne romaine, où la moindre ruine échappée à la main du temps, réveille un souvenir, et représente un feuillet de l'histoire du grand peuple.

La première excursion du prince eut pour but la Ruffinella, joli château habité par sa tante, la reine douairière de Sardaigne. Sa Majesté, instruite du projet de son neveu, l'invita à passer un jour à sa villa avec les personnes de sa suite. Nous partîmes donc pour cette résidence, située à cinq lieues de la ville au-dessus de Frascati.

La position de la Ruffinella est admirable. Du haut de ce point élevé, on découvre un magnifique panorama : Rome, ses édifices, sa campagne, le cours du Tibre et la Méditerranée. Cette habitation avait appartenu au prince de Canino ; la reine de Sardaigne l'a augmentée, embellie et ornée avec beaucoup de goût. Sa Majesté en a fait une résidence royale pleine de charme et d'intérêt.

En quittant la Ruffinella, le comte de Chambord se dirigea vers Grotta-Ferrata, antique abbaye où furent déposés les restes de saint Nil. On y arrive par de magnifiques allées d'ormes et de platanes. Ce pays est fort beau : à gauche s'élève, sur une jolie colline, le village de Castel-Gandolfo, où le pape a sa résidence d'été. La villa du Saint-Père, qui domine Rome et la mer, est placée au milieu des souvenirs de la royauté, de la république et de l'empire.

Le lac voisin, sorti des flancs d'un volcan, est

entouré de montagnes; l'une d'elles a été percée par les Romains pour préserver, au moyen d'un canal, leur ville de la crue subite des eaux du lac. Ce magnifique travail, inspiré, dit-on, par l'oracle de Delphes, fut terminé en un an, avec une telle solidité, qu'il semble, après vingt siècles, sortir des mains de ces ouvriers habiles et patients dont on rencontre partout les traces.

Après Frascati, Tivoli, autre délicieux séjour où nous retrouverons Mécène, Catulle, Horace, Salluste, Adrien et la plus haute antiquité; car Tivoli, bâtie sur les ruines de Tibur, ouvrage des Argiens, est antérieure de cinq siècles à la ville éternelle.

Pour aller à Tivoli, on suit au moins en partie, l'ancienne voie Tiburtine, qui tire son nom de Tibur, l'un des fondateurs de cette ville. Le prince, en passant, visita l'église Saint-Laurent-hors-des-Murs, l'une des sept basiliques de Rome.

L'esplanade de Tivoli, Tivoli lui-même était autrefois une position militaire dans les guerres civiles. Aujourd'hui, cette cité pittoresque, assise sur de riantes collines, animée par une population active, embellie par de belles feuillées, rafraîchie par des eaux magnifiques, n'est plus qu'un charmant séjour, un délicieux but de promenade pour les Romains.

Une petite allée plantée d'arbres, tracée sur le revers intérieur de la colline, conduit par une pente rapide à la grotte de Neptune. Cette grotte n'est autre chose qu'un gouffre creusé dans le roc par la chute des eaux de la grande cascade, qui se précipitent de soixante-dix pieds sur les pointes du rocher, et produisent, en tombant, des effets de lumière admirables. Le Saint-Père, voulant éviter les inondations, a fait construire, il y a peu d'années, un tunnel de près de neuf cents pieds de long, avec des trottoirs latéraux, séparés par une muraille taillée dans le roc. Ces deux tunnels sont parallèles, et conduisent ensemble ou séparément les eaux de l'Anio à un bassin commun, d'où elles s'élancent pour s'abîmer dans la grotte des Syrènes. Un Anglais ayant pénétré trop avant sous la voûte de cette grotte, il y a peu d'années, y fut entraîné par la chute des eaux, et disparut victime de son imprudente curiosité.

Le comte de Chambord s'avança sous les voûtes du nouveau tunnel, le long des petits trottoirs, pour examiner avec soin, ce travail dû au règne de Grégoire XVI.

Au moment où nous arrivions sur le versant opposé, le soleil, voilé jusqu'alors, se montra dans tout son éclat, et nous pûmes jouir pleinement du spectacle de ces charmantes cascades qui, sous la magique influence des rayons solaires, tombent en nappes d'argent, d'azur, de pourpre et d'or, d'une hauteur de plus de cent pieds. On comprend que Catulle, Varron et Mécène aient cherché des inspirations sous ces délicieux ombrages. Il ne reste de leur habitation que de rares débris, mais la villa de Mécène donne encore aujourd'hui une idée de ce qu'elle fut autrefois. L'industrie a fait élection de domicile dans l'habitation de l'homme qui devint, sous le nom de son maître, l'un des dominateurs du monde.

La voie Tiburtine passait, par une espèce de tunnel, sous la maison de l'illustre ami de Virgile et d'Horace. Tout l'édifice repose sur d'immenses voûtes d'une solidité remarquable.

Pendant que le comte de Chambord visitait l'usine de fers laminés, de vis et d'instruments aratoires de M. Grazioli, un autre exilé comme lui, don Miguel de Portugal se reposait d'une partie de chasse dans l'appartement du propriétaire. Instruit de la présence du Prince, il vint avec empressement à sa rencontre.

Don Miguel habitait Albano, où il vivait fort retiré; une modique pension du pape lui assurait à Rome le pain de l'exil; il le partageait avec ses amis malheureux! Les usurpateurs sont plus personnels et plus prévoyants; s'ils viennent à quitter la place, leur bagage est ordinairement moins léger.

Sur la droite de la route, et dans une belle position, s'élève la villa d'Este, habitation brillante autrefois, et maintenant abandonnée. On dit que l'Arioste, ce conteur piquant, y composa plusieurs chants du poëme célèbre où sa riche imagination se rit, avec une si déplorable facilité, de la morale et de la vertu.

Au-dessous de Tivoli, est l'ancien palais d'Adrien. Cet empereur, qui s'était construit un superbe mausolée pour abriter ses restes, ne pouvait épargner les trésors pour se bien loger de son vivant. Aussi a-t-il prodigué les ornements dans son habitation, et les édifices dans un parc de peu d'étendue, où ses architectes ont entassé les matériaux d'une ville.

Pour retrouver à la porte de Rome, le Pœcile, le théâtre d'Athènes, le temple de Canope, la vallée de Tempé, les plus précieux souvenirs de l'Égypte ou de la Grèce, ce prince voyageur dissipa les richesses de l'empire, et les détourna de leur destination.

Adrien avait un bon naturel, mais trop faible pour un pouvoir sans frein. Entouré d'esclaves, il le fut lui-même de ses caprices, caprices trop souvent tyranniques de la part d'un homme qui cultivait les dieux, peut-être ; mais en bon camarade, sans les respecter ni les craindre.

Le palais impérial, les thermes, le quartier des gardes, donnent encore une idée de leur ancienne splendeur. Les jardins, au contraire, couverts de ruines au milieu desquelles le figuier, la vigne et l'yeuse entrelacent leurs branches incultes, ne rappellent en rien ce qu'ils furent autrefois. La maison moderne, placée comme un corps-de-garde à l'entrée de la villa, est habitée par les surveillants. L'un d'eux a les honneurs de la porte ; il rappellerait par sa stature, par sa figure caractéristique, les anciens prétoriens d'Adrien. Cet homme portait, dit-on, sur son front sombre, le poids d'un assassinat; mais, comme l'a écrit madame de Sévigné, en parlant de l'intempérance des Bretons : « Cela se dit ici sans qu'on s'en offense. »

XV.

Palestrine. — Sainte-Marie-Majeure — Saint-Pierre-aux-Liens. — La colonne Trajane. — La Minerve. — Le palais Conti. — Le Quirinal. — Les établissements publics. — La coupole de Saint-Pierre.

De Tivoli on aperçoit Palestrine, l'ancienne Préneste, dont l'origine est antérieure au siége de Troie. Préneste fut prise et rasée par Sylla; il voulut la punir d'avoir ouvert ses portes au jeune Marius! Palestrine fut à son tour détruite par Boniface VIII; cette ville était alors la place d'armes des Colonnes, qui avaient levé l'étendard de la révolte contre le souverain pontife. Le pape la fit reconstruire à peu de distance, sur l'emplacement où elle se trouve aujourd'hui.

Cette ville a donné le jour au célèbre compositeur qui porte son nom; elle est redevenue un titre de principauté pour la branche Barberini, de la famille Colonne, rentrée en grâce par d'éclatants services.

Cette maison occupe une grande place dans l'histoire des papes. Quand Louis de Bavière, maître de la cité Léonine, eut déposé Jean XXII, Jacques Colonne parcourut seul les places publiques en y proclamant, à haute voix, la bulle d'excommunication du prince allemand.

Cette audacieuse protestation d'un seul homme contre un conquérant devant qui tout pliait, doit être recueillie par l'histoire comme un exemple du courage civil, plus rare, plus méritoire que la valeur militaire si commune dans cette famille, qui a produit tant d'illustres capitaines.

En rentrant à Rome par la porte Saint-Laurent, le comte de Chambord alla visiter Sainte-Marie-Majeure et Saint-Pierre-aux-Liens.

Sainte-Marie, située au sommet du mont Esquilin, sur une place ornée de l'obélisque égyptien élevé par Sixte-Quint, n'est pas aussi rapprochée des murs que Saint-Jean, mais elle est encore, comme toutes les basiliques, trop éloignée du centre de Rome. Elle date de quinze siècles; plusieurs papes, depuis saint Libère jusqu'à Benoît XIV, travaillèrent à l'agrandir et à la décorer. On y pénètre par cinq portes, l'une d'elles ne s'ouvre que l'année sainte. L'intérieur de l'église se divise en trois nefs séparées par trente-six belles colonnes de marbre blanc. En entrant on aperçoit, à droite, le tombeau de Clément XI et celui de Nicolas IV. La chapelle du Saint-Sacrement est ornée de deux magnifiques mausolées, celui de Sixte-Quint, et, en face, le monument élevé par la reconnaissance de ce pontife à Pie V.

Ce saint pape voulait être enterré simplement dans le tombeau modeste qu'il avait fait construire à Bosco, lieu de sa naissance; mais tels étaient l'amour, la vénération des Romains pour sa mémoire, qu'il eût été difficile de leur enlever les restes d'un pape dont ils s'étaient disputé les vêtements au moment de sa mort. Pie V, selon la belle expression de Bourdaloue, s'est enseveli dans les bénédictions du peuple.

Saint-Pierre-aux-Liens doit son nom aux chaînes des deux apôtres saint Pierre et saint Paul; elles sont gardées dans une chapelle contiguë à l'église, et offertes, avec la tradition de leur union miraculeuse, à la vénération des fidèles!

Le comte de Chambord, en sortant de cette chapelle, se trouva tout à coup au milieu du collége Saint-Pierre, collége mixte, composé de nobles et de plébéiens, et qui, malgré ses vêtements blancs, n'appartient pas au clergé.

Le nom du prince passa bientôt de bouche en bouche. Ces jeunes gens, depuis longtemps, entendaient parler de lui sans l'avoir encore rencontré; cédant à une émotion bien vive, ils l'entourèrent et lui baisèrent la main avec les plus profonds témoignages de respect. Peut-être n'eussent-ils pas rendu un pareil hommage à la royauté dans l'appareil de sa puissance; ils l'accordaient avec un religieux empressement, à la grandeur exilée et méconnue.

En quittant Saint-Pierre-aux-Liens, le comte de Chambord visita les thermes de Titus et de Trajan. On y retrouve, avec les débris de la magnificence romaine, les noms de Mécène, de Virgile, d'Horace et de Properce qui y avaient des jardins ou des habitations.

Nous rentrâmes au palais Conti en passant devant le forum de Trajan. Sur cette place, s'élève la colonne dédiée par le sénat au vainqueur des Daces; ce monument est debout depuis dix-sept siècles!

Le colonne de Trajan est haute de cent trente-deux pieds. Elle est enveloppée de bas-reliefs en spirales qui, de sa base à son sommet, représentent dans vingt-trois tableaux où figurent deux mille cinq cents personnages, les détails des victoires du héros contre les Daces et les Parthes.

Elle a servi de modèle à notre colonne de la place Vendôme, plus belle et plus glorieuse encore. Mais, hélas! à l'aspect de ces trophées de marbre ou d'airain, destinés à perpétuer la gloire de deux grands hommes, et de deux grands peuples, comment oublier que les vaincus sont venus à leur tour frapper ces monuments de leurs épées, et témoigner, par leur présence, de l'instabilité d'une gloire fondée, en grande partie, sur la victoire et la conquête?

Le comte de Chambord était établi, depuis plusieurs jours, au palais Conti, situé sur la place de la Minerve. Cette place faisait autrefois partie du Champ-de-Mars; elle en formait à peu près le centre. Pompée y avait élevé un temple à la déesse de la guerre. Grégoire XI s'est emparé des débris de ce temple pour construire, sur le même emplacement, l'église de Sainte-Marie-sur-Minerve. On voit dans cette église les tombeaux de plusieurs personnages diversement célèbres. Non loin de la tombe de Catherine de Sienne, est celle de Fra Angelico, religieux modeste et charitable, peintre habile et inspiré. Pénétré des sentiments et des vertus qui avaient animé les saints dont il retraçait l'image, il méditait, il s'extasiait en travaillant; peindre, pour lui, c'était prier. Là aussi, on retrouve Clément VII, Benoît XIII, dominicain sévère qui ayant entrevu la tiare avec effroi, ne l'accepta que par obéissance; et, comme pour contraster avec l'humble et austère Benoît, le roi des Médicis, le politique, le brillant Léon X, successeur et continuateur de Jules II, avec plus de magnificence et moins de génie.

On s'arrête devant le tombeau de Léon X, car ce pontife a donné son nom à son siècle, et pris une part active aux événements qui l'ont rendu célèbre. Léon fut le contemporain de trois grands princes dont les rivalités agitèrent l'Europe; il le fut aussi malheureusement de Luther, qui troubla et divisa l'Église.

Le novateur était allé chercher des arguments pour une réforme, à la cour même de Léon X; il s'en servit pour opérer une révolution. Cependant, avant de rompre avec le pape, il osa lui demander d'approuver sa doctrine. « Soit que « vous me donniez la vie ou la mort, lui écrivait- « il en 1518, soit que vous approuviez mes ou- « vrages et ma conduite, ou que vous les frap- « piez de réprobation, puisque vous êtes le seul « juge légitime, j'écouterai votre voix comme « celle de Jésus-Christ lui-même. » Le souverain pontife ne pouvait adopter les opinions de Luther, et comme celui-ci, malgré son apparente soumission, voulait innover avec le pape ou sans lui, ne pouvant l'associer à ses hérésies, il lui déclara la guerre, bien sûr d'avoir pour alliés les intérêts cupides des princes, et les passions désordonnées des peuples.

Jean de Médicis, diplomate, guerrier, poëte, se montra souverain éclairé, libéral; mais plus dévoué à sa famille qu'à son état, Italien plutôt que catholique, et, bien qu'il eût une piété véritable, il fut prince plutôt que pontife. Ainsi, par ses qualités comme par ses défauts, il fournit imprudemment des armes à la réforme. Impossible avec des papes comme Martin, Nicolas V et tant d'autres qui furent aussi les protecteurs des arts, elle se sentit à l'aise avec le génie mondain du plus illustre des Médicis !

Près de l'église Sainte-Marie-sur-Minerve, est le collége de l'Académie ecclésiastique, destiné à l'éducation de la jeune noblesse vouée à l'étude du droit religieux. Les supérieurs de ce bel établissement vinrent prier le prince de le visiter, et lui offrir la jouissance de leur bibliothèque, due à la magnificence du cardinal Casanata. Cette collection est la plus riche qui soit à Rome après celle du Vatican.

La place de la Minerve était fort animée depuis l'arrivée d'Henri de France. Le matin, il recevait les personnes qui désiraient le voir particulièrement, et le soir, au moins une fois la semaine, toute la société de Rome. Chaque jour il se réservait une heure pour converser en italien, avec M. Barola, savant modeste, excellent grammairien, l'homme de toute l'Italie qui parlait le plus purement sa langue. M. Nibby, l'antiquaire célèbre, et d'autres personnages illustres dans les sciences, furent plusieurs fois admis dans le cabinet du prince.

Un savant et pieux prélat, qui a prouvé, dans un excellent livre, l'accord de la science et de la religion, Mgr Wiseman, alors principal du collége anglais à Rome, fut aussi présenté au comte de Chambord, et obtint de lui la promesse d'aller voir le collége anglais. En effet, le prince s'y rendit avec MM. de Lévis et de Montbel. Comme je n'avais pas l'honneur de l'accompagner le jour où il visita cet établissement, je me bornerai à donner ici l'extrait de la lettre suivante écrite par un jeune Irlandais à l'un de ses anciens condisciples de Pontlevoy :

« Aussitôt que Mgr Wiseman, notre directeur, « fut arrivé ici d'Angleterre, le duc de Bordeaux « le fit appeler. Mgr Wiseman retourna au palais « Conti a plusieurs reprises, et pria Henri de « France d'honorer notre collége de sa présence ; « il y vint bientôt, accompagné de MM. de Lévis « et de Montbel, et visita nos salons et notre bi- « bliothèque. Comme il est gracieux et digne! « Avec quelle justesse et quelle dignité il s'ex- « prime! Mgr Wiseman nous présenta tous en « corps, et, sachant l'envie qui m'en dévorait, me « nomma particulièrement. Le prince me parla « du ton le plus amical du monde, et me ques- « tionna sur tout ce qui pouvait m'intéresser. Mal- « heureusement, survint un vieux général anglais « qui se fit présenter, et je ne pus reprendre cette « conversation. Cependant, en passant devant une « carte de France, M.***, qui était avec nous, la « regarda en soupirant; et moi, qui avais ce jour- « là plus d'esprit que de coutume, je lui dis en « désignant le prince : — « Vous devriez vous « consoler, Monsieur; ne voilà-t-il pas encore la « France! » — Henri m'entend, se retourne et m'a- dresse ce mot : « — Un Français n'eût pas mieux

« dit. » — Oh! si un autre que lui m'eût fait ce « compliment!.. Mais que veux-tu? c'est son défaut « d'être entiché des Français. On lui présentait un « jour deux de ses compatriotes qui allaient entrer « chez les théatins : — « Comment, leur dit vive- « ment le duc de Bordeaux, vous n'allez pas chez « les chartreux? là, au moins, vous trouveriez des « Français! — On m'a affirmé qu'un jour, dans « les steppes de Hongrie, il s'écria : — « L'affreux « pays! il ne serait pas tenable, si ce n'était une « patrie! » — Eh bien! mon ami, le prince qui a « prononcé ce mot est aujourd'hui sans patrie; il « est exilé et condamné à vivre chez l'étranger. »

Les personnages célèbres venus à Rome de divers pays de l'Europe, obtinrent successivement des audiences, et se présentèrent le soir aux réunions du dimanche. MM. Percy et Sandon, membres distingués du parlement d'Angleterre, les lords Meath, Walpole, Charles Greville, le comte Beverley, sir Francis Egerton, plusieurs généraux anglais, M. Fraser-Frisel, ancien membre de la chambre des communes, auteur d'un ouvrage fort estimé sur la constitution anglaise, lord Harrowby qui fut le collègue de Pitt et de Canning, dans ce ministère que la Grande-Bretagne, après la rupture du traité d'Amiens, opposa au premier consul, pour le forcer d'évacuer les États neutres.

Après la mort de Pitt, lord Harrowby céda son portefeuille à Fox, et devint plus tard ambassadeur à Berlin, poste difficile qu'il abandonna le jour où le roi Frédéric-Guillaume accepta de Napoléon le don perfide du Hanovre.

Lord Talbot de Shrewsbury, premier comte d'Angleterre, grand maréchal d'Irlande et membre de la pairie anglaise, se montrait aussi fort assidu chez le prince. Le noble seigneur était heureux d'offrir ses hommages au descendant de ce roi, qui jadis, après la journée de Patay, traita si généreusement le grand Talbot devenu son prisonnier.

Parmi les Russes de distinction admis à l'hôtel Conti, on rencontrait le prince Galitzin, M. Melgounoff, maréchal de la noblesse de Moscou; M. Klopman, honoré de la même dignité en Livonie; le général d'infanterie comte de Lambert et son fils. Ce général, né Français, a fait avec distinction trois campagnes contre les Turcs, et aussi plusieurs contre nous. Il commandait en 1807, une division russe à Friedland, et en 1812, sur la Bérésina, un corps dans l'armée de l'amiral Tchitchakoff. Il fut heureux pour nous, que le comte de Lambert n'eût pas eu le commandement de cette belle armée.

Tout ce que la ville offrait de personnages distingués se pressait dans les salons d'Henri de France; les princes Borghèse et Aldobrandini, en deuil de leur père, durent se borner à une simple visite; mais on voyait le soir au palais Conti, le prince Doria, si digne du nom qu'il porte, le prince Massimo, allié à la famille royale de France par la princesse Christine de Saxe son épouse; le prince d'Arsoli, son fils aîné, veuf d'une princesse de Savoie-Carignan ; son frère, majordome du pape; le sénateur de Rome, chef de l'illustre famille Orsini, qui a donné plusieurs papes à l'Église et des alliés à la France dans nos guerres d'Italie ; les ducs de Lante et de Sora, le comte d'Eglostein, les princes Chighi et Gaëtani, le gouverneur de Rome Mor Vanicelli, le maître des cérémonies du Saint-Père Mor Pallaviccini ; Mor de Rais, auditeur de Rote pour la France, noble prélat qui sacrifia sa fortune au besoin de conserver la liberté de ses principes et de ses affections, plusieurs évêques et seigneurs espagnols et portugais, et tant d'autres personnages romains et étrangers, dont le prince a conservé les noms, et ne perdra jamais le souvenir.

Les femmes les plus distinguées embellissaient ces réunions : les princesses Del Drago, Orsini, Lancelotti, Campagnano, Corsini, Castelbarco, les ladies Greville, Rokeby, Davy; lady Beverley et sa famille; Mme Perceval, dont la fille est devenue Française par son mariage avec le baron de Vauce; la gracieuse comtesse Karuli et sa belle-fille, enlevées depuis, l'une et l'autre, au monde dont elles étaient l'ornement; les comtesses Dietrichstein Rzewuska et d'Eglostein ; la princesse Doria, dont les manières distinguées répondent si parfaitement à l'élévation de sa naissance et de ses sentiments; sa mère, la noble comtesse Shrewsbury, conduite une première fois chez le prince, par le désir de rendre hommage au représentant de la plus illustre maison royale, et qui se montra, après l'avoir connu, amie sincère, active et dévouée.

« Vous ne pouvez, me disait-elle un jour, vous « faire une idée des méchants propos que certaines « gens ont fait répandre en Angleterre, sur l'é- « ducation, les manières et la personne même de « ce jeune prince que je vois en ce moment, ac- « cueillir avec tant de distinction et de noblesse, « ce grand nombre d'étrangers qui se pressent « autour de lui. Maintenant que j'ai pu l'entendre « et juger par mes yeux, je me suis fait un devoir « de combattre ces odieux mensonges. Je passe « mes matinées à écrire en Angleterre, et le nom « du digne fils de France est toujours sous ma « plume. Mais qu'il vienne donc, qu'il se montre. « Pour mon compte, je serai heureuse et fière de « le recevoir dans notre pays. » On sait comment s'est réalisé, quatre ans plus tard, le vœu de la noble châtelaine d'Alton-Towers.

Peu de temps après son arrivée à Rome, le prince avait eu la visite du doyen du sacré-collége, du vénérable cardinal Pacca, honoré de la confiance de Pie VII et son compagnon d'exil. Il reçut aussi le cardinal Lambruschini, secrétaire d'État chargé des affaires étrangères, prélat habile, bienveillant, éclairé, qu'on a vu, à l'exemple de M. de Metternich, préluder par l'ambassade de France, aux fonctions de principal ministre.

Le cardinal Bernetti, son prédécesseur, se présenta à son tour chez le comte de Chambord; il vint le soir se mêler à ses réunions intimes, et nous pûmes ainsi jouir de la conversation si intéressante de cet homme d'État. Lui aussi était doué de grandes lumières; mais il avait en outre le mérite, assez rare aujourd'hui, d'être un homme ferme et résolu.

Ce qui charmait surtout le comte de Chambord, c'était qu'à côté de cette brillante société étrangère, si empressée à rendre hommage à sa naissance et à son caractère, se formait un cercle très-nombreux de Français, au milieu duquel il pouvait se croire dans sa patrie. Tous les rangs, tous les services, tous les talents se trouvaient en quelque sorte représentés, le matin dans son cabinet, ou le soir dans son salon, depuis l'humble artisan de Marseille conduit à Rome par le dévouement le plus noble, jusqu'aux noms bien dignement portés de Montmorency et de Rohan, depuis le sous-lieutenant arrêté au début de sa carrière, jusqu'à l'illustre maréchal à qui nous devons l'Algérie, depuis l'élève en droit à peine sorti des bancs de l'école, jusqu'au ministre patriote qui eut la gloire d'entamer, au nom du roi, un traité pour la restitution de nos conquêtes. Une foule d'hommes, environnés en France de l'estime publique, entouraient ainsi le prince à Rome, et lui offraient le tribut de leur expérience et de leurs lumières!

Un grand nombre de dames françaises ornaient aussi les salons si animés de l'hôtel Conti; on y retrouvait mademoiselle Fauveau, l'artiste célèbre, la femme forte et dévouée, assise entre les duchesses de Lévis et de Rohan; madame Gros, la compagne de notre illustre peintre, près des duchesses de Fleuri et de Gontaut-Biron. L'habitation du comte de Chambord était devenue le rendez-vous de la société de Rome, mais seulement de la société indépendante des petits ménagements de la politique; car, malgré l'intérêt qu'inspirait à tous les ministres étrangers le caractère d'Henri de France, nul diplomate, excepté le comte du Ludolf, ambassadeur de famille, n'avait demandé à être admis chez lui. Aucun ne dissimulait ses sympathies pour sa personne; tous se gardaient d'en montrer pour sa cause.

Cette réserve, uniquement fondée sur des intérêts présents, sur les avantages que l'Europe retirait de la position qu'on avait faite à la France, était à la fois un sujet de peine et de fierté pour le petit-fils de Louis XIV.

Un jour que, dans son cercle le plus intime, il énumérait les causes de cette attitude de la diplomatie européenne, « On a prétendu, dit-il, que « ma famille avait été ramenée en France par les « étrangers. Cette assertion est complétement « fausse; mon aïeul, mon père et mon oncle ont « quitté spontanément et en secret, la terre d'exil « pour se placer entre la France et un ennemi qui « la menaçait d'un démembrement. Les obstacles « qu'ils rencontrèrent alors de la part de l'étranger,

« prouvent le caractère national de leur interven-
« tion. Mon oncle gouvernait par les Français, et
« contre le gré de l'Angleterre, Bordeaux et une
« partie du Midi, au moment où les ministres de
« la coalition traitaient à Châtillon avec M. de
« Caulaincourt; mais enfin, en supposant que la
« mauvaise foi ait pu trouver dans les événements
« de la guerre un prétexte à cette calomnie, ceux
« qui m'auront vu à Rome, oseront-ils jamais dire
« de moi que je suis le prince de l'étranger? Aux
« yeux de mes adversaires comme à ceux de mes
« amis, je suis Français de la tête aux pieds!... »

J'ai pu recueillir exactement ces paroles; il ne m'est pas donné d'en reproduire l'expression.

Le comte de la Ferronnays était venu à Rome appelé par le prince, et par un vif désir de le revoir. Le petit-fils de Charles X avait voulu le loger chez lui. Chaque jour il se renfermait avec l'ancien représentant de la France à Pétersbourg, et dans ces conversations intimes, il apprenait à connaître les ministres, les diplomates et la politique des diverses cours, avant et depuis la révolution. Ambassadeur en Russie et à Rome, membre de deux congrès, et ministre des affaires étrangères dans le cabinet de M. de Martignac, le comte de la Ferronnays était resté en relation avec les personnages les plus influents de l'Europe. Il avait vécu dans l'intimité de l'empereur Nicolas; il avait vu et apprécié ce prince dans les circonstances les plus difficiles de son règne.

Témoin en 1825, des grandes scènes de cette époque, ses souvenirs donnaient un haut intérêt à sa conversation.

Depuis notre arrivée à Rome, la diplomatie y travaillait activement à empêcher la réception du prince par le pape. Cette prétention fut hautement repoussée, le jour où Sa Sainteté put être assurée que la politique européenne ne l'abandonnerait pas à ses propres forces.

La visite du prince à Sa Sainteté fut fixée au 21 novembre. Cette démarche, si convenable et si simple, était devenue un événement auquel tous les partis avaient pris un vif intérêt. Les tracasseries qui la retardèrent avaient indigné les hommes que l'on pouvait croire le plus opposés à sa cause, et contribué à populariser à Rome sa personne et ses nobles qualités. Un grand concours de monde remplissait la cour, le vestibule et les salons du Quirinal, lorsqu'il les traversa pour se rendre dans le cabinet du souverain pontife. Après vingt minutes de conversation, le comte de Chambord demanda à Sa Sainteté de lui présenter sa suite. Le pape nous reçut avec cette bonté qui le caractérisait, et nous rapportâmes de cette audience, l'idée consolante que le Saint-Père appréciait le zèle et la conduite prudente du clergé de France.

Grégoire XVI appartenait à l'ordre des camaldules. Il avait conservé sur le trône pontifical la douce simplicité du religieux. Il avait près de quatre-vingts ans, et jusqu'à ce jour, sa santé résistait au lourd fardeau des affaires. Les circonstances difficiles au milieu desquelles il s'était trouvé, dès le début de son règne, n'avaient servi qu'à mettre en évidence sa sagesse et ses vertus.

On doit à Grégoire XVI plus d'ordre dans l'administration, plus d'intelligence dans la gestion des deniers de l'État; on lui doit l'établissement d'une banque étrangère, dont les services sont incontestables, la restauration d'anciens monuments, l'achèvement de la basilique Saint-Paul, et plusieurs établissements nouveaux d'utilité publique.

Le palais du Quirinal est fort agréablement situé sur le Monte-Cavallo; Grégoire XIII le commença; Paul V l'orna de ses riches plafonds. Les appartements en sont nobles mais simples; plusieurs sont décorés de tableaux de grand prix, et de belles tapisseries des Gobelins offertes par nos derniers rois au chef de l'Église.

En passant dans un salon d'où la vue embrasse Rome entière, le comte de Chambord s'arrêta devant un bel ouvrage de notre peintre Gros; le soir même il en fit compliment à la veuve du célèbre artiste.

L'appartement du Saint-Père est fort gai, mais tout aussi modeste que celui du Vatican. Près de la cellule du camaldule est un cabinet où le pape se retire pour méditer. Une lithographie était le seul ornement de ce sanctuaire; elle représentait le roi Charles X, non pas sur son trône, dans la plénitude de sa puissance; mais exilé et au moment où, assis devant le foyer d'un Écossais fidèle à la mémoire des Stuarts, il refuse la clef d'une chambre qu'avait habitée Charles-Édouard.

Le jardin du Quirinal est vaste, mais moins agréable que celui du Vatican. Le pape y reçoit ordinairement dans un pavillon, les dames qui demandent à lui être présentées. Ce pavillon est l'ouvrage de Benoît XIV; le pontife en avait banni l'étiquette; il aimait à s'y délasser avec ses amis, du double fardeau de la royauté et du pontificat.

Marie-Thérèse d'Autriche lui était fort attachée; elle avait désiré qu'il fût le parrain de son fils. Pie VI a pu se convaincre, à l'époque de son voyage à Vienne, que ce lien spirituel entre le saint-siége et Joseph II, avait exercé peu d'influence sur l'esprit de l'empereur!

Les principales familles de la société européenne, en ce moment à Rome, se disputaient l'honneur de fêter le comte de Chambord. La comtesse polonaise Rzewuska lui donna une loterie, la comtesse d'Eglostein un fort joli bal. L'habitation de la comtesse était ornée, pour cette fête, d'emblèmes choisis par la courtoisie chevaleresque de M. d'Eglostein. Toute la société s'y trouvait réunie. Plusieurs étrangers de distinction saisirent cette occasion pour se faire présenter au prince. Je citerai, entre autres, le comte et la comtesse de Spaur, le comte et la comtesse Potemkin. Peu de jours après, une dame russe, la comtesse Kaiseroff, femme du général en chef, offrit au petit-fils de Charles X un spectacle composé de deux jolis vaudevilles de notre théâtre : le *Savant* et *Vatel*. Ces deux pièces furent jouées avec beaucoup de talent et de gaieté. La société européenne tout entière avait fourni les acteurs. On comptait parmi eux, une Française, une Russe, une Prussienne, un Belge, un Hongrois et plusieurs Français !

C'était la première fois que le jeune prince voyait représenter un vaudeville dans notre langue; le plaisir qu'il en éprouva devint communicatif, aussi la soirée fut-elle charmante.

Lady Beverley, et, peu de jours après, madame Fraser-Frisel, l'une de nos compatriotes, eurent l'honneur de recevoir l'auguste voyageur, et de réunir autour de lui un grand nombre de personnages distingués, Romains ou étrangers.

A son tour, le duc Torlonia, qui depuis s'est allié à l'illustre famille Colonne, voulut donner une fête au comte de Chambord. Cette fête eut lieu dans son joli hôtel, en face de ce palais oriental auquel la place de Venise doit son nom, et qui devint l'habitation de Charles VIII, durant son séjour à Rome. Un dîner de cinquante couverts et un charmant spectacle formèrent le programme de la soirée. Madame Torlonia mère du duc, fit les honneurs de cette brillante réunion, avec une grâce et une activité qui ne permettaient pas de songer à ses quatre-vingts ans. Des personnes de la société jouèrent avec une verve remarquable, d'abord le

Frère et la Sœur, traduit en italien, et une comédie burlesque, où le chevalier Barbieri, chargé du principal rôle, se montra digne de sa réputation d'esprit et de gaieté.

Toute la société romaine, et, excepté certains membres de la diplomatie, tous les étrangers de distinction avaient pris part à cette brillante réunion.

Chaque jour le bateau à vapeur nous amenait de nouveaux compatriotes. Des négociants du Midi avaient quitté leur comptoir, des ouvriers leur établi, pour saluer le fils de France. Un simple artisan de Marseille vint le supplier d'admettre à son service l'un de ses enfants : « Prenez mon fils, « monseigneur, lui dit-il, je suis assez riche pour « l'entretenir; nous serons tous si heureux d'avoir « un des nôtres auprès de vous. »

Il se passait souvent des scènes touchantes dans le cabinet du comte de Chambord : nul ne pouvait le voir sans émotion; quelques-uns éclataient en sanglots; d'autres, cédant à des impressions trop vives, se sentaient défaillir en sa présence. Le prince s'efforçait par sa bonté, de les rassurer et de les rendre à eux-mêmes. Je n'ai jamais mieux compris la force du principe monarchique que dans ces fréquentes entrevues, où un jeune homme de dix-neuf ans, sans puissance, sans entourage, dans la simplicité de sa fortune d'exilé, exerçait une influence magique sur des personnes de tout âge, de tout sexe, de toute condition.

Pourquoi le cœur de l'honnête homme, froid

ou brisé, à l'aspect d'un usurpateur environné de la représentation du trône, bat-il ainsi avec force à l'aspect de ce prince isolé, banni, trop jeune et trop privé d'occasions, pour s'être glorifié par ses actes? C'est qu'il en est des grandes races royales, comme des monuments qui ont traversé les siècles : elles agissent sur les esprits, elles parlent éloquemment à l'imagination.

Cependant, si l'âme s'émeut à l'aspect d'un monument historique, comment ne s'animerait-elle pas en présence d'un prince en qui se résume l'histoire même d'un grand peuple? A sa vue se réveillent tous les souvenirs de la famille et de la patrie. Nos mœurs, nos institutions se sont formées avec sa race; nos pères sont morts sous les yeux de ses pères, pour l'agrandissement et la gloire du pays; derrière lui, se dressent soixante-trois rois français, pour former son cortége, et l'entourer de leurs prestiges. Il ne s'assied pas, lui, comme un illustre parvenu, sur le trône de Charlemagne; il n'emprunte pas au garde-meuble, ou la couronne de Philippe-Auguste, ou la main de justice de saint Louis; mais le sang de ces grands princes bouillonne dans ses veines, mais lui seul représente toute cette lignée de souverains que la voix de l'histoire a nommés Auguste, Saint, Hardi, Sage, Victorieux, Père du peuple, Protecteur des lettres, Grand, Juste et Bien-Aimé. Aîné de tous les rois de l'Europe, allié à tous les trônes, sa race a vu naître et se former toutes les races royales. Comment résister au prestige de cette auréole antique si dignement portée? Comment un noble cœur échapperait-il à l'influence d'un prince représentant plein de vie du passé de la France, et qui seul peut le rattacher à l'avenir dont il porte dans ses regards le glorieux pressentiment?

Cette influence se faisait généralement sentir à Rome; un lieutenant général, répondant à des doléances sur l'affluence des visiteurs au palais Conti, déclara que : « S'il était libre de le faire, il irait saluer ce jeune prince, objet d'un empressement si mérité ! »

Un hommage plus significatif encore fut adressé au comte de Chambord par le seul homme peut-être qui, depuis la mort de Lafayette, eût pu devenir un drapeau sérieux pour une nouvelle révolution. Le prince Lucien Bonaparte, éloigné du théâtre de la politique; mais toujours occupé des intérêts de la patrie, suivait du fond de sa retraite, la marche des affaires et le mouvement des esprits. Instruit par ses correspondances de la conduite et des actes du petit-fils de Charles X, il ne put résister au besoin de lui adresser, par l'organe d'un ami sûr, des paroles qui honorent le jugement et le cœur de ce personnage célèbre. Henri de France lui répondit, comme à sa place l'aurait fait Henri IV, et le frère de Napoléon put se convaincre que ses correspondants ne l'avaient pas trompé !

Cependant le prince ne s'occupait pas seulement des arts et des monuments historiques; il visitait avec soin, tous les établissements utiles, et d'abord, les institutions de travail et de charité ; les hôpitaux si nombreux et si bien tenus, l'hospice du Saint-Esprit, ouvert à seize cents personnes, malades, blessés, enfants trouvés et aliénés, maison remarquable par les soins hygiéniques les mieux entendus ! l'hospice des convalescents et des pèlerins, où plus de huit mille individus reçoivent, dans le cours de l'année, la plus charitable hospitalité ; l'hospice Saint-Michel, le plus vaste des établissements de bienfaisance, où tous les travaux ont leur place, depuis les métiers les plus infimes, jusqu'aux arts mécaniques les plus élevés ; les conservatoires des jeunes filles, le pénitencier des jeunes détenus placé sous la haute direction du prince Odescalchi, si noblement dévoué à cette belle œuvre, dont le but est de faire des hommes honnêtes et utiles, de ces enfants déjà souillés par les premières atteintes du vice ; les prisons, devenues des modèles pour les autres États, les prisons, où le paganisme entassait sans pitié les Romains soumis à toutes les gênes, à toutes les privations que la tyrannie pouvait imaginer, où la religion chrétienne, cette divine conseillère des pontifes, a su concilier avec tant d'intelligence, les droits de la justice et ceux de l'humanité.

Si les établissements de bienfaisance abondent dans cette ville, où plus de cinq millions sont affectés à soulager les misères, ou à encourager le travail du pauvre, les établissements d'instruction publique ne sont ni moins nombreux ni moins intéressants. Le comte de Chambord alla visiter le Collége romain, fondé par le duc de Gandie. Cette maison possède une bibliothèque de soixante-dix mille volumes, un observatoire, un musée où le prince vit l'épée du connétable de Bourbon, triste souvenir pour la France qui lui doit le revers de Pavie, et pour Rome qu'elle ouvrit à tous les fléaux de la conquête!

Le collége de la Propagande devait aussi attirer son attention. Les presses de cet établissement impriment en vingt et une langues orientales. Le cardinal Mezzofanti, membre de la congrégation, parlait, dit-on, cinquante-deux idiomes européens, africains et asiatiques. Ce savant prélat aurait mis d'accord les ouvriers de la tour de Babel.

La bibliothèque de la Propagande est la plus riche de toute l'Europe en manuscrits chinois. Elle possède aussi des manuscrits indiens ou cophtes très-précieux, et un musée dépendant de sa bibliothèque où l'on compte soixante mille volumes. Le comte de Chambord visita en détail toutes les parties de la Propagande; il adressa la parole à plusieurs jeunes gens venus de l'Abyssinie, de l'Inde et de la Chine. Un jeune Chinois allié à la famille impériale, improvisa en l'honneur du prince quelques vers dont voici la pensée : « Exilé volontaire d'un pays lointain, j'y

« retournerai bientôt pour y porter la religion « de tes pères qui sera, je l'espère, un jour celle « de nos enfants; exilé toi-même, mais par « l'injustice des révolutions, puisses-tu revoir « aussi ta patrie, et les tombeaux sacrés de tes « pères! »

Léon X, par sa protection libérale et éclairée, éleva l'université au plus haut degré de gloire; les papes ses successeurs ont maintenu cet établissement à la hauteur des progrès de la science dans toute l'Europe. Le comte de Chambord se plut à témoigner aux savants professeurs qui le dirigent son estime pour leurs doctes travaux.

Chaque journée était marquée par la visite d'une galerie, d'un atelier, d'une école de garçons ou de jeunes personnes, et partout, l'auguste visiteur était accueilli avec cette sympathie profonde qu'inspirait sa personne et sa position. Un jour qu'au milieu de la collection de dix-sept cents tableaux du palais Borghèse, le prince venait d'admirer les descentes de croix de Raphaël et de Van Dick, et surtout la sibylle de Cumes, le chef-d'œuvre du Dominiquin : — « Allons maintenant, me dit-il, voir des tableaux moins pré« cieux, sans doute, mais plus intéressants pour « moi. » Il donna l'ordre à son cocher de le conduire dans le voisinage du Tibre et de la Ripetta, à l'entrée d'une ruelle où les voitures ne peuvent passer. Alors, mettant pied à terre, il entre, monte plusieurs escaliers et pénètre tout à coup, dans un atelier où il n'était pas attendu. Trois jeunes peintres français y travaillaient ; ils reconnûrent bientôt le prince et furent aussi touchés que surpris de sa visite. Ils étaient républicains, ou du moins passaient pour tels ; mais le fils de France s'inquiète d'abord du lieu de la naissance des hommes qu'il rencontre, et s'ils sont Français et dignes de l'être, il n'en demande pas davantage, et ne voit plus en eux que des amis ! Plusieurs tableaux étaient commencés : un seul était fini, c'était une vue du lac Némi, l'un des plus jolis sites des environs de Rome. Le prince en fit l'acquisition, et engagea ses jeunes compatriotes à le venir voir à leur tour. En effet, il les reçut tous les trois, peu de jours après.

Le prince n'avait point encore visité la coupole de Saint-Pierre. Une première fois déjà il s'était fait annoncer, et plusieurs personnes qui ne pouvaient venir chez lui, entre autres un ancien ministre du gouvernement, étaient allés l'attendre inutilement, dans la basilique, pour le voir à son passage ; mais la pluie nous avait forcés de remettre cette visite, qui ne peut être faite agréablement que par un beau temps. Enfin le soleil se leva brillant sur Rome, et nous pûmes la contempler à loisir du haut de la magnifique lanterne où seize personnes peuvent s'asseoir à l'aise, sous une voûte élevée à quatre cents pieds au-dessus du parvis du temple.

En descendant, le prince vit avec surprise, sur le mur de l'escalier du dôme, une inscription commémorative de sa visite : « Quoi ! sécria-« t-il : déjà ! Mais comment a-t-on eu le temps « de graver ces caractères ? » Un prélat romain, Mgr Lusidi, avait accompagné le prince : « Cette activité, lui répondit-il en souriant, est « facile à expliquer. Pendant que vous hono-« riez la coupole de votre visite, un ange pre-« nait soin d'en consacrer le souvenir. »

Hâtons-nous de dire que ces inscriptions sont d'un usage général pour les souverains et les membres de leur famille; mais peut-être ne met-on pas toujours le même empressement à s'en acquitter.

XVI.

Le tombeau des Scipions.— Saint-Sébastien. — Les catacombes. — Sainte-Croix de Jérusalem. — Départ pour Naples.

Les Romains, sous la république enrichie par les conquêtes de ses légions, défendirent, par une loi des Douze-Tables, d'enterrer les morts dans la ville. Les vestales, par un privilége constant, et certaines grandes familles, par une exception fondée sur d'éclatants services, pouvaient seules être ensevelies dans l'intérieur des murs.

Sous le pontificat de Pie VI, on découvrit dans une vigne, en dedans des murs, dans le voisinage de la porte Saint-Sébastien, le tombeau des Scipions. Si jamais race romaine eut quelque droit à la distinction d'un tombeau intérieur, ce fut certes cette branche illustre des Cornélius. Aussi ancienne que les Fabius, les Claudius, les Valérius, elle s'élève plus haut encore, par l'éclat de ses services.

On ne peut se défendre d'un sentiment de respect, à la vue de ces ruines où reposent les restes de tant de grands hommes. Les Scipions ont donné à la république un édile, un questeur, deux préteurs, deux maîtres de la cavalerie, un proconsul, dix-neuf consuls et un dictateur. Deux de ses membres ont porté le titre d'Africain, deux le titre d'Asiatique; celui-ci a sauvé Rome et vaincu Annibal; celui-là a détruit Carthage, un troisième a conquis l'Espagne, un autre a soumis Antiochus! Tous ont à faire valoir des titres de gloire et d'honneur.

Leur tombeau, d'où l'on a extrait des statues et des ornements pour enrichir les musées, aurait dû être conservé avec un soin religieux comme l'un des plus précieux monuments privés de l'ancienne Rome. L'ossuaire des Scipions! c'est l'histoire des deux plus beaux siècles du grand peuple : ce nom glorieux commence à Camille qui sauva la république, et finit aux guerres civiles qui la perdirent.

En s'éloignant du tombeau des Scipions, nous allâmes admirer d'autres ruines consacrées par la foi des martyrs : les catacombes de Saint-Calixte. Un moine, un flambeau à la main, nous guida dans ces souterraines demeures, dont les parois sont garnies des squelettes des hommes courageux, pour qui la mort ne fut qu'un rapide passage d'une vie d'épreuve, à une vie sans fin.

L'entrée de ces catacombes, dont l'étendue est

de deux lieues environ, se trouve dans l'église consacrée à saint Sébastien, deux fois martyr de sa religion. Le corps du saint fut déposé dans ces cavernes, comme le furent avant lui, ceux de saint Pierre et de saint Paul, soustraits par les premiers chrétiens, aux profanations de leurs persécuteurs. Dans ce labyrinthe de la mort, chaque carrefour fut un temple, chaque sépulcre un sanctuaire, chaque pierre un autel; cent soixante-quatorze mille saints ou martyrs y ont été ensevelis. C'est là que se cachait toute une population chrétienne pour célébrer, en quelque sorte sous les pieds de leurs ennemis, les mystères dont le nom seul était un crime.

Saint Calixte, surpris en flagrant délit de christianisme, fut arrêté et martyrisé au moment où il célébrait la messe dans le cimetière qui porte son nom. Prédicateur éloquent et intrépide, son zèle égalait sa sainteté.

L'église Saint-Sébastien est l'une des sept basiliques fondées par Constantin. Cette église n'est pas remarquable par elle-même; elle est isolée, et entourée de ruines; près de là, sont les débris du théâtre militaire, et ceux du temple de Vénus, lieu célèbre par une bataille qui décida du sort de Rome, sous le consulat de Carbon et du jeune Marius.

Le jour de Noël, le comte de Chambord se rendit à l'église Saint-Pierre avec sa suite dont faisait alors partie M. de la Féronnays.

La grande basilique était remplie d'une foule immense, et le chœur occupé par les généraux d'ordre, les évêques venus de divers pays, les prélats romains, les cardinaux et les dignitaires de la cour et de la ville.

Le souverain pontife officiait. On éprouvait une vive émotion à la vue de cet auguste et saint vieillard, chef et père de deux cent millions de catholiques, célébrant dans le plus beau temple du monde, au-dessus même du tombeau du premier des apôtres, le sacrifice institué, il y a dix-huit siècles, par le divin fondateur de notre loi.

La messe papale est imposante; on chercherait vainement ailleurs ce concours de princes de l'Église, et cette magnificence qu'on ne rencontre qu'à Saint-Pierre; mais on y remarque avec peine, l'absence d'une police protectrice du recueillement des fidèles, et assez ferme pour imposer le respect des convenances aux curieux, pour qui cette pompe religieuse semble n'être qu'un spectacle mondain.

Le Saint-Père, dans la nuit de Noël, bénissait une épée garnie d'un pommeau d'or enrichi de pierreries, et un chapeau ducal sur la pointe de l'épée. Cet usage antique se rattachait aux grands jours du peuple de Dieu. Au moment de partir pour aller combattre Nicanor, le héros des Machabées entendit en songe, ces mots du prophète Jérémie : « Reçois, Judas, cette sainte

« épée que Dieu te donne pour détruire les en-« nemis d'Israël. » Ainsi les papes, le jour de la naissance du Sauveur, consacraient une épée qu'ils envoyaient aux rois, aux princes, aux capitaines armés pour la défense de la chrétienté.

Le jour même de Noël, le prince Massimo réunit toute la société dans une soirée de conversation; le petit-fils de Charles X, prié d'honorer cette soirée de sa présence, s'y rendit avec un certain nombre de nos compatriotes. Le prince Massimo a joué un rôle honorable dans les grandes affaires de l'État romain, au temps de la république et de l'empire français; c'était un homme doux, d'un caractère aimable, d'un esprit attentif aux progrès de la science et aux besoins de l'humanité; de pareils sentiments étaient, pour lui, tradition de famille. C'est dans son palais qu'a été inauguré à Rome, en 1445, l'art merveilleux de l'imprimerie : Pierre Massimo y fit imprimer les deux premiers livres qui aient paru dans l'État pontifical. C'est aussi de ce palais, qu'est sortie, il y a peu d'années, la bonne pensée de répandre l'instruction, et les saines doctrines de l'Évangile parmi les Transtévérins.

La duchesse de Fleuri donna à son tour au comte de Chambord un spectacle très-agréable. Quelques-uns de nos amis et plusieurs dames françaises représentèrent des tableaux fort ingénieux; un joli vaudeville termina cette soirée. Le lendemain, Rome tout entière était réunie dans les vastes salons de l'ancien hôtel de l'ambassade française, habité alors par la noble famille Talbot. Henri de France avait dîné chez la comtesse Schwresbury; le soir elle lui présenta plusieurs personnages qu'il n'avait point encore rencontrés.

C'était la première fois, que la plus jeune des filles de la comtesse, la gracieuse princesse Borghèse, paraissait en public; elle était en grand deuil de son beau-père. Peu de jours auparavant, elle avait été présentée au comte de Chambord. Le prince avait reçu avec un profond intérêt, cette jeune femme objet de la vénération des Romains. Hélas! cette vie si belle devait être bien courte, elle était si pleine déjà.

La fin de l'année était marquée par de beaux jours : le prince en profitait, pour parcourir, à cheval, les environs de Rome. Parfois il invitait le général de La Malle, officier de cavalerie fort distingué, et d'autres Français, à l'accompagner dans ses excursions. Il visitait ainsi, les plus jolies villas et parcourait les promenades les plus agréables. Souvent, sorti par la porte Saint-Paul, il passait devant la pyramide du riche Cestius, l'un des décemvirs épulons. Le mont Testacée lui rappelait les plus belles vues du Poussin. C'était sur cette colline artificielle, ouvrage de dix générations, que notre célèbre artiste s'inspirait au spectacle de Rome et de sa campagne.

Un peu plus loin, est le champ où combattirent les Horaces, combat chevaleresque, renouvelé au moyen âge, par les trente Bretons de Beaumanoir! Une allée d'arbres conduit à l'église Saint-Paul, au milieu des ruines d'anciens tombeaux. Un religieux souvenir s'attache à ce lieu inhabité : c'est celui de la séparation de saint Pierre et de saint Paul au moment de leur martyre. Une chapelle consacre les touchants adieux de ces deux amis, si différents l'un de l'autre, par l'éducation, par le savoir, par les habitudes de la vie, et qu'une même foi, un même apostolat, unit par les liens d'une étroite amitié.

Quelquefois, le prince sortait de la ville par cette longue rue qu'embellissent les eaux de la fontaine des Thermes, arrachées au rocher miraculeux, par la verge de Moïse; puis, il allait au delà de la porte Pie, visiter la villa Albani, si riche de ses antiquités; la villa Torlonia, et cette charmante habitation de l'Algarde, construite sous le pontificat d'Innocent X par le prince Pamphili, fils de la trop célèbre Olympia.

Le prince Doria a embelli cette demeure si riche déjà de ses tableaux et de ses statues. Elle est avec la villa Borghèse, la plus agréable des environs de Rome.

La situation de la villa Borghèse en fait le rendez-vous de tous les étrangers. Voisine de la place d'Espagne, du Corso, et de cette longue avenue de Rome qui commence au pont Molle, elle attire nécessairement la foule au retour, ou au début de la promenade. Les équipages, après avoir circulé à la file, dans les allées du Pincio, descendent la rampe de Valadier, pour chercher autour du lac Borghèse, une carrière plus étendue et plus libre. L'habitation nommée villa Pinciana est de toutes les maisons de Rome, la plus riche en décorations, et en chefs-d'œuvre des arts.

Près du Pincio, est la villa Médici, aujourd'hui l'Académie de France, la seule à Rome que le prince n'a pu visiter ; ce bel établissement a été fondé par Louis XIV ! La Trinité-du-Mon tdoit aussi son origine à un roi de France, à Charles VIII qui la construisit, et ses plus précieux souvenirs à saint François de Paule, qui y plaça un couvent de son ordre, sous la protection du monarque.

Ce couvent est habité, comme la villa Lante, par des religieuses vouées à l'éducation; on y arrive de la place d'Espagne par un bel escalier bâti aux frais d'un compatriote, M. Gouffier. Ce quartier rappelle un grand nombre de souvenirs français : le Poussin y demeurait ; Claude Lorrain y a trouvé un tombeau; un savant modeste, à qui le Vatican doit une belle collection de vases antiques, et la science l'*Histoire de l'art par les monuments,* le marquis d'Agincourt, avait son humble habitation sur la pente du Pincio, dont notre architecte Valadier a dessiné la promenade; et enfin, dans l'église de la Trinité, non loin de la pierre sépulcrale de Claude Lorrain, est le beau tableau de la Remise des clefs à saint Pierre, de M. Ingres. Cette chapelle possède en outre un chef-d'œuvre d'un grand prix : la Descente de croix de Daniel de Volterre, magnifique travail digne de figurer auprès de la Transfiguration, et de la Communion de saint Jérôme !

Le 1er janvier, le comte de Chambord se rendit au Vatican, où le pape avait repris sa résidence d'hiver. Grégoire XVI, dans le cours de cette visite, montra au petit-fils de Charles X, son appartement privé, et mit sous ses yeux, les plans des travaux qu'il avait terminés, et de ceux qu'il méditait encore.

Le soir du même jour, tous les Français, et les Français seulement, furent reçus au palais Conti. Le prince avait fait connaître son intention à la société étrangère : « Je désire, avait-il dit, passer cette journée en famille. » Chacun avait compris et respecté cette délicatesse de sentiments. Tous nos amis profitèrent de la résolution du prince, aucun ne manqua à cette réunion, où la patrie absente fit les frais de toutes les conversations.

Cependant, le roi des Deux-Siciles, sachant que l'intention de son neveu était d'aller à Naples, avait chargé son ambassadeur, le comte de Ludolf, de prendre ses ordres, pour préparer ce voyage. Le prince avait vu à Rome tout ce qui pouvait l'intéresser ; il aurait pu se dispenser d'y revenir, et se diriger par mer, de Naples sur la Toscane, où l'appelait aussi une partie de sa famille; mais il ne voulut quitter Rome que pour y revenir. « On publierait, dit-il, que j'ai été « obligé de m'éloigner; je passerai donc encore, « en revenant de Naples, assez de temps à l'hôtel « Conti, pour bien constater ma liberté d'action, « et l'indépendance du saint-siége. On n'en dira « pas moins peut-être, que mon éloignement de « Rome m'a été imposé, mais enfin, cette préten- « tion sera démentie, par le fait même de mon re- « tour. »

Quand le duc de Reichstadt demanda en 1831, au prince de Metternich, s'il lui serait permis de voyager en Italie. « Sans doute, répondit cet « homme d'État, en Italie, en Allemagne, par- « tout, la France exceptée. » Cependant, si le fils de l'homme qui avait ébranlé l'Europe, était libre aux yeux des souverains, de la parcourir sans contrainte, comment interdiraient-ils leurs capitales à l'héritier de l'excellent roi qui fut leur allié et leur ami ?

Ces hommages désintéressés qu'on lui enviait et qu'on eût voulu lui ravir, s'adressaient au principe en vertu duquel règnent les rois; ils s'adressaient à un prince irréprochable devant le droit des gens. A Rome, le comte de Chambord s'attacha à empêcher toute démonstration de nature à inquiéter le gouvernement pontifical; aussi, on entendit alors les plus prévenus s'écrier avec dépit : « Il n'a pas fait une faute, et il n'a que dix-neuf ans ! »

Rome, que nous allions quitter à regret, est certainement une cité à part : si plus qu'une autre, elle est la ville des souvenirs et des espérances, plus qu'une autre aussi, elle est la ville des contrastes.

Rome est belle, laide, grande, petite, riche et pauvre, majestueuse et infime : remarquable par des monuments superbes et par de chétives masures, par de belles places et d'obscures ruelles. Ici, Rome est déserte, là trop peuplée; saine dans tel quartier, malsaine dans tel autre; admirable par ses établissements d'art, de science, d'éducation publique, par ses institutions de religion et de charité, elle est arriérée pour ses mœurs, pour ses lois, pour son commerce et son industrie.

Mais si ses lois sont défectueuses, elles sont douces pour les étrangers surtout; si son administration est inhabile, elle est bienveillante et paternelle. Avec ses avantages et ses inconvénients, Rome est de toutes les capitales de l'Italie, la plus hospitalière, la plus agréable aux voyageurs. On passe à Milan, à Florence, à Venise; on s'arrête à Rome, on y revient, et volontiers l'on y demeure.

XVII.

Départ pour Naples. — Itri. — Gaëte. — Capoue. —Arrivée à Naples. — Le tombeau de Virgile. — Excursion à Pouzzoles. — Baïa. — Mysène.

Le comte de Chambord partit de Rome le 5 janvier pour Naples; il emmenait avec lui le comte de la Ferronays, dont la famille se trouvait en ce moment dans la capitale des Deux-Siciles. Le prince voulut voyager à petites journées, pour mieux voir ce pays si intéressant par les grands événements qui s'y sont accomplis.

La route de Naples, au delà de la porte Saint-Jean, est attristée par de nombreuses ruines; ce sont, pour la plupart, des débris d'aqueducs et d'anciens tombeaux épars dans la campagne. En entrant dans la vallée d'Aricia, en s'élevant sur les collines d'Albano, on retrouve la belle végétation de Tivoli et de Castel-Gandolfo; on se promène à mille pieds au-dessus du niveau de la mer, sur les rives du lac d'Albano, dont les eaux de cristal, entourées de hauts platanes, de bosquets de myrtes et de lauriers, embellissent ces riantes contrées si différentes de la campagne de Rome. Velletri, autrefois Velitza, l'une des principales villes des Volsques, fut le théâtre de la gloire de Camille et la patrie d'Auguste. Cette ville est aujourd'hui le siége d'une légation.

Au delà de Velletri sont les marais Pontins. Sur ce sol malsain, abandonné, où apparaissent çà et là comme des fantômes, quelques paysans crétins, plusieurs villes volsques florissaient autrefois.

La nouvelle route est l'ouvrage de Pie VI. Ce sage pontife entreprit ce grand ouvrage, et le continua avec persévérance, jusqu'au jour de son exil. Il fit creuser un canal navigable de cinq lieues de long et de cinquante pieds de large, avec des canaux d'embranchement. Il construisit la nouvelle route de Terracine, route superbe, qui permet de franchir promptement les quatorze lieues des marais. Terracine, située à l'autre extrémité de cette voie, est la dernière ville des États pontificaux. Théodoric y possédait un palais dont il reste plusieurs arcades; le pape Pie VI y avait fait construire une habitation; il voulait passer chaque année, quelque temps dans cette résidence, pour y atirer des habitants, et surveiller lui-même ses travaux.

Au delà de Terracine, est la frontière et un peu plus loin, Fondi devenue un poste de douane, de ville princière qu'elle était. Fondi fut le séjour de la belle Julie de Gonzague. C'est là, et presque sous ses yeux, que mourut le jeune et vaillant Hippolyte de Médicis, au moment où il venait lui demander de consacrer l'épée qui allait combattre les Tunisiens. C'est là aussi que Julie faillit être enlevée par Barberousse, amoureux, à sa manière, des charmes de la princesse. Victime de la colère du fier pirate, Fondi fut ravagée et en partie détruite.

On montre dans cette ville la chambre qu'habita l'ange de l'école, le sublime saint Thomas d'Aquin. C'est là qu'il forma dans le travail et la méditation, cette âme ferme et pure, uniquement possédée de l'amour de la vérité. Un jour qu'Innocent IV lui montrait son épargne, et lui disait: « Vous voyez que l'Église ne peut plus prononcer « ces paroles : Je n'ai ni or ni argent. — Il est « vrai, très-saint-père, répondit Thomas, mais « elle ne peut plus dire au boiteux : Lève-toi et « marche. »

Thomas d'Aquin apportait partout avec lui, cette simplicité d'une âme exclusivement dévouée au triomphe des vérités et des intérêts de la religion. Admis à la table de Louis IX, et plus occupé de ses pieuses pensées que de l'honneur de dîner avec le roi de France, tout à coup il frappe sur la table, et s'écrie avec joie : « Voilà qui répond victorieusement à l'hérésie de Manès! » Aussi religieux, aussi simple dans sa grandeur, que son convive dans ses distractions, Louis IX fit appeler un clerc pour écrire sans retard, l'argument que venait de trouver Thomas d'Aquin.

La contrée entre Fondi et Itri a été pendant une longue succession de siècles, le quartier général des contrebandiers, bandouliers, pirates, et autres admirateurs passionnés du bien d'autrui. Disons cependant, que ce genre d'admiration n'excluait pas chez eux, celle de la gloire et du génie. Scipion l'Africain, exilé de Rome, eut l'insigne honneur d'être visité dans sa retraite de Linterne, par une députation de ces corsaires tombés sur le rivage de Cumes pour le piller. La maison du vainqueur d'Annibal fixa d'abord leur attention; mais ayant appris quel personnage l'habitait, ils demandèrent instamment à échanger leurs espérances de butin, contre le bonheur d'apercevoir le héros de Zama. En effet, Scipion se présenta à eux; les bandits se prosternèrent devant lui, et accordèrent désormais à Linterne une franchise absolue. Dix-huit siècles après, le Tasse obtint la même distinction, et presque sur les mêmes rivages; le nom du chantre d'Armide et de Godefroy désarma les seigneurs suzerains des grands chemins de Naples. Non-seulement ils respectèrent son bagage, mais encore ils lui firent un présent que, malgré son origine suspecte, le Tasse se garda de refuser.

L'Arioste, gouverneur de Spolète, avait joui du même privilége. Surpris par les brigands dans les environs de la place, il se vit tout à coup l'objet d'un hommage enthousiaste. Ces honnêtes gens n'eussent point épargné le gouverneur, ils firent une ovation au poëte. Aujourd'hui, nos grands génies passent inaperçus sur cette route, théâtre du triomphe du Tasse, et leurs compagnons de voyage sont loin sans doute, de le regretter.

On voit entre Itri et Mola le monument funèbre attribué aux affranchis de Cicéron; c'est près de là, en effet, que le grand orateur fut surpris dans sa litière, par les émissaires d'Antoine, au moment où il gagnait le rivage pour s'embarquer. Alors Cicéron, vieilli, n'était plus que l'ombre du vigoureux adversaire de Catilina. Timide, irrésolu, il n'eut pas même l'énergie de la peur, ou la présence d'esprit que donne l'instinct de la conservation. Effrayé par des augures, retenu par de tristes pressentiments, il ne sut ni attendre la mort, ni l'éviter. « Un vieil-« lard, avait-il dit, dans son livre *de la Vieillesse*, « ne fait pas ce que font les jeunes gens; mais « ce qu'il fait est plus grand et bien plus impor-« tant que ce qu'ils peuvent faire! » Cicéron ne fut pas ce vieillard; il se laissa mystifier par un jeune homme de vingt ans, et vaincre dans une misérable lutte d'ambition, où il paya de sa réputation et de sa vie, l'erreur de sa vanité.

Le tombeau du grand orateur est, en quelque sorte, voisin du berceau de la fortune d'Octave; car c'est là qu'il fit les premiers pas dans cette carrière de ruse et de sagesse, de lâcheté et de gloire, de barbarie et de magnanimité, de faiblesse et de grandeur, qui le conduisit, sous le nom d'Auguste, à l'empire de l'univers.

Mola, dans une situation ravissante sur le golfe de Gaëte, n'est séparée de cette place que par une lieue et demie. Le comte de Chambord voulut visiter une forteresse qui a joué un rôle considérable dans toutes les guerres dont le royaume de Naples a été le théâtre. Il partit une heure avant le jour pour Gaëte. Le temps était magnifique; nous apercevions du rivage, les feux du Vésuve, et, se détachant dans le crépuscule, l'île d'Ischia et même Caprée, témoin pendant dix ans des proscriptions et des débauches de Tibère. Le gouverneur savait que le prince allait à Naples; il ignorait qu'il dût visiter Gaëte, et surtout à l'heure du réveil de la troupe. Instruit de son arrivée inattendue, il donna des ordres pour que chacun fût promptement à son poste, et fit avec empressement au neveu du roi les honneurs de son commandement.

Henri de France visita la place dans tous ses détails, et examina le front d'attaque du dernier siége, tracé sur la langue de sable qui attache Gaëte au continent. On creusait alors un grand et large canal qui l'isolera complétement. Ainsi, elle deviendra une place très-forte; car une ceinture de rochers à pic la défend du côté de la mer.

Après trois heures employées à la visite des établissements militaires, le comte de Chambord retourna à Mola et prit la route de Naples. Cette route est pleine des souvenirs de notre gloire; en sortant de la ville, et sur la droite, coule le ruisseau où Bayard, seul avec son écuyer, arrêta sur un pont, la cavalerie de Prosper Colonne et sauva l'armée de Saluces; plus loin est le Garigliano, témoin de la lutte si glorieuse de la petite armée de Louis XII, contre les deux plus grands généraux de l'époque, l'Alviane et Gonsalve de Cordoue.

Nous venons de voir le lieu où périt le prince des orateurs romains, l'embouchure du Garigliano va nous rappeler qu'un autre proscrit des guerres civiles faillit y trouver son tombeau. Marius caché dans les roseaux du fleuve, fugitif, condamné à mourir comme Cicéron, se défendit de la tentative d'une mort volontaire par énergie, et contre son assassin par un mot, mais quel mot, son nom, le grand nom du vainqueur des Cimbres, du terrible plébéien sept fois consul, et dix foix victorieux. M. Arnaud, dans sa tragédie de *Marius à Minturnes*, peint avec une admirable concision, le combat du proscrit fatigué de la vie, tenté d'y mettre un terme, mais puisant dans son courage, la résolution de la conserver :

« Mourir, c'est fuir... vivons. »

Cette moitié de vers contient une belle leçon contre la pensée du suicide. On passait naguère le Garigliano sur un bateau-bac. Le roi Ferdinand a réuni les deux rives du fleuve par un beau pont suspendu. On arrive maintenant à Capoue par d'excellentes routes, à travers une campagne délicieuse.

Capoue est une place de guerre fortifiée par Vauban ; elle est, comme Gaëte, commandée par un gouverneur. L'ancienne Capoue a enrichi la nouvelle de ses débris : on retrouve partout dans celle-ci des traces de ce vandalisme de voisinage, mais ces débris de l'antiquité perdent leur prix en se déplaçant : ils étaient des monuments dans la ville d'Annibal, ils ne sont que des matériaux ou des hors-d'œuvre dans la forteresse de Vauban.

Une belle brigade suisse manœuvrait sur les glacis, lorsque le comte de Chambord quittait Capoue pour continuer sa route. Les officiers supérieurs entourèrent sa voiture pour lui offrir leurs hommages. Plusieurs d'entre eux avaient servi en France, dans les guerres de l'Empire et de la Restauration, ils n'étaient donc point des étrangers pour lui.

L'intérêt du voyage nous avait obligés à faire plusieurs stations dignes d'intérêt qui retardèrent notre arrivée à Naples. Instruit par le télégraphe, de la présence de son neveu à Gaëte, vers sept heures du matin, le roi l'attendait dans l'après-midi. Sa Majesté, voulant montrer à Henri de France la partie de son armée en garnison dans la capitale, l'avait réunie dans le Champ-de-Mars, à l'entrée de la ville. Le prince, à son grand regret, ne put y arriver qu'à la nuit; nous perdîmes ainsi l'occasion de juger de l'instruction d'ensemble de l'armée napolitaine.

Il alla descendre dans le voisinage de la Chiaïa, au palais Chiatamone, disposé pour le recevoir. Une belle compagnie de grenadiers était rangée en bataille devant la porte de ce palais. Cette garde d'honneur portait exactement l'uniforme de la garde royale française; ce fut pour le prince un doux spectacle qui lui rappela les jours heureux de son enfance, les jours de gloire de son pays. Il en fut ému, et témoigna sa satisfaction au capitaine, dans les termes les plus bienveillants.

Tout ce qui pouvait être agréable et utile au royal voyageur avait été soigneusement disposé, par l'ordre du roi, dans cette charmante habitation dont la vue s'étend au loin sur le golfe. A peine arrivé, le comte de Chambord eut le plaisir de recevoir son grand oncle le prince de Salerne. Ce prince était profondément attendri en retrouvant, sous les traits d'un jeune homme déjà mûri par l'exil et la réflexion, ce royal enfant qu'il avait laissé à Paris, dix ans auparavant, avec la perspective du premier trône du monde.

Le comte de Syracuse, frère du roi, voulut aussi prévenir son neveu. Ce prince, naguère vice-roi de Sicile, habitait alors Naples avec sa femme, sœur du prince de Carignan, élevé par Charles-Albert à la dignité d'Altesse Royale, comme en 1824, le duc d'Orléans et sa famille, par l'excellent roi Charles X.

Le lendemain, à sept heures du matin, le soleil apparaissait radieux, il n'était plus question de la gelée de la veille. Si, comme on l'a dit, la lune de Naples a plus de chaleur que le soleil de Londres, que dire de l'éclat de cet astre radieux, sur les rives favorisées de ce magnifique golfe auquel, dans le monde entier peut-être, le Bosphore seul peut être comparé. Le comte de Chambord voulut profiter de ce beau jour, pour faire connaissance avec la ville. Il sortit de très-bonne heure, et visita d'abord la Chiaïa, charmante promenade conquise, en quelque sorte pied à pied, par la civilisation, sur les lazzaroni qui, naguère encore, étalaient sur ce beau quai leur misère et leur grossièreté. Arrivé au bout de la promenade, le prince en se retournant, aperçut fort loin de lui, à l'autre extrémité et près de la grille du jardin, un promeneur accompagné de deux jeunes enfants : « Ce sont des Français, me dit-il joyeusement. Comment, « répondis-je, Monseigneur peut-il en juger de si « loin ? — C'est de l'instinct, je reconnais un Fran-« çais d'une lieue, » Telle fut sa réponse, et l'événement ne tarda pas à me prouver qu'il ne s'était pas trompé; car peu après, nos promeneurs parlaient à côté de nous cette langue si douce à entendre loin de la patrie; c'était en effet des Français et des Français dévoués, les deux fils du vicomte de Bourbon-Busset et leur gouverneur. Cette honorable famille habitait Naples en ce moment, elle y attendait avec impatience, l'arrivée du fils de France.

Cette première matinée fut consacrée à des visites royales. Le prince se rendit d'abord chez le roi. Ferdinand II occupait alors le vieux palais où Charles-Quint a résidé pendant son séjour à Naples. Sa Majesté reçut son neveu avec de grands témoignages d'affection. Ce prince, doué d'une activité remarquable, a fait faire un grand pas à l'administration de son pays; il a ouvert des routes qui offrent à l'agriculture comme au commerce, de nombreux débouchés. En même temps qu'il créait des centres de travail et d'industrie, il complétait, il perfectionnait l'organisation d'une bonne gendarmerie, pour extirper de son royaume, la lèpre du paupérisme et du brigandage. Toutes les parties du service public étaient en progrès dans ce pays, et le roi n'avait que trente-cinq ans!

La reine, fille de l'archiduc Charles, était gracieuse et bienveillante; elle avait remplacé sur le trône la princesse de Sardaigne Marie-Christine, morte bien jeune et profondément regrettée.

En sortant de l'appartement de Leurs Majestés,

nous allâmes chez la reine douairière, sœur du roi Charles V, et mère de la reine Marie-Christine d'Espagne.

Le roi faisait exécuter de grands travaux dans le palais de la résidence; la princesse Amélie, sœur de Sa Majesté, habitait l'étage supérieur avec son époux l'infant don Sébastien de Bourbon; ce prince a joué un rôle honorable dans la dernière guerre civile en Espagne. Il a quitté ce malheureux pays avec un profond sentiment de douleur et peut-être de dégoût, pour toutes les faiblesses qui ont détruit l'ouvrage de Zumalacarregui.

Le prince de Salerne habitait un joli palais en face de celui qu'occupait alors le roi; la princesse était sœur de l'empereur d'Autriche; sa fille était fort petite, et d'une santé en apparence très-délicate; elle passait pour avoir l'esprit vif et pénétrant; sa physionomie semblait justifier sa réputation.

La famille royale, presque tout entière, était réunie sur la place du palais. Ce bel édifice est l'ouvrage de Fontana; il domine le port. On voit au-dessous de la grande terrasse, une fonderie de canons et un chantier de la marine. Ce voisinage, plus utile qu'agréable, eût été digne de Pierre le Grand. La place est décorée des statues de Charles III et de Ferdinand Ier; elles ont subi les mêmes révolutions que le gouvernement lui-même.

Les statues de Mercure, à Athènes, étaient faites de telle sorte, que la tête pouvait en être enlevée et remplacée dans l'occasion. Cette précaution, appliquée aux statues des princes, n'eût pas été inutile à Naples et en France; elle eût épargné à l'État des frais d'autant plus regrettables, qu'il était plus difficile d'en prévoir le terme.

De l'autre côté, en face du grand palais, est l'église Saint-François-de-Paule, imitation assez malheureuse du Panthéon romain.

Le prince alla souvent dîner chez le roi pendant son séjour à Naples. Les matinées qui précédaient ces réunions de famille, étaient consacrées à visiter des établissements intérieurs; les autres jours étaient remplis par des courses lointaines. Sa Majesté avait mis à la disposition de son neveu, un service de voitures et de bateaux qui nous procurèrent les moyens de voir en peu de temps, tout ce que Naples et ses environs offrent de curieux et d'instructif. La première excursion du prince eut pour but Pouzzoles et le golfe de Baïa.

Avant d'entrer dans la grotte du Pausilippe, le prince mit pied à terre et gravit la colline pour visiter le tombeau de Virgile. Le monument du poëte est situé au pied d'une petite éminence, en face du berceau du Tasse, en face du Vésuve où le chantre d'Énée alla plus d'une fois, chercher de poétiques inspirations.

C'est à Naples que Virgile se forma à l'étude des

lettres; c'est à Naples qu'il composa ses *Géorgiques,* c'est à Naples enfin qu'il fut atteint de la maladie dont il mourut. On a accusé Virgile d'avoir flatté le tyran de Rome. Il est vrai qu'il l'a comparé à Jupiter, mais était-ce donc là une flatterie? Il ne faut pas d'ailleurs être trop sévère envers les poëtes : ils chantent volontiers qui les inspire. La puissance et la poésie sont de vieilles amies que des moralistes auraient quelque peine à séparer.

Virgile a fait lui-même son épitaphe; il a résumé son histoire en deux vers qui furent placés sur son tombeau. Cette inscription est concise, modeste, elle contraste avec la forme et l'étendue des épitaphes qu'on rencontre à Naples dans les églises et dans les couvents :

« Mantoue m'a vu naître, les Calabres m'ont vu mourir.
« Je suis maintenant à Parthénope : j'ai chanté les ber-
« gers, les champs et les héros. »

Les Romains, admirateurs passionnés de son génie, lui auraient fait une épitaphe plus digne de sa gloire.

Virgile ne fut pas seulement le chantre par excellence des pasteurs et des rois, il fut, il est toujours, l'ami de la jeunesse. Qui de nous n'a passé avec lui ses plus heureuses années, années d'espérance et de douces illusions, dont le souvenir se retrouve avec ses plus précieux détails, devant le monument du Pausilippe?

La grotte voisine, ouvrage des Grecs qui l'ont creusée dans le roc, est demeurée intacte au milieu des convulsions de ce sol volcanique. Elle excita l'admiration pendant des milliers d'années; aujourd'hui, des tunnels cent fois plus longs que ce passage réputé merveilleux par nos pères, ont fait cesser cette longue admiration; mais ce qu'on ne voit qu'au Pausilippe, c'est le mouvement de cette population bruyante, descendant et remontant avec des torches, au milieu d'un nuage de poussière, criant pour éviter les rencontres fâcheuses, ceux-ci : *alla montana*, ceux-là, *alla marina;* les chars, les chevaux, les mulets, les troupeaux avec leurs grelots retentissants; le bruit des voyageurs, des marchands, des bestiaux et de ces légères corricoles, de ces calesses bizarres portant, au moyen d'un seul cheval, dix à douze personnes poussant des acclamations joyeuses. Tout cet ensemble est particulier à la ville de Naples et aux mœurs de ses habitants.

Au delà du Pausilippe, on chemine sur une route de laves flanquée d'une haute muraille de même matière. Cette masse volcanique, devenue une carrière de pierres à bâtir, est sortie, dit-on, du cratère de la Solfatare; mais c'est là une simple supposition, car l'origine de cette révolution géologique échappe aux traditions locales.

La route de Pouzzoles est fort jolie; le délicieux paysage qui en fait le charme, donne une haute idée de la fécondité et de la richesse du pays.

Sous les empereurs, cette ville s'étendait jusqu'à la Solfatare; elle était ornée de palais, de temples magnifiques, d'amphithéâtres, de maisons de campagne où les maîtres de la terre venaient se délasser du séjour de Rome. On retrouve encore à Pouzzoles des restes de leur magnificence et de leur barbarie : quelques débris d'un amphithéâtre accessible à quarante mille spectateurs ; et au-dessous des gradins où ils s'asseyaient, les caveaux humides destinés à renfermer les bêtes féroces, les gladiateurs et les chrétiens condamnés à périr sur l'arène.

La promenade de Pouzzoles à Misène, par le golfe de Baïa est des plus agréables ; nous l'avons faite à pied, en voiture ou dans des barques venues de Naples pour attendre le prince sur le rivage. En sortant de Pouzzoles, on montre la place où Caligula jeta un pont de bateaux de deux lieues, pour se procurer le plaisir d'imiter, à la tête de son armée, le passage de l'Hellespont par Xerxès. Le roi des Perses, contrarié par la tempête, fit battre de verges la mer qui avait détruit en partie son ouvrage ; Caligula eut aussi à se plaindre du capricieux élément, mais il n'imita pas Xerxès dans sa vengeance ; voulant cette fois être original, il fit tout simplement, précipiter dans la mer une partie de ses sujets conviés au spectacle de son triomphe.

Au delà de Pouzzoles, on montre les débris d'une villa de Cicéron. C'est, de compte fait, la septième habitation appropriée par la tradition, au grand orateur romain. On a dit que les rois de France avaient un trop grand nombre de résidences d'été, et voici un magistrat républicain qui en possédait deux fois plus qu'eux. Il fallait donc que Cicéron, sorti pauvre des rangs du peuple, eût battu monnaie au jour de sa puissance; car on sait que Catilina put lui reprocher en plein sénat, de n'avoir pas une maison à lui!

A droite, et fort près de la route, on aperçoit le Monte-Novo, colline volcanique sortie du sein des eaux aux dépens du lac Lucrin, par le même phénomène qui fit surgir l'île Santorin de la Méditerranée ; mais celle-ci, laborieusement enfantée au bruit des tonnerres souterrains, parut au milieu des mers belle d'une riche végétation; le Monte-Novo, au contraire, est sec et aride comme la lave des volcans. Le lac Lucrin disparut ou peu s'en faut, dans ce travail igné. Il ne reste qu'un petit marécage de ce noir Cocyte, de ce lac aux sombres bords chanté par le poëte. Tout près du vieux Cocyte, est le lac Averne, profond, dit-on, de cinq cents pieds. Virgile nous en raconte de terribles choses, il fait de l'Averne aux eaux mortelles, une description que démentent les abords et l'air pur du lac.

A peu de distance, est la caverne où coule le fleuve divin, le fleuve qui faisait neuf fois le tour des enfers, le Styx enfin; déchu comme les dieux qui juraient par son nom, il n'est plus aujourd'hui qu'un humble ruisseau, où chacun peut boire impunément une onde inoffensive.

Baïa est située à l'ouest du golfe; ses ruines nombreuses attestent son ancienne splendeur. Les puissants de Rome, Marius, Sylla et tant d'autres, habitèrent cette rive fortunée. On a dit que la trop célèbre association qui prépara la ruine de la république, s'était formée à Baïa; c'est une erreur, si nous en croyons Plutarque. Ce fut à Lucques, que César et Pompée formèrent le premier triumvirat avec Crassus qui en fut le comparse, comme Lépide le fut à Modène, du second triumvirat qui acheva l'ouvrage du premier. Mais Baïa a d'autres titres de célébrité : Adrien y mourut entre les bras d'Antonin, en prononçant des vers légers sur le plus grave des sujets : la mort et l'avenir de l'âme. Néron y conçut l'horrible projet de faire périr sa mère. Nous avons passé en chaloupe au lieu même où s'ouvrit, par l'ordre du monstre, la barque qui portait Agrippine. On montre à Bauli l'endroit où l'impératrice aborda la rive à la nage; sa maison de campagne était près de ce petit port que Tacite a décrit; elle s'y réfugia, mais pour peu de temps. La mère de l'empereur, la princesse qui avait fait tant de sacrifices pour lui procurer ce titre, y trouva bientôt un autre genre de mort cette fois inévitable. Néron voulait être parricide; il le fut : ce crime manquait encore à sa gloire !

Mysène a vu mourir Tibère, étouffé, dit-on, par Caligula, qu'il venait de choisir pour son successeur. Celui-ci est assez riche en forfaits, pour qu'on lui prête sans scrupule, un crime de plus. Quoi qu'il en soit, Tibère avait alors soixante-dix-huit ans; sa vie était assez pleine, il était temps d'en rendre compte! Tibère avait bien débuté, il avait de l'intelligence et de la valeur, mais son cœur était corrompu; le pouvoir absolu donna carrière à ses mauvais penchants : il devint bientôt le bourreau de sa famille, et le tyran de ses sujets. C'était à Mysène que stationnait la flotte romaine, lorsqu'elle cessait momentanément de tenir la mer. Pline l'Ancien la commandait lorsque, dans l'année 79, sous le règne de Titus, une terrible éruption du Vésuve lui coûta la vie; Pline le Jeune et sa mère manquèrent d'y périr au milieu d'une nuit obscure, sous l'épaisse pluie de cendres que le vent avait poussée sur ce rivage.

Tous les souvenirs de l'école reviennent à l'esprit sur cette côte, et dans les champs poétiques qui l'avoisinent. A chaque pas, nous retrouvons Virgile et les lieux qu'il a décrits : ici la grotte et les bains de la Sybille, là l'entrée des enfers, plus loin, le lac Achéron, au delà les Champs-Élysées. Au moment où nous arrivions près du lac, un vieillard s'apprêtait à le traverser couvert d'un vieux manteau, et conduisant lui-même sa barque. Si l'on ne tient pas compte de l'éclat de ses regards dont les feux ne rayonnaient pas jusqu'à nous, c'était Caron.

. . . . .Stant lumina flammâ,
Sordidus ex humeris nodo dependet amictus.
Ipse ratem conto subigit, velisque ministrat,
. . . .
Jam senior . . . .

« C'est lui, s'écria gaiement le comte de Cham-
« bord à la vue du vieux pêcheur, je le reconnais
« à son bonnet mythologique, c'est Caron; il nous
« fait signe, il m'appelle; mais je n'ai pas le ra-
« meau d'Énée, je n'entrerai pas dans sa bar-
« que, mon heure n'est pas encore venue. »

Oh! non! son heure n'est pas venue : les circonstances de sa naissance, son éducation, son caractère, ses sentiments, l'accident terrible dont un an plus tard nous le verrons sortir avec tant de bonheur, tout annonce que la Providence veille sur cette grande existence, dans une pensée de réparation qu'il ne nous est pas donné de pénétrer.

XVIII.

Les établissements militaires à Naples. — Le Serraglio. — Le théâtre Saint-Charles. — Portici. — Herculanum. — Le Vésuve. — Pompeia. — Nola. — Les îles du golfe de Naples.

Dans le long parcours de la côte depuis Pouzzoles, la Piscine de Bauli est ce que nous avons vu de plus remarquable et de mieux conservé. C'est un beau et grand monument; on l'appelle Mirabile, et en effet on ne peut qu'admirer cet ouvrage de géants, destiné par Agrippa à approvisionner d'eau potable la flotte impériale. Ce bel édifice, en partie souterrain, est long de deux cents pieds, haut de soixante. La voûte centrale, solide comme le roc, s'appuie sur quarante-huit pilastres placés sur quatre rangs; et formant soixante arcades. Près de là, sont les cent chambres destinées à servir de prison aux matelots de la flotte, ou, pendant les persécutions, aux chrétiens rebelles aux dieux de Tibère, de Caligula et de Néron.

Le roi avait chargé le lieutenant général Filangieri d'accompagner le comte de Chambord dans sa visite des établissements militaires de la capitale; le prince ne pouvait que se féliciter d'un pareil choix. Cet officier général a servi avec la plus grande distinction dans notre armée, et plus tard, dans son pays, sous les ordres de Murat, dont il fut le plus dévoué et le plus habile lieutenant. Il s'est couvert de gloire en 1815, au combat du Panaro où il fut laissé pour mort sur le champ de bataille. Rétabli de ses blessures, la révolution de 1820 le mit de nouveau en évidence : il devint alors gouverneur de Naples. Il était à notre arrivée, directeur général de l'artillerie, et fort en faveur auprès du roi. Cette faveur est justifiée par de grands talents, par un nom illustre dans les sciences et dans les armes. C'est le propre d'un roi légitime d'accueillir, de rechercher les hommes de mérite et de cœur, sans se préoccuper d'antécédents politiques qu'il faut attribuer le plus souvent, à l'entraînement des circonstances, ou à d'impérieuses nécessités de position.

Le prince, accompagné du général, alla voir les troupes dans leurs quartiers, ainsi que les châteaux forts qui défendent la ville, le port et la rade, et d'abord, le château de l'Œuf dont Frédéric II a fait une forteresse. Ce petit fort s'avance dans la mer, à plus de sept cents toises, et communique avec le rivage par une chaussée étroite.

Le château neuf a été construit par le frère de saint Louis. Il renferme un arsenal, l'école d'artillerie, et des magasins d'équipement pour une grande armée.

Le château Saint-Elme, fortifié par l'armée de Louis XII, a fort peu d'importance militaire; il domine, il menace la ville, et lui serait de peu d'utilité contre un ennemi extérieur. A ses pieds est la Chartreuse, construite par Jeanne Ier et par le roi Robert. Ce beau couvent rivalise avec la Chartreuse de Pavie, et l'emporte sur elle par la richesse de ses marbres, par l'admirable beauté de sa situation.

Le comte de Chambord, dans le cours de sa promenade militaire, vit en détail la direction topographique, l'école militaire, l'école d'artillerie, la direction du génie, l'arsenal, la fonderie de canons, et les établissements de la marine.

Plusieurs jeunes gens de l'institut militaire se livrèrent, en sa présence à une dissertation fort intéressante sur certains événements de nos grandes guerres. Nous admirâmes la netteté de leurs idées, et l'extrême facilité avec laquelle ils les exprimaient. L'institut topographique n'intéressa pas moins l'auguste voyageur; il examina en détail les plans en relief des places et les cartes locales. Le directeur, officier distingué, lui offrit une fort belle carte du royaume, ce travail honore le talent des ingénieurs. Henri de France vit ensuite exercer le régiment d'artillerie. Cette belle troupe exécuta avec une grande précision plusieurs manœuvres. Les jeunes gens de famille distinguée qui se destinent à cette arme, faisaient le service de simples soldats, et étaient traités comme tels. Le fils du général Filangieri comptait au nombre des artilleurs qui servirent les pièces de montagnes, organisées par un système aussi facile qu'ingénieux, dont le général est l'inventeur. L'arsenal était dans l'état le plus satisfaisant; ce n'étaient ni les canons ni les artilleurs qui manquaient au royaume des Deux-Siciles, c'étaient plutôt les occasions de s'en servir.

L'armée napolitaine avait fait de grands progrès sous le règne de Ferdinand; elle était bien organisée, bien administrée et généralement bien tenue; ce qui lui manquait surtout, c'était une histoire militaire, c'étaient les traditions de gloire qui constituent, au moins en partie, la force morale des armées.

Le Seraglio ou l'hospice des pauvres, est sans contredit, l'établissement philanthropique le plus remarquable de Naples. Le comte de Chambord l'alla visiter, après avoir vu le collége chinois et le jardin botanique. Ce superbe hôtel a onze cents pieds de façade, et renferme plus de trois mille personnes de tout sexe et de tout âge, occupées, sans exception, d'un travail quelconque. Les divisions de cet établissement sont marquées par l'âge, les dispositions, ou les infirmités de ses habitants. Le prince visita en détail les ateliers, et ils sont nombreux, car depuis l'armurier jusqu'à la fleuriste, tous les métiers sont représentés dans le Seraglio. Les sciences mêmes y sont cultivées avec soin, par les jeunes gens le plus heureusement nés. Les sourds et muets devaient aussi trouver place dans cette maison ouverte à toutes les misères de l'humanité ; ils y sont instruits selon la méthode de l'abbé de l'Épée. Le prince les suivit avec un vif intérêt, dans leurs classes, et leur adressa des questions auxquelles ils répondirent avec une grande intelligence. L'un deux, pauvre orphelin abandonné, regardait depuis longtemps, le petit-fils de Charles X avec une attention marquée, et cédant à son tour au besoin de lui faire une question, il prit le crayon et traça ces mots sur le tableau : « Comment vous appelez-vous? » Le prince lui demanda son crayon, et répondit : « *Henri de France,* et vous? » La réponse ne se fit pas attendre, le sourd-muet écrivit avec un certain empressement : « Je m'appelle *Etienne de Naples!* « Le prince rit beaucoup, et comme lui tous les assistants ; le pauvre Étienne était fort surpris de cette gaieté ; il ne comprenait pas que son nom pût être si divertissant. On lui expliqua, après le départ du prince, quel personnage il venait d'interroger, et son étonnement cessa.

Le Seraglio possède un joli et bien jeune bataillon, absolument semblable à celui de notre ancien prytanée militaire de Saint-Cyr. Tous les âges imberbes s'y trouvent depuis six ans jusqu'à dix-huit; cette jeunesse militaire marchait et manœuvrait admirablement. Le prince s'amusa fort de la gravité des plus petits; tous défilèrent devant lui, et après le défilé, le premier peloton fit la manœuvre des pompes avec une dextérité parfaite. On avait élevé dans la cour un bâtiment en planches qu'on livra aux flammes, les intrépides jeunes gens s'élancèrent au milieu du feu, et ne tardèrent pas à s'en rendre maîtres.

Le comte de Chambord fut fort content de cette belle institution; il en avait remarqué les parties les plus intéressantes. De retour au palais de Chiatamone, il me chargea de faire connaître sa satisfaction au chevalier de Sant-Angelo, surintendant-général de l'établissement, et de le prier de remettre en son nom une gratification aux élèves et aux ouvriers les plus laborieux; « surtout », me dit-il en riant, « n'oubliez pas *Étienne de Naples.* »

Les Studi, ou l'ancienne université, ont été construits en 1587, sur les dessins de Fontana. Charles III et Ferdinand Ier ont agrandi cet édifice; ils y ont placé le musée Bourbon, enrichi des découvertes de Stabia, d'Herculanum, de Pompéi, et de l'héritage de la belle galerie Farnèse, apportée du palais Capo di Monte. A droite, sont les salles consacrées aux objets provenant des fouilles. Ces salles offrent un grand intérêt, un intérêt unique, car nulle part on ne trouve tant et de si curieux monuments du passé. Fragments d'architecture, frises, mosaïques, fresques, meubles de ménage et de toilette, urnes, vases étrusques italiens et grecs, petits bronzes dont le nombre s'élève à quinze mille, statues de marbre et d'airain, toutes les richesses de trois villes souterraines se trouvent en profusion dans ce musée. On y voit jusqu'à des aliments conservés depuis dix-huit siècles : de l'orge, du blé, du pain, de la pâtisserie, des œufs! La vue de ces objets ramène l'esprit à l'époque de cette terrible catastrophe qui surprit trois villes florissantes au milieu des habitudes et peut-être des joies de la vie. Un profond sentiment de tristesse se mêle au grand intérêt de curiosité que fait naître cette partie du musée Bourbon.

Comment ne pas admirer la belle collection des bronzes, et parmi les statues, le beau Mercure assis, un buste de Scipion l'Africain, la Vénus Callipyge, Vénus et l'Amour, Flore, et surtout, comme chef-d'œuvre antique, le sage Aristide, le héros d'Athènes, que le statuaire, par l'animation de son travail, semble avoir rappelé à la vie.

Le musée est divisé, comme celui de Vienne, en plusieurs écoles, et comme le Vatican, il a sa galerie des chefs-d'œuvre. Quarante de ces tableaux d'élite y sont exposés aux regards charmés du public. La bibliothèque royale est riche de plusieurs éditions contemporaines de Guttemberg; il en est de très-remarquables qui datent de 1470, après la découverte des caractères de métal, par Schoëffer. On y voit aussi des titres sur papyrus du cinquième et du sixième siècle, des manuscrits et une Bible du temps de Charlemagne; mais ce qui intéresse le plus dans ce bel établissement, c'est la salle des aveugles. Eux aussi ont leur part des trésors de la science et de la littérature. L'un des bibliothécaires est leur lecteur. Chargé par une administration paternelle d'adoucir l'une des grandes misères de l'humanité, il trouve sa récompense dans les consolations qu'il procure à ces hommes, plus disposés par leur infirmité même, à profiter de ses lectures, et à apprécier ses soins.

Le roi, voulant rendre le séjour de Naples agréable à son neveu, l'engagea à prendre place dans sa loge à tous les spectacles; mais le comte de Chambord se borna à accepter une loge au Théâtre-Français. Il y vit pour la première fois, une comédie de Molière, et les pièces modernes de notre scène. Pour comprendre le plaisir que lui fit ce divertissement, si nouveau pour lui, il faut avoir été éloigné de la France, et privé des jouissances de l'art qui a le plus contribué à étendre au loin la renommée de notre pays!

Le 12 janvier, jour anniversaire de la naissance

du roi, il y eut un spectacle de cour au théâtre Saint-Charles. Cette salle aussi grande que la Scala de Milan, est la plus belle qui soit en Europe. Ce jour-là, elle était resplendissante de lumières. Toute la cour était en grande loge : les princesses étincelantes de diamants, les princes et les premiers dignitaires en uniforme. Les loges étaient garnies de femmes richement parées, et le parterre en entier occupé par des officiers de tous grades, dans le plus brillant costume militaire; c'était vraiment un beau coup d'œil.

Au milieu de tout ce luxe, de tout cet éclat de toilette et de parure, un jeune homme en frac noir, ct sans aucune décoration, occupait unc simple loge aux premières; mais ce jeune homme était l'aîné de cette race auguste dont un rameau régnait sur les Deux-Siciles; aussi, tous les regards se portaient-ils sur cette loge devenue royale par sa présence.

Le château de Portici, que nous visitâmes le jour suivant, fut commencé en 1706, par le prince d'Elbeuf, à qui l'on doit l'idée des fouilles qui ont ressuscité les villes d'Herculanum et de Pompéi. Ce château a été agrandi et terminé par Charles III. La vue y est admirable. D'un côté, le golfe et ses îles, la côte riante de Cellamare; de l'autre, le Vésuve et les collines de Résina. Les jardins du palais sont beaux, mais trop près d'une route poudreuse toujours couverte de promeneurs et de curieux. Le roi y fait faire de grands travaux.

Il habite Portici pendant une partie de la belle saison. Murat affectionnait particulièrement cette résidence; on y a conservé, dans un petit salon, les portraits de Napoléon, de Joseph et des autres membres de sa famille; mais ces portraits font peu d'honneur au peintre. Celui de Murat, par exemple, pourrait décorer une devanture d'auberge, sous l'enseigne du *Tambour-Major*. La mâle physionomie du soldat-roi aurait dû cependant inspirer l'artiste. Il portait à la vérité, un costume singulier et un peu théâtral; mais il l'avait mis, sur les champs de bataille, à l'abri du ridicule. Dans la campagne de Russie, les cosaques, qui avaient chaque matin l'honneur de l'apercevoir aux avant-postes, l'avaient surnommé le roi blanc, à cause de la couleur de ses habits. Le connétable de Bourbon, à l'assaut de Rome, avait aussi choisi un costume blanc, « pour servir, disait-il, de but aux « assiégés, et d'enseigne aux assiégeants ». Je ne sais si Murat avait la même pensée; mais comme le plus souvent les coups frappent à côté du but, les aides-de-camp du vaillant Joachim portèrent plus d'une fois, la peine de la bizarrerie de son costume.

Après avoir visité Portici, nous descendîmes dans les ruines d'Herculanum, sur laquelle Portici est bâtie. A Rome, on voit des temples sur des débris de temples, des palais sur des palais; ici, c'est une ville sur une autre ville, et séparée seulement de cette cité souterraine, par une croûte volcanique de cent pieds d'épaisseur. Nous parcourûmes, éclairés par des flambeaux, ce riche fragment d'un monde depuis si longtemps enseveli. Le théâtre, pavé en beau marbre, orné de fresques bien conservées, témoigne encore aujourd'hui de la magnificence de l'espagnol Balbus qui l'a fondé. Tout dans ces lieux excite un profond intérêt, et tend à rappeler à l'esprit les détails de cette grande catastrophe, telle que l'ont décrite Pline le Jeune qui en fut témoin, et Pline l'Ancien, qui en fut la victime (1).

En rentrant à Naples, le prince s'arrêta sur la place du marché, lieu trop célèbre par les révoltes et les exécutions judiciaires : là périrent Frédéric et Conradin ; là triompha et succomba Mazaniello.

L'église des Carmes est située près du marché; les restes de Frédéric et de Conradin ont été déposés derrière le maître-autel. Nous visitâmes ces tristes reliques de deux jeunes princes qu'une tendre amitié enveloppa dans une même catastrophe.

Élisabeth d'Autriche, arrivée trop tard pour arracher le jeune Frédéric à la politique barbare de Charles d'Anjou, consacra à la sépulture de son fils et de son neveu, l'or qu'elle destinait à leur rançon. Elle leur éleva dans l'église des Carmes un tombeau au milieu d'un deuil général ; car ce meurtre de deux jeunes et braves princes remplit d'indignation et de douleur la population et l'armée française

(1) Pline l'Ancien avait écrit son journal avant de mourir.

elle-même. Un chevalier, dans un accès de colère, tua le bourreau qui avait exécuté la sentence. Dieu se chargea de punir celui qui l'avait prononcée. Charles avait enlevé à l'amour d'une mère un fils brave et généreux qu'avaient épargné les champs de bataille; à son tour, il fut frappé dans la personne de son fils, et mourut de douleur en apprenant sa défaite et sa captivité !

Une partie de chasse que le roi avait préparée pour son neveu, dans le parc de Capo di Monte, procura au prince l'agréable occasion de visiter en famille, cette belle résidence. Comme la Chartreuse, elle domine la ville et le magnifique horizon du golfe. Le parc est fort bien planté; il rappelle, dans quelques-unes de ses parties, les jolis sites du petit Trianon. La galerie Farnèse avait été provisoirement déposée dans ce palais, sous le règne de Charles III; on n'y a conservé que quelques tableaux qui ornent les appartements. Les plus précieux ont été envoyés au Musée.

Le soir, nous retrouvâmes le Roi, la Reine et une portion de la famille royale au bal du cercle de la noblesse. Les commissaires avait prié le comte de Chambord de vouloir bien s'y rendre avec sa suite; il accepta avec plaisir cette gracieuse invitation. Plusieurs Français résidant à Naples y furent aussi invités, sur la demande de M. de la Ferronnays. Cette fois, la diplomatie s'effaça et observa une courtoise neutralité. Les ministres napolitains, les ambassadeurs étrangers, se présentèrent chez le comte de Chambord; un seul crut devoir s'abstenir, ce fut le ministre d'Angleterre!

Les deux jours suivants nous allâmes visiter le Vésuve et Pompéi. Le prince avait invité quelques-uns de nos compatriotes à l'accompagner dans cette excursion. La cavalcade était donc nombreuse en partant de Résina. Nous nous arrêtâmes à la station ordinaire, à la demeure de l'ermite, ce fidèle et intrépide voisin du volcan. Nous arrivâmes assez promptement au sommet de la montagne, mais le ciel, qui avait été superbe toute la matinée, se couvrit de nuages pendant notre ascension. Des vapeurs épaisses, chassées par un vent très-fort, tournoyaient autour de nous, et dérobaient à nos regards, la vue magnifique dont on jouit de ce point élevé.

Le prince voulait voir le nouveau cratère; ses guides hésitaient à l'y conduire; car une épaisse fumée enveloppait le sommet de la montagne; on ne distinguait même plus les objets à dix pas. Le vent envoyait de toutes parts, des flammèches échappées du foyer du volcan; mais le comte de Chambord insista : nous nous dirigeâmes donc, au milieu d'une épaisse vapeur de soufre, vers le cratère de 1838. Après d'assez longs détours, nous arrivâmes à la bouche du nouveau gouffre; il avait la forme d'un vaste entonnoir d'une ouverture assez régulière, et le feu était alors très-près du sommet de la montagne.

On ne saurait rien voir de plus imposant que cet immense cône du Vésuve, labouré, bouleversé par les trente-huit éruptions qui, depuis l'an 63 de notre ère jusqu'à nos jours, ont ouvert sur trente points différents, le front élevé du géant. Quatre villes florissantes ont disparu, sous les torrents de feu et de cendres qui s'en échappèrent, au bruit des tonnerres souterrains, et trois fois Naples en fut ébranlée.

Cependant la nature, dans le vaste laboratoire que recèlent les flancs du volcan, prépare aussi des marbres admirables de blancheur, des pierres précieuses, telles que la majonite, la leucite, la néphalite, les plus magnifiques grenats. Sortis sans s'altérer, des profondeurs de la fournaise, ces riches minerais s'élancent pêle-mêle avec les roches et les tufs calcinés, pour fournir aux minéralogistes un sujet d'admiration et d'études.

En revenant du cratère, le comte de Chambord s'arrêta au sommet du Vésuve, du côté de l'ermitage, pour y attendre qu'un rayon de soleil lui permît de jouir de la magnifique vue du golfe, depuis Mysène jusqu'à Pœstum. M. Taix, directeur de la compagnie des soufres de Sicile, était au nombre des Français qui avaient accompagné le prince. Grâce à lui, nous trouvâmes en ce lieu des rafraîchissements fort bien venus, après la course que nous venions de faire. Il y avait en ce moment, sur le plateau de la montagne, d'autres personnes que nous ne connaissions pas, et qui saisirent cette occasion pour voir l'auguste voyageur. L'une d'elles était un jeune homme de Toulouse, M. d'Estrem, petit-fils de l'intelligent républicain qui, dans le conseil des Cinq-Cents, résista avec tant d'énergie à la révolution du 18 brumaire. Après quelques instants d'une muette observation, ce jeune homme s'approcha de M. de Montbel, ancien maire de Toulouse, et lui témoigna le désir d'être présenté au prince. Le comte de Chambord l'accueillit avec une bienveillance que notre jeune compatriote parut apprécier.

En allant visiter Pompéi, nous nous arrêtâmes un moment à Torre del Græco, huit fois menacé de destruction en moins de deux siècles, trois fois détruit, et trois fois rebâti par ses habitants, plus constants dans leur témérité, que le Vésuve dans ses agressions.

Au delà de Torre dell' Annunziata, soumise dans le passé, aux mêmes disgrâces, la végétation retrouve toute sa richesse; le blé, le cotonnier et la vigne se partagent la culture. De jolies plantations annoncent l'approche de Pompéi, et bientôt, on arrive à l'entrée du faubourg près de la maison de Diomède, qui, seule, suffirait à donner une idée des belles habitations de la ville, car celle-ci a deux étages, sans compter le rez-de-chaussée.

Les fouilles effectuées jusqu'à ce jour, font

présumer qu'un cinquantième seulement de la population a péri. La maison de Diomède, où plusieurs squelettes ont été trouvés, était l'une des plus rapprochées de la campagne du côté de la mer. En sortant de cette habitation, on entre dans la rue des Tombeaux, remarquable par plusieurs monuments que la piété filiale ou l'amitié, ont consacrés par de touchants souvenirs.

L'aspect de cette cité inspire un intérêt bien plus vif que celui d'Herculanum, où l'on ne rencontre que des ruines péniblement arrachées aux cendres amoncelées; ici, c'est une ville, une ville considérable, qui bientôt se développera tout entière, telle qu'elle était sous le règne de Titus. Plus de vingt rues sont aujourd'hui découvertes; les théâtres, le forum et les temples, la basilique, à la fois tribunal civil et bourse du commerce; le trésor public, les casernes, l'amphithéâtre, les auberges, les boutiques, les thermes, tout est intact. Il ne manque à Pompéi que des habitants. Sous le gouvernement de Murat, qui prit une part fort active aux fouilles commencées par le roi Charles III, une très grande dame jugea aussi qu'il ne manquait à cette cité que des citoyens. Elle imagina, dit-on, de peupler au moins quelques maisons, auxquelles on eût laissé leur mobilier. Les nouveaux maîtres, vêtus comme les contemporains de Pline, auraient vécu de la vie des anciens Romains, et parlé la langue de Cicéron. En supposant que ces pauvres masques eussent pu se regarder sans rire, il est douteux que les visiteurs se fussent montrés aussi réservés. Ce projet n'a point eu les honneurs d'une épreuve, le pressentiment seul du ridicule l'a tué en naissant.

On remarque particulièrement à Pompéi, la maison des Vestales, voisine de celle des danseuses, la maison du poëte, et celle de l'édile Pansa. Cette dernière est située au milieu de trois rues; elle est la plus vaste de toutes celles qui ont été découvertes jusqu'à ce jour, et donne une idée exacte de la distribution, et des décorations des habitations romaines.

Rien à Pompéi ne rappelle ces vastes cénacles, *ces atria longa* dont parle Virgile. Il est vrai qu'à Rome ces salles étaient garnies d'armoires destinées à recevoir les statues des ancêtres; elles étaient en outre ornées de toutes les armes, de tous les trophées conquis par la famille, et ces trophées étaient nombreux dans les maisons illustrées par les guerres continuelles de la république. Pompéi, peuplée de modestes colons, possédait moins de ces glorieuses richesses; les armes et les trophées y tenaient peu de place; aussi tout y est en miniature. Un grand nombre de maisons n'ont même que le rez-de-chaussée; mais on y retrouve le détail des grandes habitations.

Des arabesques, des peintures variées, dont le dessin laisse beaucoup à désirer; des fresques, des mosaïques, servent d'ornements aux maisons les plus humbles. Le choix de ces peintures n'est pas toujours irréprochable : il répond mal aux sages précautions du gynécée. Pourquoi réserver une pudique retraite aux jeunes filles, dans une maison où elles ne peuvent faire un pas sans rencontrer d'indécentes images? C'est au moins une contradiction. On trouve à Pompéi la preuve que les Romains se chauffaient au moyen de tuyaux calorifiques, comme l'a dit Sénèque, ou de simples *braseros,* à la manière des Espagnols.

Les maisons sont en général garnies de boutiques, et les rues, pour la plupart, bordées de trottoirs. Il en est peu où deux chars puissent passer de front; elles sont d'ailleurs en harmonie avec l'exiguité des maisons. Il faut croire que les Romains de cette colonie ne recevaient dans leur intérieur qu'un petit nombre d'amis. Ils se réunissaient dans les temples, dans les amphithéâtres, sur les places publiques; c'est ce qui explique le grand nombre des édifices du Forum, à Rome et même à Pompéi. Cette ville, peuplée de 20,000 habitants, avait environ une lieue de circuit. L'ellipse de la ville est aujourd'hui complétement découverte, on a donc pu en calculer la superficie; elle est de cinq mille deux cents hectares. Cette promenade dans une ville ignorée pendant tant de siècles, offre un intérêt bien grand. On y retrouve l'antiquité avec ses

17.

mœurs, ses coutumes, ses lois mêmes, car l'examen attentif des inscriptions et des monuments de Pompéi, équivaut presque à une leçon de doit romain.

Ajoutez à ce vivant spectacle des temps anciens, le souvenir de la terrible catastrophe qui l'a enveloppée, comme d'un linceul, durant dix-sept cents ans, et vous comprendrez que la peinture, sous l'habile princeau de Bruloff, et la poésie sous la plume brillante de Bulwer, aient puisé à Pompéi, d'ardentes et profondes inspirations!

Le directeur des fouilles était venu de Naples, pour attendre le comte de Chambord et faire travailler sous ses yeux, dans un quartier qui n'avait point encore été exploré. Des lampes, des armes, plusieurs meubles curieux furent découverts pendant ce travail, et le lendemain le chevalier de San-Angelo, ministre de l'intérieur, vint offrir au prince, le produit de la fouille exécutée en sa présence.

L'évêque de Nola avait demandé à Henri de France de visiter sa ville épiscopale, ville ancienne, célèbre dans l'histoire des guerres des Romains et des Étrusques, célèbre aussi dans l'histoire de notre temps, car elle fut le berceau de la révolution de Naples en 1820.

Le prince trouva à Nola un régiment de lanciers, dont les officiers lui furent présentés; il en invita plusieurs à déjeuner avec lui. La ville possède un couvent de religieuses dont la clôture est tellement sévère, que les princes seuls de la maison royale ont le droit de la franchir. La supérieure, instruite de l'arrivée du comte de Chambord, le fit prier, par l'organe de l'évêque, de vouloir bien user du privilége de sa naissance pour visiter son couvent, où elle lui avait fait préparer un repas pour lui et pour sa suite. Comment refuser une pareille invitation! Le prince s'y rendit donc avec empressement; mais comme il tenait beaucoup à conserver ses convives du régiment de lanciers, il les emmena tous avec lui, et invita le vénérable prélat à l'accompagner, pour rassurer les religieuses contre l'invasion imprévue, et tout à fait inusitée de son brillant état-major.

L'auguste voyageur rapporta de cette excursion, plusieurs vases d'un grand prix, et d'une haute antiquité; ils lui furent offerts comme souvenir de sa visite; il n'en avait pas besoin pour se rappeler l'excellent accueil qu'on lui a fait à Nola.

Nous visitâmes avec intérêt et en détail, le port de Naples. Il était alors trop petit pour les deux marines; mais des travaux étaient projetés pour l'agrandir, et augmenter ses moyens de défense. Le collége de la marine, l'arsenal, les chantiers de construction, attirèrent aussi l'attention du prince. Les monuments publics à Naples ont peu d'importance, si on les compare aux édifices anciens et modernes de la capitale du monde chrétien; mais plusieurs sont remarquables par leur éclat et leur origine. L'église métropolitaine par exemple, dédiée au patron de Naples, objet de l'ardente dévotion du peuple, et enrichie de ses dons. Saint-Janvier, autrefois Sainte-Restitue, bâti par Charles d'Anjou, sur les ruines des temples d'Apollon et de Neptune, fut ébranlé, deux siècles plus tard, par un tremblement de terre, et restauré par l'architecte Pisani, sous le règne d'Alphonse Ier. Cette église, construite dans le genre gothique, est divisée en huit arceaux qui reposent sur cent dix colonnes de granit égyptien. L'intérieur renferme les tombeaux de dix évêques canonisés, et en face du mausolée de Charles d'Anjou, celui d'André de Hongrie, mari de la trop fameuse Jeanne de Naples. L'épitaphe de ce prince tranche la question historique de sa mort : « A André de Naples ,étranglé par la méchanceté de sa femme! »

Saint-Janvier possède quelques beaux tableaux de Vasari et de Pérugin ; il est décoré avec beaucoup de magnificence ; mais sans intelligence et sans goût. On n'en pourrait dire autant de la chapelle souterraine, ouvrage du Bramante. L'architecte lui a approprié avec beaucoup d'art, les restes du temple d'Apollon. La chapelle supérieure est étincelante d'or et de pierreries ; sa forme est ronde, son parvis est de marbre ; sa coupole, peinte par Lanfranć, repose sur quarante-deux colonnes de brocatelle, et son trésor, renfermé dans la sacristie, est le plus riche, peut-être, de toutes les églises d'Italie. Sans doute le peuple apprécie cette magnificence, mais son trésor à lui, c'est le sang de saint Janvier, recueilli au moment de son martyre, par une pieuse femme, et offert solennellement trois fois, chaque année, à la vénération des Napolitains. La fiole qui le contient est placée derrière l'autel, dans une niche fermée par une porte d'argent. Lorsqu'on approche cette fiole de la tête du saint, le plus souvent le sang s'agite et bouillonne : c'est ce que l'on appelle le miracle de saint Janvier; parfois, le sang demeure immobile et glacé, c'est le signe d'une calamité publique. Alors, le peuple s'émeut, s'irrite, et dans sa folle superstition, menace les prêtres et saint Janvier lui-même, saint Janvier qu'il invoque dans ses dangers et dans ses malheurs!

Le comte de Chambord n'eût pas voulu quitter Naples sans visiter Ischia; cette île, la plus grande du golfe, en est aussi la plus intéressante. Il invita plusieurs de nos compatriotes à l'accompagner dans cette excursion, et partit de très-bonne heure, avec l'intention de revenir le soir même. Les marins de la chaloupe royale, favorisés par un temps magnifique, le transportèrent avec une grande rapidité au but de sa promenade.

La population de l'île est aujourd'hui d'environ 25,000 âmes; elle était beaucoup plus considérable avant l'éruption de 1302. La ville principale est située sur un rocher au haut duquel est la citadelle; elle compte quatre mille habitants. Sa situation est ravissante, comme l'est au reste, celle de tous les bourgs, villages et hameaux de cette terre riante et fertile. Ischia est le siége d'un évêché ; le fort est l'ouvrage d'Alphonse d'Aragon qui avait dépeuplé et repeuplé l'île, en vrai tyran qu'il était. Après la violence, les citadelles; quand on a opprimé, il faut contenir!... Le costume des habitants est fort pittoresque ; mais à Ischia comme ailleurs, les hommes et les femmes tendent à abandonner leur costume national, pour se rapprocher chaque jour, de cette triste et ennuyeuse uniformité que des relations de plus en plus fréquentes tendent à établir entre tous les peuples.

Ischia n'est pas la ville la plus considérable de l'île, c'est Foria, située sur un petit promontoire. Longtemps menacée par les pirates de la côte d'Afrique, cette ville, ainsi que les autres points du littoral, doit à notre conquête d'Alger, la sécurité dont elle jouit aujourd'hui.

XIX.

Retour à Naples et à Rome. — Isoladi Sora. — Le palais Doria. — Départ pour Florence.

Le soir même de son retour à Naples, le comte de Chambord alla chez madame de la Ferronnays, qui avait réuni pour un concert, toute la société de la ville. Le prince, logeant chez son oncle, n'avait pu recevoir à Naples, comme il l'avait fait à Rome; il était donc heureux de profiter de cette occasion, pour entretenir les hommes éminents du pays. Henri de France rencontra chez madame de la Ferronnays, des personnages distingués dans l'État et la diplomatie; cette soirée lui fut donc aussi utile qu'agréable. De belles voix se firent entendre dans cette charmante réunion ; la baronne de Lebzeltern, femme du ministre d'Autriche, l'une des plus grandes pianistes de l'Europe, voulut bien, par une exception gracieuse, nous fournir l'occasion d'admirer son beau talent. Ce fut pour l'auguste voyageur, une fête d'autant plus précieuse, que tous les Français libres d'y paraître, purent le voir et l'entourer.

Nous avions visité ce que la capitale offrait de plus remarquable, et atteint les limites que le prince avait fixées lui-même à son séjour. Nous partîmes donc pour retourner à Rome, en passant par l'Isola, où se trouve un établissement industriel appartenant à un ancien officier supérieur de la garde impériale, M. Lefèvre, qui la veille du départ avait demandé à Henri de France de visiter sa fabrique, le comte de Chambord reçut les adieux de nos compatriotes, et alla prendre congé de la famille royale qui lui avait donné, pendant son séjour, de nombreuses marques d'affection et de sympathie!

« Je suis charmé d'avoir vu Naples, disait-il, « en quittant cette grande et ancienne cité; « mais je préférerais habiter Rome. A Naples la « vie est si bruyante, si extérieure, qu'à peine « s'y donne-t-on le temps de réfléchir. A Rome « on retrouve la vie morale et intellectuelle ; à « Rome, du moins, on peut méditer sur le passé « et s'occuper de l'avenir; à Naples, il faut se « laisser absorber par le présent, ou se condamner « à une profonde retraite. »

Cette capitale, en effet, est comme un camp de Xerxès; trois cent mille individus y vivent en quelque sorte en plein air, dans une agitation perpétuelle; partout le mouvement, le bruit, les plaisirs joyeux, sans que la nuit apporte une trève sérieuse, à l'activité assourdissante du jour.

Des maisons fort élevées à toit plat, et qui par la légèreté de leur construction, semblent braver les dangereux caprices du Vésuve; des églises massives chargées de lourds et riches ornements; plusieurs beaux édifices, quelques vastes places, une large et belle rue, beaucoup de ruelles, des quartiers populeux en amphithéâtre vers la mer, ou de niveau avec elle, un port et des quais encombrés, une fort agréable promenade, un golfe magnifique, un ciel pur et radieux, telle est Naples. Grecs, Romains, Germains et Arabes, Normands, Allemands, Angevins, Français, Espagnols, Autrichiens, s'y sont montrés tour à tour, en triomphateurs et en maîtres, et ces solennités de la conquête ont toutes, moins une, été accueillies comme un spectacle, par un peuple avide d'émotions.

Nous partîmes de Naples le 25 janvier en nous dirigeant sur Bénévent. A peu de distance de la capitale, nous nous éloignâmes de cette direction, pour prendre une petite route fort jolie qui nous conduisit, après huit heures de marche, dans la vallée d'Isola. Ce bourg, fort ancien, est peu considérable par lui-même; l'industrie de M. Lefèvre lui a donné une certaine importance. L'habitation et la fabrique de cet honorable industriel sont situées à un quart de lieue au delà du bourg, sur les bords d'un ruisseau qui serpente au milieu d'un riant jardin. A peine descendu de voiture, le prince alla visiter l'usine, et suivit pendant une heure, les procédés de la fabrication du papier, par le moyen du cylindre et de la machine sans fin. Il y a dans le royaume de Naples deux établissements de ce genre tenus par deux de nos compatriotes; l'un et l'autre ont fait faire de grands progrès à cette industrie.

L'usine d'Isola est tenue avec autant d'ordre que d'intelligence ; le propriétaire est habilement secondé par un jeune ingénieur français, que le comte de Chambord ne tarda pas à apprécier; aussi pria-t-il M. Lefèvre de l'inviter à sa table, pour se procurer le plaisir d'entretenir plus longtemps un homme distingué, qui, par ses connaissances et ses travaux, fait honneur à notre pays sur une terre étrangère.

Le lendemain, le prince monta avec M. Lefèvre, dans une petite voiture de montagne et s'en alla visiter, avant de partir, les lieux les plus intéressants du voisinage. Puis il le remercia de sa bonne hospitalité, et repassa par Isola pour regagner la route de Naples par San-Germano.

Le prince reçut dans cette ville, au pied du Mont-Cassin, les adieux de M. de la Feronnays qui retournait à Naples, où le rappelaient sa famille et le soin de sa santé; tristes adieux, hélas! car bientôt la mort allait frapper cette noble existence, et enlever à nos princes un ami dévoué, à la patrie un de ses plus honorables serviteurs!

Avant de passer la Melfa, nous cheminâmes le long des ruines d'Acquino, berceau de saint Thomas. Au delà de la Melfa, on quitte le pays des belliqueux Samnites, pour entrer dans le Latium. Là aussi est la frontière de l'État pontifical. Le comte de Chambord y trouva un officier et quelques cavaliers, envoyés de Rome par le gouverneur, pour former son escorte.

Le pays, entre la frontière et Frosinone, est arrosé par de belles eaux, et embelli par de riches pâturages. Frosinone est un chef-lieu de légation. Cette ville, bâtie dans une situation riante, couronne une colline enveloppée de vignes et de bois; ce pays est très-fertile, mais trop peu peuplé, pour son étendue et sa richesse.

Le territoire d'Anagni se rapproche des marais Pontins et de l'ancienne route de Terracine, sur laquelle se trouvait Privernum célébrée par Tite-Live. C'était l'une des villes volsques les plus considérables; elle osa faire la guerre aux Romains, et, vaincue, demander à traiter d'égal à égal, avec les vainqueurs qui lui accordèrent le droit de cité.

Le comte de Chambord fut reçu dans la ville des pontifes, comme après une longue absence. Il y trouva à son arrivée, le comte de Syracuse et la princesse sa femme. C'était une heureuse occasion de prolonger de quelques jours cette douce vie de famille dont il avait joui à Naples, pendant trois semaines. La société de Rome se plut à réunir ces augustes princes, et à charmer les derniers moments que le petit-fils de Charles X devait passer dans la capitale des États romains. La veille même de notre départ, la princesse Doria réunit toutes les illustrations, toutes les grandes familles romaines et étrangères, dans son beau et riche palais du Corso; ce fut une fête ravissante, la plus belle peut-être qu'on eût vue à Rome depuis longtemps. Au moment où le fils de France parut à l'entrée de la galerie, l'orchestre fit entendre notre air national : *Vive Henri IV*. Ce fut encore pour lui un heureux souvenir de la patrie.

Une foule élégante se pressait dans les magnifiques salons du palais Doria restauré avec un luxe de bon goût, et enrichi par les chefs-d'œuvre des arts. Le peintre de l'Allemagne, Albert Durer, celui de Naples, Salvator Rosa, tous les grands artistes de l'Italie, et nos deux compatriotes Claude Lorrain et le Poussin, ont orné ce palais de leurs meilleurs tableaux. Le Poussin surtou s'est approprié l'une des belles salles de cette vaste habitation il 'a remplie de ses chefs-d'œuvre.

Le prince, au milieu de l'hospitalité splendide du palais Doria, reçut les adieux de cette noble famille, et de toutes les personnes qu'il avait vues à Rome pendant son séjour.

Le lendemain il prit congé des Français venus à son hôtel, pour lui offrir leurs hommages. Plusieurs l'accompagnèrent à cheval, à une certaine distance de la ville; tous étaient pénétrés du regret de son départ; tous auraient voulu le suivre jusqu'à Florence, où l'attendaient d'autres compatriotes, et de nouveaux témoignages de respect et de dévouement.

Au reste, ce sentiment de regret était général Rome; on y avait espéré que l'auguste voyageur prolongerait son séjour jusqu'aux fêtes de Pâques; on apprit avec peine sa résolution de passer le reste de l'hiver dans sa famille. Les membres mêmes du gouvernement pontifical, qu'on avait supposés hostiles au petit-fils de Charles X, s'associèrent alors au sentiment public.

Comment auraient-ils refusé à Henri de France leur respect et leurs sympathies? Son âme, fortement empreinte de la philosophie de l'Évangile, avait, durant son séjour à Rome, secouru toutes les misères et honoré tous les mérites. Sévère pour lui seul, indulgente pour autrui, sa religion ne peut qu'ajouter au respect que sa personne inspire. Il sait bien qu'aux yeux de certaines gens, l'incrédulité et la licence peuvent être des moyens de popularité, mais cette popularité n'est pas la sienne, il croit que la religion, selon la belle parole de Bossuet, est *un frein que les princes doivent blanchir de leur écume*, et qu'elle est la plus puissante, la seule garantie peut-être, qu'un roi puisse donner à son peuple de sa modération et de sa justice. Indifférents, incrédules, persécuteurs même, quand la mort arrive, pensent souvent à l'instant qui doit suivre, et se rappellent la religion de leur enfance! N'est-il pas plus noble, plus utile à soi-même et aux autres, de ne l'oublier jamais?

« Je suis catholique, disait à Sainte-Hélène « Napoléon; je veux remplir les devoirs que ma « religion impose, et recevoir les secours qu'elle « administre (1). »

Combien de maux il eût épargnés au monde, et surtout à la France, s'il avait pris plus tôt cette grande résolution.

(1) *Derniers moments de Napoléon,* par le docteur Antomarchi, page 118, tome II.

XX.

Laybach. — Gratz. — La Styrie. — Austerlitz. — Olmutz. — La Moravie.

J'étais depuis onze mois éloigné de ma famille; le comte de Chambord voulut bien m'autoriser à partir directement de Rome, pour faire un voyage en France; je ne le suivis donc pas à Florence. Je connaissais cette ville; j'avais visité ses établissements et admiré les trésors de ses musées; mais mon but est de raconter la partie des voyages du prince à laquelle j'ai eu l'honneur d'être associé; ceux que j'ai faits seul n'auraient qu'un intérêt secondaire pour le public, et n'entrent point dans le cadre que je me suis proposé.

Je rejoignis la famille royale trois mois après mon départ de Rome, au moment où le comte de Chambord allait partir pour visiter les États du nord de l'Autriche, la Bavière, la Saxe et la Prusse.

Préwald, à dix lieues de Goritz, dans la direction de Laybach, est le premier bourg allemand de l'Illyrie. Au delà de Préwald, on rencontre Adelsberg et ses grottes prodigieuses; plus loin est Ober-Laybach, dans une position riante sur la rivière qui porte son nom. Voisine de la Save, et placée sur la route de Trieste à Vienne, elle fait un commerce de transit considérable. Siége d'un évêché et d'un commandement militaire, cette ville compte quinze mille âmes de population; on y voit une belle cathédrale, un lycée, un gymnase, une société d'agriculture et des arts, de jolis hôtels, une grande place fort régulière et d'agréables promenades. Laybach fut le siége d'un congrès au commencement de 1821. Les empereurs de Russie et d'Autriche s'y rendirent pour achever, de concert avec le roi des Deux-Siciles, l'œuvre commencée à Troppau. La France voulait prévenir par un moyen terme, l'intervention de l'Autriche : telle était aussi la pensée de Ferdinand Ier, lorsqu'il quitta Naples, pour se rendre à Laybach sur l'invitation des souverains; mais quelle conciliation était possible, entre des puissances résolues à ne rien admettre, et une révolution déterminée à ne rien céder?

Bientôt, la dernière raison des rois renversa l'œuvre d'une insurrection, qui n'eut ainsi pour résultat, qu'une grande effusion de sang en Sicile, et un accroissement considérable de la dette publique.

On passe la Drave à Marbourg, ancien comté, maintenant ville de cercle assez considérable. Trois heures après, on entre dans le bassin de la Murh, rivière rapide qui partage la Styrie en deux parties égales, dans un cours de cent lieues.

Au delà de la Murh, à deux lieues sur la droite de la chaussée de Vienne, est le château de Brundsée, appartenant à Madame la duchesse de Berri. S. A. R. était venue à la poste de Strass, au-devant du comte de Chambord qui ne l'avait point encore vue dans sa nouvelle habitation. Il y rencontra une société nombreuse attachée à la personne de Madame, ou appelée de Gratz, par le désir de le voir et de s'associer aux joies de son auguste mère.

Nous rencontrâmes à Brundsée le comte de Wickembourg, gouverneur de la Styrie, et sa gracieuse femme, fille du comte d'Orsay, le prince et la princesse de Lucinge, la marquise de Pymodan, la comtesse de Quesnay, attachée à Madame, le comte de Monti, son écuyer, le comte de Faucigny, et plusieurs de nos compatriotes que la princesse s'était plu à réunir dans sa belle demeure.

Le château de Brundsée est un quadrilatère à deux étages avec une cour intérieure ; une galerie à arcades vitrées, éclairée sur la cour, communique avec tous les appartements. Celui de la princesse est au second étage, comme les salons qui le précèdent, Madame avait adopté cette disposition, pour se procurer une vue plus étendue; elle est en effet superbe de ce point élevé du château.

Cette habitation est arrangée et décorée avec un goût parfait. Un peintre Italien était alors à Brundsée : la salle à manger de la princesse doit au pinceau de cet artiste ses plus précieux ornements. Madame avait conservé dans l'exil, ce goût intelligent des arts qui naguère assurait au talent dans notre pays, une protection bienveillante et éclairée.

Le château est situé au milieu d'un parc bien dessiné, mais dont l'étendue ne répond point à l'importance de l'habitation. Des promenades extérieures agréables et faciles, de jolis bois bien percés, tendent à faire disparaître cet inconvénient. Après quatre jours passés dans ce château au milieu des plaisirs d'une réunion de famille, Madame partit pour Gratz avec Henri de France, et l'y retint encore pendant trois jours dans l'hôtel qu'elle y occupait alors.

Ce furent trois journées de réception et de fêtes. Les salons de l'hôtel habité par Madame, meublés des mêmes meubles, ornés des mêmes tableaux que son salon des Tuileries, reçurent toute la société de la ville, conviée à une brillante soirée. Le comte de Chambord y rencontra avec un vrai plaisir, le prince Alexandre de Wurtemberg, cousin germain du roi, et alors général-major au service d'Autriche. La comtesse de Wickembourg voulut à son tour, fêter l'auguste voyageur; Madame lui avait donné un spectacle et une scène d'improvisation italienne, la comtesse lui donna un beau bal dans l'hôtel du gouvernement. Les jardins, illuminés avec beaucoup de luxe et de goût, ajoutèrent à la féerie de cette soirée, favorisée d'ailleurs par le plus beau temps. Toutes les personnes considérables de Gratz et des environs furent présentées au prince, pendant son séjour.

Le matin, il montait à cheval pour visiter les environs, et les établissements utiles, fort nombreux dans cette ville, la plus considérable, après Prague, des États allemands de l'empereur.

La cathédrale renferme un monument élevé à Ferdinand II, le plus célèbre, après Charles-Quint, des enfants d'Albert le Sage. Irréprochable dans ses mœurs, doué de sentiments généreux, bon père, bon époux, bon maître, mais ennemi passionné, ce prince sembla se créer à plaisir, des embarras pour les vaincre, des périls pour en sortir avec gloire. Guerre civile, guerre religieuse, guerre étrangère, aucune agitation ne fut épargnée à son règne. Catholique zélé, mais imprudent, souverain généreux, mais avide de conquêtes, il révolta les protestants par son intolérance, et divisa les catholiques par son ambition.

La Styrie n'est connue que depuis la conquête des Romains; elle faisait partie de la Norique et de la Pannonie. Les montagnards descendent des Tauriques; leur costume s'est maintenu dans sa remarquable originalité : un chapeau pointu, en feutre, entouré de rubans verts, orné de plumes d'oiseaux tués à la chasse; une veste ronde ajustée à la taille, par une ceinture de laine ou de soie, à laquelle pend, sur le côté, un étui contenant un couteau et des ustensiles de table; des culottes courtes, des guêtres d'étoffes ou de cuir, le fusil ou le luth à la main : tel est le paysan de la haute Styrie. Sobre, robuste, franc et hospitalier, il est aujourd'hui pour le langage et les mœurs, ce qu'il était au temps d'Othon ou d'Ottocar.

Le comte de Chambord quitta Gratz, pénétré de l'accueil qu'il y avait reçu; il se dirigea sur Bruck, petite ville intéressante par ses usines d'acier. La limite de la Styrie, du côté de l'Autriche, est marquée par une colonne que l'empereur Charles VI a fait élever au sommet du Simering.

Au delà des montagnes, et à douze lieues de Vienne, on rencontre sur la Leïtha, la jolie ville de Neustadt, peuplée de onze mille habitants, et remarquable par plusieurs établissements industriels et militaires. L'académie, instituée par Marie-Thérèse, occupe l'ancien château archiducal, dont la chapelle gothique contient le tombeau de l'empereur Maximilien et la statue en marbre du duc Léopold, tué en 1396 à la bataille de Sempach. Cette action célèbre coûta la vie à un grand nombre de chevaliers allemands, et assura, par l'héroïque dévouement de Winkelried, l'indépendance des cantons suisses.

Les environs de Neustadt sont agréables, et ornés de belles habitations. L'une d'elles a acquis un haut degré d'intérêt : le château de Froshdorf, qui a appartenu à la veuve de Murat, résidence aujourd'hui de nos princes, était naguère le théâtre d'une fête de famille, d'une alliance contractée, comme aux grands jours de la monarchie, entre deux enfants de Louis XIV : heureux augure, touchante cérémonie, dont les pauvres de France ont reçu la première notification !

Depuis que j'ai écrit ces lignes, l'augure s'est réalisé : Henri de France s'est donné une compagne dont le cœur est aussi élevé que la naissance. Un séjour de plusieurs mois auprès de la royale famille, à la suite de cette heureuse union, m'a permis d'admirer les nobles qualités d'une princesse bien faite pour adoucir l'exil de son auguste époux.

Le comte de Chambord se rendit en Moravie par Znaim. Cette ville, peu considérable par elle-même, lui offrait une occasion d'études militaires ; c'est à Znaim que furent tirés les derniers coups de canon de la campagne de 1809.

A son arrivée à Brünn, le prince trouva le général d'Hautpoul, ancien directeur de l'école d'état-major, qui avait été son gouverneur. Après avoir passé quelques jours à Kirchberg avec la famille royale, le général avait rejoint son encien élève en passant par Vienne. Ce fut pour Henri de France une grande satisfaction de revoir un officier aussi distingué, et dont, naguère, il avait apprécié les qualités, les talents et les sages conseils.

Le général d'Hautpoul s'était fait une réputation dans l'artillerie, à un âge où d'autres n'y remplissent encore que des emplois subalternes. Officier d'ordonnance de Napoléon, pendant la campagne de Russie, il avait mérité son estime par des talents, et des qualités que rehaussait encore la plus aimable modestie. La relation de la bataille de Lutzen lui attribue une part bien honorable dans les succès de cette journée ; il y commanda l'artillerie de la garde, comme colonel-major, et dirigea avec une grande habileté les huit batteries dont le feu prépara et soutint l'attaque décisive de Klein-Gærschen et de Bahna (1). Personne mieux que le général ne pouvait donner au prince, sur les champs de bataille de la Saxe, les leçons qu'il allait y chercher.

Le comte de Chambord avait projeté de se rendre directement d'Olmutz à Prague, sans repasser par Brünn; il profita donc de son séjour dans cette ville pour voir ce qu'elle offre d'intéressant. Cette capitale possède de beaux édifices et plusieurs établissements remarquables : le château du Spielberg ; la cathédrale, dédiée à saint Pierre; les Augustins, qui renferment une belle bibliothèque; l'ancien collége des Jésuites, immense édifice dont on a fait une caserne; la maison des états, le musée de l'empereur François, l'ins-

(1) *Traité de tactique de Ternay*, revu et augmenté par Koch, tome 2, pages 670 et 677.

titut des sourds-muets, et le grand hôpital, où toutes les infirmités sont recueillies et soulagées.

Brünn compte plusieurs places, vastes et bien bâties, de belles rues et d'agréables jardins publics; elle était défendue par une enceinte qui est en grande partie disparue. Les remparts sont aujourd'hui remplacés par des promenades; on achevait alors de les démolir, et avec leurs matériaux on élevait de jolies maisons et des édifices utiles. On a suivi à Paris un système tout différent : on a construit des remparts avec les habitations qu'on a rasées !

L'empereur François, retiré à Brünn après l'occupation de Vienne par notre avant-garde, en 1805, en partit pour Olmutz, le lendemain de l'arrivée d'Alexandre et de la nomination de Koutusoff au commandement de l'armée austro-russe. Deux jours après leur départ, Napoléon entrait à Brünn.

Fiers des souvenirs de Souvarow et de Novi, les Russes n'avaient jusqu'alors, cédé le terrain qu'en frémissant. La retraite sur Olmutz les avait indisposés contre Koutusoff, et cependant, en temporisant, en voulant marcher au-devant de ses réserves, il avait fait preuve d'intelligence et de sagesse. Les plus ardents l'accusaient de faiblesse, de lâcheté même ! L'exemple de cette injustice n'était pas nouveau : comme Fabius après le désastre de Trasimène, Koutusoff aurait pu répondre aux présomptueux qui l'entouraient : « Je serais vraiment un lâche, si la crainte de « quelques railleries me faisait manquer aux rè- « gles du bon sens et de la prudence. » Cependant il fallait amener le vieux capitaine à livrer bataille; la tâche était difficile. Napoléon y travailla avec habileté, et y réussit avec bonheur.

La victoire d'Austerlitz fut décisive. François découragé par ce grand revers, demanda une trève; Alexandre accepta une convention, pour rentrer en Russie. Le cabinet de Vienne obtint la paix, mais quelle paix ! L'Autriche en fut humiliée, la Prusse déconcertée, l'Angleterre en frémit, et Pitt en mourut de chagrin.

Le comte de Chambord éprouvait un vif désir de voir le théâtre d'une victoire qui a fourni une si belle page aux annales militaires de son pays. Nous partîmes donc de fort bonne heure, pour consacrer la matinée entière à cette intéressante excursion. Deux officiers de cavalerie de la garde, MM. du Plessis Bellière et de Carné étaient venus la veille de Vienne, offrir leurs hommages au prince; il les invita à le suivre, dans sa promenade d'étude. Le temps était superbe; en retrouvant, après trente-cinq ans, ce beau champ de bataille, nous retrouvions aussi le soleil d'Austerlitz.

Henri de France mit pied à terre sur la chaussée d'Olmutz, en face du Santon. Nous montâmes sur cette petite colline, d'où l'on découvre toute la partie du terrain qu'occupaient, au commencement de l'action, la garde, les grenadiers, la cavalerie, les corps de Lannes et de Bernadotte.

Nous parcourûmes ensuite la partie du champ de bataille où les cuirassiers d'Hautpoul et de Nansouti, chargeant sur une seule ligne, renversèrent dans leur course, tout ce qui osa braver leur choc. Le général d'Hautpoul commandait alors une section de l'artillerie de son cousin; il avait vu les effets de cette belle charge; il en retrouvait en quelque sorte la trace dans la plaine de Blasowitz. Le prince s'arrêta en face de Sokolnitz, au lieu où le général Langeron, pressé de revenir sur ses pas, pour appuyer la défense de Prazen, soutint un combat si funeste à sa division. De là, nous gravîmes le plateau de Prazen en passant par le village qui fut le théâtre d'une action très-chaude. Du haut du plateau, on domine tout le champ de bataille : l'accès en est difficile; les Russes le défendirent pendant deux heures; mais ils furent enfoncés par les divisions Vandamme et St-Hilaire; cette dernière enleva le village sur les pas de son chef.

« Le général St-Hilaire, dit à cette occasion, « le bulletin officiel, blessé au commencement « de l'action, est resté toute la journée sur le « champ de bataille; il s'est couvert de gloire. »

Les généraux Kellerman, Compans, Sébastiani, Walther, Thibaut, Rapp, furent aussi blessés dans l'action; le général Walubert y périt;

mais l'armée alliée compta neuf généraux et 25,000 hommes hors de combat.

Nous cherchâmes vainement dans la vallée, au delà de Prazen, les étangs de Telnitz et de Satschan, où les Russes firent des pertes considérables. Les étangs sont transformés en riantes prairies qui enrichissent aujourd'hui ces villages ébranlés jadis par nos boulets. Le prince était charmé de sa matinée; il s'éloignait de ces champs glorieux, pénétré des grands souvenirs qu'il venait d'y recueillir, heureux et fier d'avoir pu visiter ce théâtre de la valeur de nos troupes, et du génie de leurs généraux.

Olmutz est une place de guerre dont le gouvernement autrichien augmentait alors les moyens de défense par l'établissement d'un fort construit en avant de l'enceinte.

Cette ville a renfermé, durant trois ans, un prisonnier d'État célèbre dans notre histoire, le général Lafayette, inférieur aux événements par son caractère, supérieur par sa probité, aux hommes qui s'y mêlèrent avec lui.

Nous avions trouvé à Brunn et à Austerlitz les traces d'un grand génie français; nous rencontrâmes à Olmutz celles du plus habile capitaine du siècle précédent. Le grand Frédéric, vainqueur à Molwitz, occupa cette forteresse en 1741, et ne l'abandonna alors que pour livrer à Charles de Lorraine, la bataille de Czaschau si honorablement disputée par les Autrichiens.

XXI.

Kœniggratz. — Prague. — Pilsen. — La Bohême. — Nuremberg Ratisbonne. — Ingolstadt.

Nous venions de traverser, jusqu'à Zwittau, une belle partie de la Moravie, où le prince de Lichtenstein a de vastes propriétés. Ce seigneur est à la fois le plus petit et le plus riche de tous les souverains de la Confédération; son État nain n'a d'équivalent et de rival possible, que la république de Saint-Marin.

Ses possessions privées ont cent fois plus d'étendue que sa souveraineté. Il entretiendrait à lui seul une armée, si ses domaines étaient bien administrés; mais c'est l'inconvénient des grandes propriétés en Moravie, et en Bohême surtout, d'être dévorées par une nuée de sauterelles qu'on appelle administrateurs, et de ne rendre, d'ailleurs, par la culture, qu'une faible partie de leur valeur.

A Hohenmauth, le prince quitta la route de Prague, pour se diriger vers le nord; son intention était de visiter la forteresse de Kœniggratz, l'une des plus considérables de la monarchie. Il avait passé à Brünn et à Olmutz dans un grand incognito, il n'en fut pas de même à Kœniggratz; car nous n'aurions pu voir avec fruit cette belle place sans le concours des autorités militaires. Le feld-aréchal-lieutenant comte Fitz-Gerald et tous les fonctionnaires civils et militaires attendaient l'auguste voyageur; ils lui furent présentés à son arrivée. Peu d'instants après nous allâmes voir l'arsenal, les fortifications et les troupes dans leurs quartiers. Le soir le prince se rendit chez madame de Fitz-Gerald; il y trouva la société réunie et la plus gracieuse réception. Le comte de Chambord passa un jour entier à Kœniggratz. La ville a été prise deux fois par Frédéric II; il vint y établir son camp en 1758, après sa retraite de Moravie.

En quittant cette ville, nous nous dirigeâmes sur Prague par Podiebrad et Brandeis.

Brandeis est une jolie petite ville fort agréablement située sur l'Elbe, près du confluent de l'Iser; elle possède un château impérial fort modeste qu'a habité madame la duchesse de Berry. Le maréchal de Schwerin passa l'Elbe à Brandeis, au mois de mai 1757, à la tête de 35,000 hommes; il allait rejoindre Frédéric pour livrer, de concert avec lui, cette sanglante bataille de Prague, qui devait être sa dernière victoire.

Le comte de Chambord, à son arrivée à Prague, reçut les autorités civiles et militaires ainsi que le prince Windisch-Graëtz, commandant-général de la Bohême. Ce personnage, par ses formes distinguées, par son ton à la fois poli et réservé, était le type du grand seigneur militaire. Chef d'une famille médiatisée et fort ancienne, dont son nom indique l'origine, il exerçait, avec autant de noblesse que de capacité, l'un des plus grands commandements de l'empire.

Nous avions, pour bien connaître Prague, un guide sûr, c'était le comte de Chambord lui-même; il y avait passé trois ans, et sa mémoire n'avait oublié aucun détail digne d'attention. Il ressentait même un vif plaisir à chercher la trace du passé, à nous conduire partout où il avait éprouvé quelqu'émotion, partout où l'appelait un souvenir, ou un épisode de son éducation. La première promenade dans Prague eut pour but le palais du Hradschin, que le roi Charles X avait habité cinq ans auparavant.

Le pont sur la Moldaw qui conduit de l'ancienne ville dans la petite, où le palais est situé, est un beau monument antique. Ce pont, long de 450 mètres, repose sur seize grandes arches; il date de 1558. Par exception singulière dans le siècle où il a été construit, il est presque plat et ses trottoirs sont ferrés. Comme le pont Ælius, à Rome, il est décoré de plusieurs statues de saints, et orné d'une chapelle dédiée à saint Jean-Népomucène.

Cette chapelle est bâtie à l'endroit même où le saint fut jeté dans la Moldaw, par l'ordre de Wenceslas, jaloux de la reine sa femme, dont Népomucène avait refusé de lui révèler la confession. La petite ville communique par une pente fort rapide avec le Hradschin, où s'élève en quelque sorte une troisième ville ; car la place qui est devant le château est ornée d'un grand nombre de maisons et d'hôtels splendides. Le palais de Lichtenstein, celui du grand-duc de Toscane et l'évêché, sont les trois plus beaux édifices de cette place ; la ville tout entière en offre peu d'aussi considérables.

Le prince était impatient de revoir l'ancienne habitation de sa famille ; nous commençâmes donc la visite du palais par l'appartement que lui-même avait occupé. De ce point élevé et admirablement situé on jouit du panorama si varié de Prague. On découvre ses quatre villes, ses nombreux palais, ses cent églises, ses couvents, ses remparts, sa rivière sinueuse, ses deux ponts, ses îles vertes, et les rochers de Wischerad. En parcourant son ancien appartement, le comte de Chambord se trouvait au milieu des souvenirs de ses études. « Voyez, nous dit-il en entrant dans son « ancien cabinet de travail, j'ai passé ici de rudes « moments entre Cicéron, Tacite, Cormontaigne, « Legendre, Cuvier et Cassini. Regardez cette « table comme elle est ciselée de coups de canif et « de figures bizarres que je traçais complaisam- « ment tout en étudiant mes leçons. J'en serais

« vraiment honteux, si je ne me rappelais que les « graves députés hongrois ne traitent guère mieux « la table sur laquelle ils élaborent leurs lois. « Pour moi, du moins, je n'avais que treize ans, et « ne prétendais en aucune manière aux honneurs « de la législature. » En effet, en passant à Presbourg, nous avions remarqué les tables de la salle des députés, c'est un vrai musée de caricatures sur bois ; il prouve que les Lycurgues de la diète hongroise cherchent volontiers, dans la culture des arts grotesques, une distraction à leurs graves travaux.

L'une des salles destinées aux délibérations du conseil de régence dans le Hradschin, a été, en **1618**, le théâtre d'un événement tragi-comique qui a donné naissance à la guerre de Trente-Ans. Du vivant de l'empereur Mathias, et peu de temps après qu'il eut couronné lui-même Ferdinand II roi de Bohême, les protestants creusèrent les fondations d'un temple sur les terres de l'abbé de Braunau ; un édit impérial survint pour empêcher la continuation de ces travaux. Les religionnaires protestent, se réunissent à Prague, et se présentent en force au conseil de régence. Les conseillers veulent justifier l'édit impérial ; mais les révoltés, en proie à la plus violente exaltation, s'emparent des conseillers Slavatka et Martinitz, du secrétaire Fabricius, et les précipitent d'une hauteur de quatre-vingts pieds, par la fenêtre de la salle de régence dans les fossés du château. Depuis longtemps on y jetait les papiers inutiles aux archives : ce dépôt amoncelé leur sauva la vie. Étourdis, mais stimulés par le danger, ils se relèvent, courent vers le palais Lobkowitz et pénètrent jusque dans le salon où se trouvait alors la princesse. Un mot lui suffit pour apprécier le péril, un instant pour le conjurer; Slavatka et Fabricius prendront les habits de ses valets, et se pénètreront de leurs fonctions. Restait Martinitz, le plus petit des trois et le plus considérable par son rang. Le temps pressait, déjà l'émeute grondait au dehors, la princesse n'hésite pas; elle portait alors une de ces robes monumentales dont l'aspect seul ajoute à nos respects pour nos grand's-mères; elle s'assied gravement sur son fauteuil de châtelaine, entr'ouvre sa robe, et fait signe à Martinitz de s'y blottir. Les réformés arrivent, introduits par Fabricius et Slavatka. La princesse les reçoit avec majesté, et répondant sans s'émouvoir à leurs questions : « Si vos ennemis sont chez moi, dit-elle, vous les y trouverez; cherchez, mon palais vous est ouvert. » Ils cherchent en effet, ne trouvent rien, et se retirent mécontents et confus.

Le château a vu réunis en 1813 les souverains d'Autriche, de Russie et de Prusse, à la fin du congrès qui précéda la bataille de Dresde. Le but apparent de cette réunion de diplomates était d'en venir à la conclusion d'une paix qui, laissant à Napoléon un empire encore respectable, assurât cependant l'affranchissement de l'Allemagne, impatiente du joug français. L'Autriche, dans cette occasion, jouait le rôle de médiatrice armée à la tête de 80,000 hommes ; il était évident qu'elle ferait pencher la balance du côté où elle se porterait. Napoléon ne parut pas le comprendre; il différa sous un vain prétexte, l'envoi d'un plénipotentiaire. Il injuria l'Autriche; il l'accusa de prostituer sa médiation, et ferma les yeux sur les dispositions hostiles de la nation allemande. Seul contre trois, seul contre dix, car ses alliés douteux s'apprêtaient à le combattre, il sembla se croire encore à Tilsitt ou à Erfurt, et maître de donner la loi à l'Europe.

A la suite du palais de l'empereur, et sur la même ligne, est celui des chanoinesses de Saint-Georges. L'abbesse est ordinairement une archiduchesse; les dames sont choisies dans les familles nobles recommandables par leurs services; elles ont une maison montée aux frais de l'empereur, et jouissent de plusieurs priviléges de cour.

La cathédrale, dédiée à saint Veit, est un monument gothique, mais inachevé comme l'église de Beauvais; les Suédois l'ont en partie brûlée dans la guerre de Trente-Ans. C'est à Saint-Veit, dans l'une des chapelles du temple, qu'a lieu le sacre des souverains. L'église, assez petite déjà, est encore encombrée par de nombreux monuments. Le tombeau de saint Jean est élevé de vingt pieds au dessus des parvis. Comme les figures qui l'environnent, il est tout entier en argent massif. La cathédrale est remarquable par son antiquité, par la richesse de ses ornements, de son trésor, par la beauté de ses murailles et de ses voûtes, par l'arcade élégante et hardie qui joint le clocher à la nef.

La bibliothèque, le cabinet d'histoire naturelle et des médailles, moins précieux que ceux de Vienne, sont dignes cependant d'une grande ville qui n'a d'une capitale que le nom.

Hors de l'enceinte du Hradschin, est un établissement d'artillerie, et, plus loin, la partie des remparts comprise dans le front d'attaque du grand Frédéric en 1744. La ville avait alors 15,000 hommes de garnison, elle ne résista que trois jours. Il était réservé aux Français de donner au moins à cette capitale l'importance d'un bon camp retranché, par la longue et glorieuse défense qu'y fit notre armée en 1742. Deux mois de blocus et de privations de toute espèce; un mois de tranchée ouverte et de combats glorieux; une population hostile de 80,000 âmes contenue et ménagée; soixante mille Autrichiens et Hongrois munis de cent gros canons, obligés de lever le siége devant vingt mille hommes; une ligne de blocus forcée; une retraite devant une armée supérieure entreprise par un froid rigoureux, achevée sans perdre un canon ou un drapeau; tel est le sommaire de cette défense qui honore deux maréchaux de France et leur armée. Frédéric l'avait jugée impossible : « Si M. de Bro-

« glie se tire de là, avait-il dit, il méritera une « ode de ma façon. » M. de Broglie s'en est tiré, et après lui, M. de Bellisle, d'une position plus difficile encore. « Cette brave armée, dit l'historien « allemand de la guerre de Bohême, a fait tout ce « qui se peut humainement, par sa valeur dans « les combats, sa constance dans les travaux, sa « patience à supporter les plus affreuses calami- « tés. On voit quelquefois le même courage, la « même résolution dans quelques hommes, mais « dans toute une armée c'est un exemple unique « je crois. Je ne m'étonne plus qu'on se ligue « contre une puissance qui commande à de pareils « hommes. »

La petite ville contient les palais de Nostitz, de Lobkowitz, du gouvernement et de Waldstein ; le premier, remarquable par sa collection de tableaux, et le dernier par les souvenirs du personnage qui l'habita. Le palais de Waldstein, aujourd'hui fort négligé, a conservé les traces d'une représentation royale.

Le manége de ce palais est très-grand; c'est là qu'Henri de France a reçu du fidèle comte O'Hégerty ses plus sérieuses leçons d'équitation. « Vous « voyez ce manége, nous disait-il en souriant à ses « souvenirs, eh bien! j'y ai reçu d'excellentes le- « çons de philosophie. Que de fois, les bras croisés « derrière le dos, j'ai franchi les barres au galop, « sur un malin petit cheval que j'aimais beaucoup « en dépit de ses malices! Il manquait rare-

« ment de me jouer de ces tours qui m'obli-
« geaient à me servir de mes jambes, non plus
« pour le conduire, mais pour le rattraper. Eh bien !
« je me remettais en selle, je tentais de nouveau la
« fortune de l'équilibre, et, à force de défaites,
« j'ai fini par triompher. J'ai donc appris ici, à
« mes dépens, qu'avec la volonté et la persévé-
« rance, on surmonte toutes les difficultés. »

L'arsenal est aussi dans le petit côté de la ville; il renferme un grand nombre d'armes et quelques trophées : nous y avons vu un drapeau français aux trois couleurs, couvert de fleurs de lys; il était tombé entre les mains des Autrichiens, au commencement de la guerre de 1792.

L'université et l'hôtel-de-ville sont deux monuments remarquables de la vieille ville : l'université a été fondée par Charles IV, en 1347; Jean Huss fut l'un de ses professeurs; l'hôtel-de-ville remonte à la même époque. Après le départ du maréchal de Bellisle et de son armée pour Egra, Chevert, resté à Prague avec cinq mille malades et un bataillon valide, reçut à l'hôtel-de-ville les envoyés du prince Lobkowitz, qui le sommait de se rendre à discrétion. Chevert, assis sur un baril de poudre, et entouré des notables de Prague, dicte à son tour ses conditions. L'incendie de cette capitale allait être la conséquence d'un refus, car on le savait homme à tenir parole. On lui accorda, sans plus marchander, les honneurs de la guerre.

Prague compte cent vingt mille habitants, et

un grand nombre d'établissements publics et privés. Son Académie des sciences jouit d'une considération méritée; trois gymnases, trois grandes écoles et vingt écoles paroissiales y répandent l'instruction parmi la jeunesse. Cette ville est le grand entrepôt du commerce de la Bohême; elle doit son avantage à sa position centrale, à la Moldaw et au chemin de fer qui relie Dresde à Vienne.

Le prince se plut à parcourir les belles allées de Dubetsh, où il s'était si souvent promené à cheval dans son enfance; puis, remontant sur le plateau couvert de jolies maisons de campagne, il rendit visite à la princesse Windisch-Graëtz, qui s'y trouvait momentanément avec ses enfants. La princesse était la fille aînée du prince Joseph de Schwartzemberg; aux vertus qui font respecter la mère de famille, elle joignait les grâces et l'esprit qui la font aimer. Le lendemain, nous la revîmes dans la ville, où elle vint faire au comte de Chambord les honneurs de sa maison. Nous y rencontrâmes le prince Camille de Rohan et sa charmante femme, née princesse de Lœwenstein. Le prince Camille jouit en Bohême d'une fortune considérable, et d'une grande considération. Par la noblesse de son caractère et de ses sentiments, il s'est assuré le droit de prononcer partout, la tête haute, la devise de sa maison : *Rohan suis.*

La veille de son départ, le comte de Chambord, répondant à l'invitation du commandant général, alla voir manœuvrer douze mille hommes des trois armes, réunis dans cette même plaine où le maréchal de Broglie établit jadis son camp de défense. Nous y vîmes un fort beau régiment de cuirassiers. Les troupes étaient bien tenues, elles manœuvrèrent avec ensemble; l'artillerie mérita les éloges du général d'Hautpoul, qui se plut à adresser au commandant général ses félicitations sur la tenue et sur l'instruction de cette troupe.

Nous quittâmes Prague le 16 septembre, pour aller à Nuremberg en passant par Pilsen, ville de cercle, place fortifiée entre les rivières de Mies et de Rabudza. C'est à Pilsen que Waldstein prépara sa dernière révolte, et à Egra qu'il la paya de sa vie. Pilsen devait communiquer avec Prague par un chemin de fer. Le tracé de cette route est dû à un ingénieur français qui jouit en Bohême d'une grande considération, M. Barande, attaché pendant plusieurs années aux études du comte de Chambord, et qui depuis l'a suivi dans son voyage en Angleterre et lui a été partout et toujours fort utile. Le prince fut heureux de le retrouver à Prague, et de lui donner des témoignages de sa reconnaissance pour la part qu'il a prise à son éducation.

Après avoir traversé, au delà de Telnitz, la chaîne des monts Bohm-wald, nous entrâmes dans le pays d'Amberg, centre des opérations de nos armées en 1743 et en 1796.

Nous arrivâmes à Nuremberg le 18 septembre. Le nom de cette ville résume l'histoire de l'Allemagne au moyen âge; aujourd'hui encore, elle offre de nombreuses traces du passé. Comme Venise, elle remonte à Attila; comme elle, Nuremberg s'est formée de familles en fuite devant le fléau de Dieu; ses lagunes ont été la colline alors inexpugnable, où s'élève le vieux château des empereurs. Déjà considérable au temps de Charlemagne, Nuremberg devint chrétienne sous l'influence de ce terrible missionnaire. Elle appartint à l'empire, aux ducs de Souabe et de Franconie, puis elle compta parmi les villes libres impériales. La famille royale de Prusse descend de Frédéric de Hohenzollern, l'un des burgraves de Nuremberg.

Cette ville, où les empereurs présidaient la première diète après leur couronnement, n'est aujourd'hui, malgré son importance, qu'un chef-lieu de district du cercle de Rezat, compris dans le royaume de Bavière. Sa population s'élevait à 80,000 âmes avant le traité de Munster; elle est aujourd'hui réduite de moitié. Son commerce, le plus considérable de l'Allemagne après celui de Hambourg, avait beaucoup perdu par l'établissement des manufactures d'Anspach et de Bayreuth; depuis la paix, il fait de louables efforts pour se relever. Nous avons pu, le jour même de notre arrivée, apprécier les progrès de son industrie, en visitant les deux hôtels où ses produits étaient exposés. Instruments de musique et de science, machines pour les arts et métiers, soieries, draps, papiers, aciers, fers, orfévrerie, bijouterie, horlogerie, objets manufacturés de toute sorte, nous avons retrouvé à Nuremberg notre exposition centrale, en miniature sans doute, mais telle qu'aucune de nos villes de troisième ordre n'en saurait présenter d'aussi complète. Le prince, dans le plus strict incognito, employa une grande partie de la matinée à visiter l'exposition. Quelqu'un prononça son nom, avant qu'il eût terminé sa visite, il devint, aussitôt de la part des marchands, l'objet d'un empressement qui lui valut des explications et des détails utiles sur certains produits du pays. Les établissements littéraires et les écoles de Nuremberg sont justement célèbres; son gymnase est bien tenu, son musée et sa bibliothèque sont remarquables.

Saint-Sebalde est l'une des plus grandes églises de la ville. On y admire, avec la chapelle souterraine, le tombeau du saint, chef-d'œuvre de Pierre Vischer; plusieurs tableaux de Jean de Kulmbach, de Wolgemuth, de Durer, de Creutzfelder, de fort jolis vitraux, et de nombreux détails de sculptures dues à Adam Kraft.

Saint-Laurent, plus grand que Saint-Sebalde, possède de très bonnes peintures sur verre de Volckamer; nous y avons vu une lampe perpétuellement allumée, par suite d'une fondation catholique, et que les protestants de Saint-Laurent entretiennent avec un soin religieux.

Le palais impérial remonte, dit-on, au Xe siècle. C'est un château-fort et un monument gothique; les empereurs y tinrent leur cour, à une époque où le luxe n'avait point encore envahi l'Allemagne. Les appartements sont fort petits, et d'une extrême simplicité; leur unique décoration est une galerie de peintures que le roi a enrichie de plusieurs tableaux.

Un arbre séculaire, dont l'origine, un peu suspecte peut-être, remonterait à la bulle d'or, s'élève, sur de profondes racines, dans la cour du château : est-ce à ce vétéran des jardins que le roi Louis a adressé ces vers dont cette vieille charte lui inspira la pensée : « Tu répands sur « nous une ombre bienfaisante, cependant tu « es creux dans ton intérieur; la vieillesse a « consumé ta force; tu parais encore vigoureux, « et tu ne peux résister aux coups redoublés « de l'orage : image fidèle de notre constitu- « tion qui a dû périr aussi? »

Le comte de Chambord alla voir, après la résidence des souverains, la maison d'Albert Durer, puis il admira le beau portrait de cet artiste que conserve la famille Holzchuher. Albert Durer personnifie l'art allemand : élève de Michel Wolgehmuth, il surpassa son maître, comme Raphaël a surpassé le Pérugin.

La ville renferme plusieurs galeries et collections curieuses d'objets d'arts ou d'antiquités; celle de Furth est une des plus intéressantes; nous

nous y rendîmes par le chemin de fer qui place les deux villes à dix minutes l'une de l'autre.

Dans l'enfance de l'art des siéges, Nuremberg a pris rang parmi les places fortes de l'Allemagne; elle a conservé ses hautes murailles, ses vieilles tours, ses quatre grandes portes surmontées de leurs bizarres pyramides. Sa campagne, souvent ravagée par la guerre, fut, au commencement du XVIIe siècle, le théâtre d'une terrible bataille entre Gustave-Adolphe et Waldstein.

En quittant Nuremberg, nous nous dirigeâmes sur Ratisbonne, qui fut aussi le siége de l'empire, et le quartier de Charlemage au début de la guerre des Huns, et pendant ses campagnes de Saxe. La diète y tint ses réunions depuis 1632 jusqu'en 1806, époque de la dissolution de l'empire germanique.

Cette ville, entourée de vieilles murailles, fut facilement forcée, en 1839, et le faubourg, au delà du pont, brûlé par les obus. Comme il arrive d'ordinaire après un incendie, ce faubourg est devenu la plus belle partie de la ville. Le colonel Coutard, laissé à la garde de Ratisbonne, par le maréchal Davoust, la défendit à outrance avec son régiment. Sa défense fut l'un des brillants faits d'armes de cette guerre.

En sortant de l'hôtel de ville nous allâmes visiter la collection de tableaux du prince de Tour-et-Taxis, chef d'une grande famille qui a compté le Tasse parmi ses membres. Cette collection est remarquable surtout par le choix des tableaux modernes.

Le but d'excursion le plus intéressant dans les environs de Ratisbonne, est le temple que le roi de Bavière a fait élever, sous le nom da Walhalla, aux grands hommes de l'Allemagne. Le comte de Chambord consacra une matinée à l'examen de ce monument. On y monte du côté du village de Haufen, par une jolie promenade tracée dans la colline dont le plateau forme l'assiette du temple; il est bâti sur un rocher escarpé qui domine de trois cents pieds la rive droite du Danube, vis-à-vis de l'antique château-fort de Hauffburg, et s'élève sur trois terrasses surperposées qui communiquent ensemble, par un large escalier de marbre blanc, deux fois divisé en deux branches. Autour de l'enceinte intérieure du temple, se développe une belle frise œuvre de M. Wagner; cette frise est ornée de sculptures représentant les faits les plus remarquables de l'histoire ancienne de l'Allemagne, jusqu'à saint Boniface qui sacra Pepin le Bref, et prêcha l'Évangile aux Allemands.

Par son style, par sa frise ornée de triglyfes, le Walhalla rappelle le Parthénon. Cinquante-deux colonnes en forment les portiques; les deux frontons encadrent des sujets historiques animés chacun par quarante-deux figures de six à douze pieds de haut en ronde bosse, dont quelques-unes sont en relief et complétement isolées. Ces sujets rappellent, l'un la libération de l'Allemagne, en 1813, par les armées coalisées sous les ordres du prince de Schwarzemberg; l'autre, l'affranchissement de la Germanie par l'Arminius de Tacite, par l'Herman de Klopstock. Herman, jeune et vaillant guerrier, immolé par les siens, au sein même de son triomphe, avait fait trembler Tibère, et hésiter Germanicus.

L'auteur de la *Messiade* a célébré la gloire, les malheurs et l'apothéose d'Herman. Voyez, dit-il dans son chant des bardes,

> Voyez dans Walhalla, sous l'ombrage sacré,
> Ce vieillard, ce héros de héros entouré,
> Siegmar tient à la main la palme du courage;
> Pour recevoir son fils il s'avance, un nuage,
> Un pénible regret attriste son accueil :
> Son Herman n'ira plus au Capitole en deuil,
> Devant le tribunal des maîtres du tonnerre,
> Juger Rome vaincue, et condamner Tibère.

Le comte de Chambord, avant d'aller à Munich, voulut voir Ingolstadt, lieu célèbre dans l'histoire militaire. Tout le terrain qui se trouve entre cette ville, Donawert, Landshut et Ratisbonne, lui offrait un vif intérêt. Ces lieux furent illustrées par les manœuvres de Guébriand et de Villars; il le fut encore en 1809 par la bataille de Than et par celle d'Ekmuhl qui fit tant d'honneur au maréchal Davoust. Ingolstadt a été le berceau d'une association diversement célèbre, la franc-maçonnerie, et le tombeau de plusieurs illustres personnages.

XXII.

Munich. — Augsbourg.

La capitale de la Bavière où nous devions faire un long séjour, est située sur la rive gauche de L'Isaar rivière torrentueuse et innavigable. Son importance historique date d'Henri le Lion; elle n'était alors qu'un bourg; un siècle plus tard, Louis le Sévère en fit une ville. L'empereur Louis en fit une capitale. Cette ville doit beaucoup au roi Maximilien Joseph et plus encore au roi Louis. Ce prince voyageur et artiste a visité et mis à contribution, tous les pays qui pouvaient enrichir le sien, et lui fournir des modèles. Il a inspiré et encouragé royalement des hommes dignes, par leur talent, de seconder son goût pour les arts, et de répondre à sa pensée, à la fois patriotique et chevaleresque. Nous arrivâmes à Munich le 25 septembre. La famille royale était absente.

Le roi, la reine et les princesses passaient la fin de la belle saison à Berchtesgaden, château peu considérable; mais dans une situation pittoresque, près de la frontière de l'ancien comté de Salzbourg.

Le roi avait chargé son grand maître, le comte de Rechberg, de faire au petit-fils de Charles X les honneurs des musées et des établissements publics de sa capitale; il était impossible de lui offrir un guide plus agréable et plus sûr.

Le prince visita d'abord le palais du roi. Cet édifice tripartite se compose des deux façades de la nouvelle résidence, construite par le roi Louis, et de l'ancien château, ouvrage du duc Maximilien, le vaillant frère d'armes de Waldstein et de Tilly.

Quatre cours sont renfermées dans l'enceinte du vieux château; l'une d'elles est ornée de la statue en airain de l'auteur de la maison régnante de Bavière, Othon de Wittelsbach, le plus brave et le plus fidèle des vassaux de Frédéric Barberousse. On traverse l'ancien petit jardin de la résidence pour aller à la salle des antiquités. Cette salle est très-vaste; des vues de villes et de châteaux de Bavière font l'ornement de son plafond; elle comprend la collection égyptienne, celle des vases et des verreries, la collection des marbres et celle des bronzes grecs et romains, parmi lesquels le discobole si estimé des artistes. L'appartement de l'empereur Charles VII occupe le premier étage;

la galerie est ornée d'un grand nombre de tableaux italiens et flamands. De la salle d'audience, on entre dans le cabinet qui fut affecté à Gustave Adolphe, et de nos jours à Napoléon, lorsqu'il vint pour la première fois à Munich, le 24 octobre 1805, après la capitulation d'Ulm.

La chambre du trésor renferme la nouvelle couronne royale, celles de Charles VII et de Henri le Saint; le grand brillant de la Toison d'Or, la perle palatine et plusieurs collections et objets de prix. La chapelle n'est pas moins riche en ornements et en détails intéressants; elle l'est surtout de ses reliques, et du petit autel de Marie Stuart, religieux souvenir d'une reine qui expia bien cruellement, le tort de sa grandeur et de sa beauté.

Le nouveau palais, du côté de la place Maximilien-Joseph, a quelque rapport, à l'extérieur, avec le palais Pitti de Florence; à l'intérieur, il rappelle avec plus d'élégance, de magnificence et de goût, les anciennes décorations des maisons grecques et romaines. Le rez-de-chaussée doit ses tableaux à Jules Schnorr; l'artiste a emprunté ses sujets au Niebelungen, poëme anonyme du XIIIe siècle, dont l'auteur a chanté, avec un talent original, les guerriers du Nord, et leurs mœurs héroïques. L'appartement du roi, au premier étage, est décoré de tableaux à l'encaustique ou à fresque, où l'on retrouve Orphée, Hésiode, Homère, Pindare, Anacréon, Eschyle, Sophocle, Aristophane et Théocrite. Ces peintures sont réparties dans chaque pièce, en raison de sa destination. Walther, Wolfram, Bürger, Klopstock, Wieland, Gœthe, Schiller, Louis Tieck, ont inspiré aux peintres les décorations de toutes les pièces qui dépendent de l'appartement de la reine. De charmants tableaux décoraient alors son salon de travail : c'étaient les portraits des jeunes princesses ses filles. J'en demande pardon à Foltz et à Linden Schmitt, mais les gracieuses figures des princesses que Vienne et Modène ont depuis enlevées à la Bavière, faisaient grand tort aux figures de Waldstein, de Guillaume Tell, et même du comte Eberhard, dont leur pinceau a décoré ce cabinet.

La salle de bal est au second étage ; elle est ovale, précédée de deux jolis salons, et suivie d'une salle de verdure ornée de fleurs et d'arbustes. Il va sans dire que les Grecs, n'ayant point fait usage de glaces, on n'en rencontre aucune dans le palais du roi. Seulement une psyché, placée à l'entrée de la salle de bal, permet aux dames de réparer en passant, un léger désordre de toilette.

La nouvelle résidence du côté du jardin de la cour, forme le troisième palais; là, sont les grandes salles de réception. La société de toutes les cours de l'Europe pourrait s'y trouver à l'aise. Le rez-de-chaussée se compose de six salles, à l'usage des rois qui visiteront Munich; elles sont décorées de peintures à l'encaustique, et rappellent tous les chants de *l'Odyssée*. Au premier étage est la salle des fêtes, puis celle des beautés célèbres: charmante galerie, mais à laquelle il manque peut-être un tableau, celui du Jugement de Pâris, appelé à désigner la plus belle. On entre ensuite dans la salle des banquets ou des batailles; puis, avant d'arriver à la salle du trône, on traverse trois beaux salons ornés de tableaux et de grandes fresques consacrés aux trois règnes les plus considérables dans l'histoire de l'empire : ceux de Charlemagne, de Frédéric de Souabe, et de Rodolphe de Hapsbourg.

La salle du trône est certainement la plus belle de l'Allemagne; ses proportions sont admirables; elle est entourée d'une galerie supportée par vingt colonnes en stuc, séparées entre elles par autant de statues colossales en bronze doré, représentant les princes, ducs, électeurs et empereurs de la maison de Bavière. Ces statues sont dignes de Schwanthaler; elles forment, avec les colonnes blanches qui les séparent, une décoration de fort bon goût.

L'ancienne résidence avait sa chapelle, le roi a voulu que la nouvelle eût aussi la sienne; il en a fait un chef-d'œuvre d'élégance et de luxe artistique. Elle forme le quatrième côté de ce vaste palais. On a critiqué, la magnificence et l'étendue de ce beau monument; on l'eût au contraire admiré, s'il avait été destiné au chef d'un grand et puissant empire.

Maximilien Ier avait fait du jardin de la cour un agréable parterre orné de statues, de jets d'eau, et d'un bel étang alimenté par de nombreuses fontaines. L'étang a fait place à une vaste caserne, les parterres à des plantations et à des allées sablées. Aux vieilles murailles qui séparaient ce jardin de la rue ont succédé des arcades ornées de brillantes boutiques, et embellies par des fresques représentant ou des sujets choisis par le roi, dans l'histoire de Bavière, ou des vues du Tyrol, d'Italie et de Sicile, peintes par Rotman. Les arcades mêmes de ce musée-bazar recèlent un établissement plein d'intérêt : c'est l'exposition permanente des tableaux, et autres objets acquis par les trois mille actionnaires de la Société des arts.

Au delà du jardin de la cour, est le jardin anglais, et à l'entrée de ce dernier, le palais du prince Charles, frère du roi. Cette belle promenade n'était autrefois qu'un bois marécageux. Sous le règne du dernier électeur, M. de Rumfort en a fait un délicieux parc, animé par les eaux rapides de l'Isaar, qui, divisées en plusieurs bras, alimentent en courant, de jolis lacs et fertilisent des prairies coupées çà et là, par des massifs fleuris, de belles futaies, des temples, des pavillons élégants ou de jolies guinguettes. Le jardin a plus d'une lieue et demie de long.

Bidenstein, résidence à cette époque, de la

reine douairière, en occupe une partie; c'est une charmante maison de particulier, entourée d'un parc fort petit, mais bien dessiné. Cette princesse était alors à son château de Tégernsée, et ne devait rentrer à Munich qu'à la fin de la saison.

La Pinacothèque, fondée par le roi Louis, est, en quelque sorte, un temple à Raphaël. Ce bel édifice renferme une collection de treize cents tableaux, répartis dans neuf grandes salles et vingt-trois cabinets.

Jean Holbein compte dix-huit tableaux dans le musée, entre autres sa sainte Élisabeth, le meilleur de tous. On y voit la Femme adultère devant le Christ, du peintre Cranach, c'est une œuvre exécutée avec talent, mais sans inspiration religieuse. Les portraits réunis de Melancthon et de Luther, sont au contraire des ouvrages d'un grand mérite. On trouve partout en Allemagne, des portraits de Luther, il est fâcheux que son histoire n'y soit pas aussi bien connue que ses traits!

La Glyptothèque est le musée des statues; M. Léon de Klenze, à qui la Bavière doit tant de monuments, a construit cet édifice dans toute la pureté du style grec. Six grandes statues décorent sa façade. Ce palais est divisé en plusieurs salles, classées selon l'ordre des fastes chronologiques de l'art.

La salle romaine, la plus vaste, la plus richement décorée, contient des statues, des bustes, des autels pour les sacrifices, des urnes, des vases, des candélabres, des cariatides, des trépieds, des sarcophages précieux.

Après la salle des sculptures coloriées, vient celle des modernes, collection bien incomplète alors, puisque ni Michel Ange, ni Bellini, ni l'Algarde, ni le Bernin, ni l'école du siècle de Louis XIV n'y étaient représentés. On y retrouvait les noms, plutôt que les ouvrages de Canova et de Thorwaldsen, et quelques bustes historiques de trois artistes bavarois. La Glyptothèque est un musée naissant, et déjà riche pour son âge. On peut dès aujourd'hui, lui envier ce qu'il possède; le temps lui donnera ce qui lui manque.

Après avoir visité ces monuments, le comte de Chambord désira connaître et féliciter les artistes qui ont le plus contribué à leur renommée. M. de Rechberg lui proposa de les lui présenter; mais il voulut les aller voir lui-même dans leur atelier. Le prince trouva Schvanthaler aux prises avec un ouvrage colossal, la statue de la Bavière! La géante porte deux couronnes: l'une sur la tête, l'autre à la main droite; elle étend le bras gauche, comme pour accompagner du geste, de fières paroles dignes de Henri le Lion, ou de Louis le Sévère. Le lion bavarois se dresse auprès de la statue, comme pour ajouter à la puissance du symbole. Cette statue a soixante pieds de haut! c'est un peu grand, même pour la Bavière! Si la Russie s'avisait aussi de s'ériger une statue sur les mêmes données proportionnelles, le Condor aurait quelque peine à se percher sur son front. Schnorr, le peintre des belles fresques du château royal, le peintre des Niebelungen et des règnes impériaux; Henri Hess, le peintre de la chapelle royale; Stiglmayer, l'habile fondeur des statues dorées de la salle du trône; toutes ces célébrités artistiques avaient droit aux félicitations du prince. Il trouva le chef de la nouvelle école allemande occupé à peindre les voûtes de l'église Saint-Louis, et monta sur l'échafaud des peintres, pour aller voir de près ces remarquables travaux. Cornélius, heureux de sa visite, lui montra toutes les fresques qui décorent cette belle église, et particulièrement son chef-d'œuvre, le Jugement dernier, qui s'élève au dessus du maître-autel, comme le Jugement de Buonarotti dans la chapelle Sixtine, au Vatican.

Deux princes de la maison royale passèrent en ce moment à Munich : le prince Luitpold, troisième fils du roi, et le prince Charles, frère de sa majesté. Le comte de Chambord se félicita de trouver l'occasion de les connaître. Le prince Charles ne tarda pas à lui donner un témoignage de cette courtoisie chevaleresque qui ajoute encore au charme de son caractère. Le baron de Zandt, commandant les cuirassiers en garnison à Munich, sachant que le comte de

20

Chambord désirait voir son régiment, vint prendre ses ordres à cette occasion. Henri de France, en effet, se rendit le lendemain au quartier de cette troupe, hors de la porte de l'Isar. Il y trouva le prince Charles en uniforme, prêt à lui faire les honneurs de ce beau corps, dont il est le colonel. Le comte de Chambord fut touché de cette attention délicate de l'auguste frère du roi.

Il y avait alors à Munich quelques Français établis; tous se firent présenter; plusieurs étaient attachés à l'état-major des princes. Le petit-fils de Charles X y retrouva avec plaisir le gendre d'un serviteur de son aïeul, le lieutenant-colonel de Parseval, et son excellente femme, fille du comte O'Hégerty. M. de Parseval, à la fois littérateur distingué et militaire fort capable, était alors lieutenant-colonel des cuirassiers du prince Charles; depuis, il commanda ce corps d'élite, après avoir été, pendant quelques années, aide de camp de son altesse royale. Le lieutenant-général de Zoller, commandant de l'artillerie, montra au prince l'arsenal, et fit manœuvrer plusieurs batteries en sa présence.

Le comte de Deux-Ponts, aide de camp général du roi; sa sœur, la comtesse de Cetto, élevée en France et Française de cœur, venaient souvent offrir leurs hommages au prince. La comtesse recevait beaucoup. On rencontrait dans son salon, tout ce que Munich possédait de plus distingué dans la diplomatie, dans les hautes fonctions publiques, dans les sciences, dans la société. Mme de Cetto, ayant prié le comte de Chambord d'honorer l'une de ses soirées de sa présence, le prince y rencontra une partie des notabilités de la science et de l'armée. La famille du comte de Tascher se trouvait à cette réunion. Les liens qui l'ont attachée à celle qui fut la compagne de Napoléon, lui faisaient peut-être supposer que le fils des rois la verrait au moins avec indifférence; elle devint, au contraire, l'objet de ses attentions toutes particulières. Le passé, pour lui, c'est de l'histoire; ce qui reste à ses yeux, c'est le mérite, c'est la valeur personnelle des personnages qu'il rencontre sur son passage, et la famille Tascher jouissait à Munich d'une considération méritée.

Saint-Pierre, la plus ancienne des églises de cette capitale, et la cathédrale sous l'invocation de Notre-Dame, n'offrent rien de remarquable comme objet d'art, si ce n'est peut-être, dans cette dernière, une Annonciation de Caravage; le tombeau de l'empereur Louis de Bavière et le grand orgue de Frosch; mais les basiliques construites par le roi Louis, Saint-Louis, St-Boniface, sont, on peut le dire, surchargées de peintures de la nouvelle école bavaroise. La visite des nouvelles églises de Munich suffirait pour instruire un catéchumène, des faits de l'ancienne et de la nouvelle loi!

Le secret de la peinture moderne sur verre

appartient à M. Boisserée ; c'est lui qui a formé M. Aïnmuller et plusieurs autres peintres fort distingués. Le comte de Chambord alla visiter le cabinet de cet amateur justement estimé. M. Boisserée fit passer sous les yeux du prince la riche collection de ses tableaux : Saint-Luc, l'Adoration des mages et la Prédiction de Siméon, d'après Van Eyk; une Assomption de la Vierge, imitée du Guide; une Résurrection, du Titien, et deux madones, copiées de Raphaël. Ces tableaux sont d'une beauté, d'une richesse de coloris vraiment admirables. Le comte de Chambord, charmé de ce qu'il venait de voir, le témoigna à M. Boisserée dans les termes les plus flatteurs.

Peu de jours après son arrivée, il reçut une invitation pressante de la reine douairière; le prince partit donc pour Tegernsée. Ce château de plaisance est un ancien couvent situé dans une position pittoresque, au pied des montagnes, et sur la rive du lac Tegern. Le prince y rencontra une grande partie de la famille royale, le roi et la reine de Saxe, le duc Maximilien de Bavière, et la princesse sa femme, fille de la reine; la princesse Auguste, veuve du prince Eugène ; le duc et la duchesse de Leuchtemberg ; la princesse Théodelinde, la plus jeune des filles d'Eugène; le prince de Hohenzollern-Hechingen, et la princesse Eugénie, née, comme sa sœur, sur les marches du trône éphémère de Milan.

Cette royale société et sa suite formaient à Tegernsée, une réunion des plus agréables. La danse, le spectacle, les proverbes, la promenade dans des sites charmants, remplirent les trois journées que le prince passa dans cette résidence. Il y fut accueilli par tous avec un intérêt profond. Le roi de Saxe, le prince de Hohenzollern, le pressèrent de visiter leur pays ; la reine douairière le combla de témoignages d'affection.

De retour à Munich, il continua la visite des établissements de la capitale. Le cabinet des gravures, les salles des vases grecs de la Pinacothèque, l'Académie des sciences et ses belles collections, le jardin botanique, l'observatoire, le cabinet des médailles anciennes et modernes fondé par Albert V, et enrichi par ses successeurs, d'une grande quantité de monnaies grecques, asiatiques, siciliennes, et enfin la bibliothèque, l'une des plus considérables de l'Europe, par le nombre de ses volumes, l'importance et l'ancienneté de ses manuscrits. Le bibliothécaire mit sous les yeux du prince, les manuscrits latins des quatre évangiles, du ve siècle ; les tablettes d'or de Charles le Chauve; un livre d'heures de Charlemagne ; un missel orné d'or et de miniatures de l'empereur Henri II de Bavière; un Coran en lettres d'or sur parchemin ; l'histoire évangélique rimée par Ottfried, quelques autographes de Luther, et, comme monument de l'ancienne littérature allemande, les manuscrits des Niebelungen.

L'université jouit aussi d'une juste célébrité. Bayer le célèbre jurisconsulte, en était le doyen; Philippe, le savant historien, Martius, l'auteur de la *Flore brésilienne*, Schafhaeutel, philosophe et physicien, Zuccarini, le botaniste studieux, Thiersch, philologue, littérateur et publiciste, Fallmereyer, l'historien de la Morée, Kobell, le poëte touchant, le savant inventeur de la galvanographie, tous ces hommes éminents avaient une chaire à l'Université et concouraient à donner de l'éclat et de la solidité aux études de la jeunesse.

Le roi possède, à une heure de Munich, une délicieuse habitation, c'est Nymphenbourg, le Versailles de la Bavière pour la beauté de ses jardins. On y arrive par une grande avenue, sur le bord d'un beau canal. Ce palais, formé d'une longue suite de pavillons, a été bâti par Adélaïde de Savoie, mère de Maximilien-Emmanuel; elle n'éleva d'abord que le grand pavillon du milieu; l'Électeur, son fils, compléta son ouvrage.

Plusieurs palais de princes contribuent à embellir Munich. Celui du duc Maximilien est construit et orné avec un goût parfait. Le palais Leuchtemberg, remarquable surtout par ses galeries, réunit dans l'un de ses salons, les grandes écoles anciennes, excepté la nôtre. Le cabinet du prince Eugène est tel qu'il s'est plu à le décorer lui-même. Son ancienne tente de campagne, son lit-de-camp, un assez grand nombre d'armes et de trophées, en font une sorte de petit temple à la gloire. Le prince a rangé ses décorations sous une glace. La grande croix de la Légion d'honneur, que lui envoya Louis XVIII, y est religieusement conservée, avec ses fleurs-de-lys. Eugène, placé par le choix même de sa résidence, hors de l'atmosphère des passions qui ont dénaturé les faits contemporains, savait mieux que personne quels service les Bourbons avaient rendus à la France en 1814, et son cœur, vraiment patriote, leur en a toujours gardé une profonde reconnaissance.

Le comte de Chambord, profitant du chemin de fer, alla visiter Augsbourg. Cette ville, autrefois impériale, est, quoique moins peuplée que Nuremberg, la seconde ville du royaume. Elle doit son rang à son ancienneté qui remonte à Auguste, à son importance commerciale, à sa position plus centrale entre l'Allemagne et l'Italie, et au grand nombre de ses établissements publics. Le prince en arrivant, alla voir la fonderie et le forage des pièces d'artillerie. Le directeur avait connu à Paris le général d'Hautpoul, à la tête de l'école d'état-major; il fut charmé de recevoir à son tour sa visite, et heureux de pouvoir faire au fils de France les honneurs de son établissement.

Le prince visita ensuite l'hôtel de ville, le plus beau de l'Allemagne. Charles-Quint y signa, en 1555, la paix de religion, qui assura la liberté de conscience aux protestants, et la jouissance des biens ecclésiastiques dont ils s'étaient emparés, avant le traité de Passau. Augsbourg a aussi donné son nom à la ligue formée en 1688 contre Louis XIV par le prince d'Orange, plus ambitieux, mais plus prudent que le grand roi. La cathédrale date de 994; elle compte quatorze chapelles; on y remarque de belles portes en bronze, vieilles de huit siècles, d'admirables vitraux et de bons tableaux d'auteurs allemands. Le culte des catholiques n'occupe qu'une partie de cette ancienne église construite par leurs pères.

Près de la cathédrale est le palais épiscopal, où l'on montre la salle dans laquelle Charles-Quint reçut, en 1530, des mains de Luther et de Mélancthon, la fameuse confession d'Augsbourg, alors si péniblement rédigée, et depuis si merveilleusement simplifiée par les enfants de ceux qui l'adoptèrent. Luther lui-même eut la douleur de voir sa réforme *se dissiper et s'en aller par pièces*, ainsi que l'écrivait Mélancthon à Camer. Il eut la douleur de voir ses disciples déconsidérer sa doctrine, par l'imitation trop fidèle de ses propres exemples.

Augsbourg compte trente-cinq mille habitants, un grand nombre d'établissements publics et privés dignes d'intérêt, une fort belle rue, des maisons très-anciennes et ornées de fresques, plusieurs fontaines monumentales, des instituts remarquables, des hôpitaux bien tenus, de riches fabriques, une bibiliothèque intéressante surtout par ses manuscrits antiques. Le comte de Chambord passa une demi-journée à Augsbourg dans le plus stritct incognito. Cependant, comme il visitait la cathédrale, il fut abordé par une jeune dame française qui l'y attendait, depuis quelque temps déjà; c'était Mlle Cuttinger, fille d'un chirurgien-major de notre armée de Russie. L'accueil que lui fit le prince la rendit bien heureuse : « Il me semble, « disait-elle, que j'ai reçu ici la récompense des « services de mon père. »

Nous retournâmes le soir à Munich. Le prince alla au spectacle en arrivant. La salle neuve est décorée, à l'extérieur, de fresques, comme les théâtres grecs; elle est bâtie sur la place Maximilien-Joseph, remarquable par la bonne statue de ce prince, du statuaire Rauch. L'orchestre du théâtre a une réputation méritée; nous y avons entendu de belles voix, et vu applaudir d'assez médiocres danseurs.

Munich est le berceau de la lithographie; la découverte de cet art précieux est due uniquement au hasard. L'aîné des frères Sennefelder, se promenant un jour sur les bords de l'Isar, vit imprimé sur une ardoise, un joli dessin de mousse. Il l'examine et songe à l'imiter; il essaie, réussit, et l'art inventé par lui est bientôt répandu dans le monde entier. Le comte de Chambord alla visiter le bel établissement lithografique de M. Hanfstœngel et plusieurs galeries de marchands, où il acheta quelques tableaux.

Grâce à l'obligeante activité du comte de Rechberg, Henri de France avait vu tout ce que Munich pouvait lui offrir d'instructif et de curieux. Il avait reçu un grand nombre d'hommes distingués, et entres autres, parmi les personnes de la diplomatie ou de l'armée, MM. de Colloredo, de Pallaviccini, d'Andlaw, de Kœnnerich, de Pappenheim, qui fut depuis aide de camp général du roi, officier fort estimé, et lord Lyndhurst, le savant jurisconsulte, le futur lord-chancelier d'Angleterre.

Le moment approchait de quitter Munich pour pour suivre notre voyage. Cependant, des bruits de guerre dont l'Allemagne paraissait peu s'inquiéter, mais qui mettaient alors la France en mouvement, changèrent la détermination du prince. « Je ne crois pas à la guerre, « nous dit-il. Le gouvernement a fait une « pointe en Orient sans consulter ses forces; il « recule, et masque sa retraite par un grand « bruit qui produira en France les fortifications « de Paris, et une large brèche aux finances. « Mais le gouvernement ne fera pas la guerre; « son isolement ne le lui permet pas. Cependant il « suffit qu'on la croie possible en France, pour « que je m'abstienne de toute relation avec les « puissances qui ont signé le traité du 15 juil- « let. Je rentrerai donc dans ma solitude, et j'y « resterai jusqu'à ce que ces nuages factices « soient complétement dissipés. »

En renonçant à son grand voyage, le prince voulut au moins aller en Suisse, pour reconduire le plus loin possible, le général d'Hautpoul, dont il se séparait avec un vif regret. Le départ fut fixé au 7 octobre. Le roi rentrait le 6 à Munich; le comte de Chambord ne voulut pas quitter cette ville, sans avoir vu Leurs Majestés. Il recula son départ d'une journée, pour répondre à l'invitation que le roi lui avait adressée de dîner en famille. Nous accompagnâmes Henri de France au château; il reçut de la part du roi, de la reine et des princes, l'accueil le plus gracieux.

Le prince trouva, pendant le repas, l'occasion de parler à Sa Majesté des nombreux travaux qui honorent son règne. Cette bien courte entrevue sembla raviver les sentiments qui, pendant deux siècles, avaient rapproché les deux familles souveraines de France et de Bavière. A peine de retour à son hôtel, le prince reçut la visite du roi; ce souverain voulait lui témoigner encore une fois, le plaisir qu'elle avait éprouvé à faire sa connaissance. Dans la soirée, nous partîmes pour Lindau.

XXIII.

Le Voralberg. — Le Tyrol. — Venise.

En quittant Munich, le comte de Chambord parcourut un pays illustré par les campagnes de Jourdan, de Moreau et de l'archiduc Charles. Le prince avait fait une étude particulière de ces campagnes dont le maréchal Saint-Cyr a été le général et l'historien.

Lindau, autrefois ville libre impériale, forme aujourd'hui la limite du royaume de Bavière : elle est peu considérable; mais, comme toutes les cités riveraines du lac de Constance, elle a un intérêt de position, et un certain mouvement commercial.

Nous arrivâmes en moins de quatre heures, de Lindau à Constance. Cette ville est aujourd'hui un port de construction; d'ailleurs elle est peu commerçante, peu peuplée, et tire toute son importance de ses souvenirs et de sa situation pittoresque, entre les deux lacs unis entre eux par le Rhin.

Le comte de Chambord passa une journée dans cette ville. La cathédrale, plusieurs collections de tableaux et de curiosités attirèrent surtout son attention. Nous admirâmes, du haut de la tour, le magnifique panorama dont la ville est le centre; les montagnes lointaines du Voralberg, les îles de Meinau et de Reichnau, les collines qui bordent le fleuve, et le lac inférieur, avec ses rives boisées et ses riantes habitations. Au dessus du bâtiment de la douane, est une vaste salle décorée d'inscriptions commémoratives de la visite des princes voyageurs, et dans laquelle on montre la statue en cire de Jean Huss, qui fut condamné, et exécuté à Constance comme hérétique.

Les mœurs du temps peuvent seules expliquer de pareils actes. De nos jours, ils accuseraient un instinct sauvage, une sorte d'aveuglement stupide; car la propagande religieuse, exaltée jusqu'à la persécution, fait des ennemis secrets de ceux qu'elle contraint, des esclaves vicieux de ceux qu'elle séduit.

En allant à Schaffouse, nous aperçûmes, sur la gauche de la route, le petit château d'Arneberg, résidence du prince Louis Napoléon. Les événements qui ont renversé la monarchie ont autorisé les entreprises et les prétentions les plus étranges : ils ont conduit à Ham le neveu de l'empereur. Pou d'années auparavant, ils faillirent le conduire aux Tuileries! Tout est possible dans un temps où tout se justifie par le succès.

Nous arrivâmes à Schaffouse d'assez bonne heure pour voir la chute du Rhin. Nous cheminâmes le long de la rive gauche, afin de nous poster sur la galerie de bois pratiquée au pied de la cataracte; de là, nous pûmes admirer les détails des cascades! C'est vraiment un spectacle magique. Le Rhin, roulant sur lui-même avec une effrayante rapidité, arrive devant le château de Laufen, au terme de sa marche régulière. Là, il se partage en cinq larges torrents, et se précipite de soixante pieds, sur des roches brisées, bouleversées, percées à jour par l'action violente des eaux. L'onde écumante tombe en grondant dans l'abîme, bouillonne, bondit sur les roches, et se divise en myriades de molécules que le soleil illumine des riches couleurs de l'arc-en-ciel. La vue est éblouie du spectacle, l'oreille en demeure frappée; car un bruit imposant, un bruit semblable aux mugissements d'une mer en courroux, sert en quelque sorte d'accompagnement, à la chute majestueuse du fleuve. Le prince la contempla en face, sur la rive opposée, dans la chambre obscure du petit château de Wœrth, sans pouvoir se lasser de l'admirer.

Il se sépara, à Schaffouse du marquis d'Hautpoul avec le regret de le quitter si tôt; mais le général avait apprécié l'élévation des motifs qui s'étaient opposés à la continuation du voyage en Allemagne; et ces motifs n'avaient pu qu'ajouter aux sentiments que, depuis longtemps, le prince lui avait inspirés.

Malgré la rapidité de notre marche, nous ne fûmes de retour à Constance qu'à onze heures du soir. Henri de France reçut à son arrivée, le marquis et la marquise de Crenay, venus de leur terre, pour lui offrir leurs hommages.

Nous retournâmes par le lac à Lindau, où nous avions laissé les équipages, puis nous nous dirigeâmes sur le Voralberg. Ce pays, placé entre les hautes montagnes et les bords riants du lac, est abmirable de culture et de végétation; nous nous arrêtâmes, pendant quelques instants à Brégentz, pour jouir de la beauté de la vue, puis, nous nous dirigeâmes sur Feldkirch. Cette ville possède de belles usines mues par l'Ill, ruisseau rapide descendu de l'Arlberg.

La route est fort belle dans cette partie des montagnes; elle est percée dans le roc au delà de Feldkirch. Le comte de Chambord descendit de voiture à la poste, pour examiner ces curieux travaux, et le théâtre d'un combat livré en 1799 entre Hotze et Masséna, combat qui, par le nombre des troupes engagées de part et d'autre, eut toute l'importance d'une bataille. Nous franchîmes l'Arlberg avant d'entrer dans la vallée sauvage de Rosanna et de Trohen. De l'Arlberg à Landeck la contrée est sévère, attristée par d'affreuses solitudes. L'industrie des habitants y lutte péniblement contre la stérilité d'un sol déchiré par les avalanches. A Landeck, on entre dans la vallée de l'Inn. Ici le paysage change, ou plutôt la scène s'agrandit; elle se complique des incidents pittoresques que la main de l'homme a ajoutés au majestueux travail de la nature. Au delà d'Imst, la vallée s'élargit encore. Le rhododendrum, l'œillet vierge, le rubus, de riantes prairies, une grande variété d'arbustes embellissent les rives de l'Inn. Le maïs couvre les parois des montagnes; plusieurs châteaux y apparaissent avec leurs murailles gothiques, et annoncent l'approche de Zirl, bâti au pied du rocher de Martinsberg où Maximilien faillit périr à la chasse. Un peu plus loin, on commence à apercevoir Inspruck, bâti au pied du Stolsberg; on aperçoit ses dômes recouverts en zinc, en cuivre, en bronze doré; ses clochers ronds dentelés ou pointus, ses croix brillantes au soleil; ses maisons blanches ou bariolées au milieu d'un entourage de prairies et de montagnes couvertes de culture ou de neige.

Dans la rue principale, s'élève la colonne triomphale commémorative de la glorieuse résistance du Tyrol, en 1703. Puis, non loin de l'hôtel de ville, l'université et le palais de la Résidence. Ce palais, ouvrage de Maximilien Ier, est depuis longtemps inhabité. Le comte de Chambord y trouva une galerie de famille. Tous les enfants de Marie-Thérèse y sont représentés en pied, et dans l'ordre de leur naissance.

Deux princesses, placées près l'une de l'autre, inspirent un profond et douloureux intérêt : Charlotte-Louise, depuis reine de Naples, objet de la haine de Napoléon, Marie-Antoinette, associée à toutes les joies, à tous les triomphes de la nation qui l'avait adoptée; Française par ses goûts, comme par ses sentiments, reine charmante, épouse dévouée, mère admirable, objet tour à tour d'adoration et de haine, encensée, applaudie, puis méconnue et calomniée, elle tomba sous les coups des passions en délire, laissant à la postérité le soin d'honorer sa mémoire, et de la pleurer !

L'université, outre sa bibliothèque, renferme un grand nombre d'objets curieux, qui prouvent le génie, le goût des habitants du Tyrol et du Voralberg pour les arts et les sciences mécaniques. L'église la plus remarquable d'Inspruck est celle du couvent des Franciscains, fondée par Maximilien Ier à son lit de mort. Ferdinand acquitta le vœu de son aïeul, et lui éleva, dans cette église, un mausolée dont l'exécution fait honneur à Alexandre Colin qui l'a sculpté.

Frédéric d'Autriche a rangé de chaque côté de ce tombeau, dans toute la longueur de la nef, vingt-huit statues de bronze hautes de sept pieds. Plusieurs de ces étranges personnages ont l'air assez surpris de se voir ainsi face à face dans cette petite église du Tyrol. On y retrouve, depuis Marguerite à la grande bouche, jusqu'à Jeanne-la-Folle, toutes les princesses qui ont apporté de riches héritages à la maison de Hapsbourg, et contribué à inspirer le dystique latin qu'Imbert a traduit ainsi :

Qu'un autre suive les combats,
Vénus te sert mieux que Bellone,
Bellone dompte les États,
Sans combat Vénus te les donne.

L'église des Franciscains est une nécropole des illustrations guerrières du pays. Un héros populaire, un paysan illustre qui commanda comme Cathelineau, et mourut comme Stofflet, André Hofer, aubergiste de Saint-Léonard, chef et généralissime de l'insurrection tyrolienne en 1809, a aussi trouvé sa place dans cette église, à côté de Maximilien. L'héroïsme a rapproché le paysan de l'empereur, et a valu à sa mémoire des honneurs dignes d'un roi.

Charles-Quint faillit être surpris et enlevé à Inspruck en 1152, par Maurice de Saxe, devenu son ennemi pour venger son beau-père. Charles dut alors son salut au dévouement des bourgeois, qui retardèrent la prise de leur ville, et laissèrent à Charles-Quint malade, le temps de gagner la Carinthie. En 1720, Marie Sobieski, petite-fille du sauveur de l'empire, fut arrêtée à Inspruck, par ordre de l'empereur Charles VI, au moment où elle se rendait à Rome, pour épouser Jacques III d'Angleterre.

La route d'Inspruck à Brixen monte continuellement jusqu'à Schœnberg où nous dîmes un dernier adieu à la belle vallée de l'Inn; puis nous suivîmes le vallon de la Sill, dont nous trouvâmes la source au sommet du Brenner. En quittant les crètes sauvages de ce géant du Tyrol, nous descendîmes rapidement dans la vallée non moins sauvage de Leysach. Le prince passa une partie de la matinée à Brixen, puis il remonta la vallée, pour retrouver la route de l'Illyrie par le pic de Cadore. Nous suivîmes ainsi, jusqu'à Niederndorf, le chemin que prit Joubert lorsque, renonçant à s'engager dans le Tyrol allemand, il forma la résolution de se réunir à l'armée de Bonaparte. La route qui rejoint par Ceneda, celle de Venise à Trieste, est neuve et parfaitement tracée, mais jusqu'au pied des Alpes, elle est encore peu habitée. Quelques lacs solitaires, quelques torrents échappés des glaciers, des forêts de sapins et de mélèzes, quelques rares villages accidentent seuls cette route encore sauvage. Elle nous conduisit à la porte de Conégliano. Le lendemain, le comte de Chambord arrivait à Goritz, d'où il se rendit à Venise, pour donner suite à un projet conçu depuis un an.

Le prince au commencement de 1841, avait en effet projeté un voyage sur l'Adriatique, et voulant compléter ses études militaires, par un cours d'administration et de théorie navales, il avait invité le capitaine de vaisseau Villaret de Joyeuse à se rendre auprès de lui. Ce digne officier porte un nom estimé dans la marine. L'amiral Villaret, à une époque où le personnel était désorganisé, et la direction de nos flottes soumise au despotisme ignorant des proconsuls de la Convention, sut conserver au pavillon, l'honneur à défaut de la victoire, et porter plus tard, dans les gouvernements des Antilles et de Venise, cet esprit de loyauté et de patriotisme, dont il avait fait preuve dans le commandement des escadres. Son fils, entré bien jeune au service, s'y était distingué par son caractère, par ses talents, par ce sentiment profond de l'honneur français, qui faillit en pleine paix, le mettre aux prises avec le pavillon britannique, dont il sut repousser les prétentions. Attaché au ministère de la marine durant plusieurs années, et commandant le vaisseau amiral de la flotte d'Alger en 1830, M. de Villaret possédait toutes les connaissances administratives et militaires qu'Henri de France était impatient d'acquérir. Le prince ne pouvait faire un meilleur choix, ni trouver un officier plus heureux d'y répondre.

Venise, son arsenal, ses chantiers de construction, ses magasins, son vaisseau-école, offraient au comte de Chambord d'utiles moyens d'études.

La goëlette qui lui était destinée était encore sur les chantiers, il put lui-même en surveiller l'armement : elle fut prête à appareiller le 17 février. Le petit voyage du prince dura trois semaines, qui lui permirent de visiter une partie des côtes de l'Adriatique. De retour à Goritz, il se sépara de M. de Villaret, qui emportait de vifs témoignages de son affection, et de l'estime de la famille royale.

Le prince lui devait, sinon des connaissances pratiques qu'une longue expérience seule peut donner, au moins des renseignements assez précis pour connaître les abus, et pour en apprécier le remède. Après l'étude de la marine, celle de nos colonies, de leur législation, de leurs intérêts, devait nécessairement occuper le prince. Un homme qui a laissé d'honorables souvenirs dans le gouvernement de la Martinique, le comte de Bouillé, arriva en ce moment à Goritz. Son expérience des affaires coloniales devait être fort utile. M. de Bouillé, comme le général d'Hautpoul, avait eu l'honneur d'être gouverneur du comte de Chambord, et lui avait laissé les plus heureux souvenirs de son dévouement, de son caractère aimable, et de la distinction de son esprit. Le prince se félicita de pouvoir le conserver pendant plusieurs mois.

XXIV.

Salzbourg. — Lintz. — Kirchberg.

Au printemps de 1842, nous partîmes pour Salzbourg, en passant par Willach, Rastadt, Werfen, où nous trouvâmes la Salza, sur les rives de laquelle Moreau compléta sa belle victoire d'Hohenlinden. Le pays que nous venions de parcourir, est admirable de beautés sauvages; mais on en jouit assez longtemps, pour rencontrer avec un certain charme, la magnifique vallée de Salzbourg. Avant d'y entrer, le prince s'arrêta pour visiter les ouvrages que l'Autriche a élevés, dans le vallon resserré qui borde la frontière du district bavarois de Berchtesgaden.

On aperçoit d'assez loin la ville et son enveloppe de montagnes, parmi lesquelles l'œil distingue l'Untersberg à la tète chauve, et le Père-Watzman, ce géant haut de 6,000 pieds dont le front blanc se perd dans les nuages. Un grand nombre de collines viennent par échelons gradués, se confondre avec la vallée, et ces collines sont ou des buts de pèlerinage, comme Maria-Plain, ou embellies par des châteaux, comme la villa Schwarzemberg, le château des Chevaliers, ou de la couronne de Léopold, belle habitation dont son fondateur a fait un musée consacré aux portraits des plus célèbres peintres. Au milieu de la vallée, sur les deux rives de la Salza, et au pied du Mœnchsberg, s'élèvent Salzbourg et son vieux château, où naquit, en 742, pendant la guerre de Bavière, Charlemagne, le premier-né de Pepin, au moment où la dynastie vivace des maires du palais, allait absorber la dynastie caduque des rois Francs.

La ville possède plusieurs beaux hôtels, des édifices et des monuments dignes d'intérêt : la cathédrale, bâtie sur le modèle de Saint-Pierre de Rome; l'église Saint-Dominique; celle de Saint-Sébastien, avec son monument de l'alchimiste Paracelse, ce superbe contempteur d'Hippocrate et de Gallien, mort à trente-sept ans, en garantissant à ses malades, une longévité de deux siècles!

Le lendemain, le comte de Chambord alla visiter, avec le général-major Adelstein, un établissement unique peut-être en Europe, et dû à la munificence de l'empereur, le manége et le dépôt de cavalerie, bâtis aux dépens du Mœnchsberg, dans le voisinage de la Porte-Neuve. Cette porte est un tunnel de quatre cent vingt pieds de longs, dû à l'archevêque Sigismond de Schartembach. Le dépôt de cavalerie contient un grand nombre de chevaux de prix tirés des haras de l'empereur, dressés par les écuyers du dépôt, et destinés, pour la plupart, aux officiers supérieurs d'infanterie, à qui Sa Majesté les cède au prix le plus modique. C'est ainsi qu'en Autriche les chefs de bataillon sont montés sur des chevaux si convenables et si sûrs.

Nous nous dirigeâmes sur Ischel, ville d'eaux, dans la situation la plus pittoresque, entre la rivière d'Ischel et la Traun. Les abords de ce petit bourg, dont les baigneurs ont fait une ville pleine de charmes durant l'été, sont embellis par de jolis bois et par des collines couvertes d'habitations modernes. Un jardin public bien dessiné, des salons de conversation et de danse réunissent les étrangers; des lacs délicieux enveloppent la ville de toutes parts, et offrent autant de buts de promenade, où le plaisir de la navigation succède à l'agrément des courses à cheval ou en voiture.

Le lendemain de son arrivée, le comte de Chambord sortit de bonne heure, pour visiter le lac d'Halstadt, en remontant la jolie vallée de la Traun; puis, nous côtoyâmes à pied, pendant deux heures, les rives pittoresques du bassin d'Halstadt. Revenus à Ischel, nous partîmes peu après pour Gmünden, en traversant sur le bateau à vapeur, le lac de Traun. Ce lac est un des plus jolis de l'Allemagne. Au nord et au midi, deux petites villes bâties en amphithéâtre, couronnent les deux rives ; à l'ouest, on aperçoit une ravissante campagne, à l'est des montagnes de formes variées, et couvertes de très-beaux bois. L'archiduc Maximilien possédait une habitation sur la rive occidentale du lac, il est difficile de trouver une situation plus riante. Ce prince était absent ; ce fut l'une des contrariétés de notre voyage.

Au delà de Gmünden, nous descendîmes de voiture, pour voir la chute de la Traun. On lâcha les écluses, et nous pûmes jouir d'un spectacle qui rappelle, dans de moindres proportions, les belles cascades de Tarni. La rivière s'échappe par plusieurs issues, et se glissant entre les pierres, tombe d'une grande hauteur, en nombreuses cascatelles sur un lit parsemé de rochers. L'industrie a utilisé ce cours d'eau qui va se jeter dans le Danube près d'Ebersberg, lieu célèbre par le rude combat que livrèrent au général Hiller, en 1809, les divisions Legrand et Claparède. Wels est l'ancienne colonie romaine d'Ovila. Cette ville, assez régulière, possède deux palais princiers ; on dit qu'elle a vu mourir Maximilien Ier et le duc Charles V de Lorraine.

Lintz, capitale de la Haute-Autriche, ville de 23,000 âmes, était devenue depuis dix ans, le centre d'un vaste camp retranché qui enveloppait toute sa campagne, et s'étendait sur les deux rives du Danube.

La ville était défendue par trente-deux tours à plate-forme mobile, ouvrage de l'archiduc Maximilien d'Este. Le gouvernement autrichien n'a pas jugé utile de les conserver. L'ancien château des archiducs a servi de refuge, en 1683, à l'empereur Léopold, durant l'invasion de la Basse-Autriche par les Turcs. Le chevaleresque Maximilien Ier dut s'agiter dans sa tombe, en voyant la prudente conduite de son arrière-petit-fils!

Lintz est une jolie ville, fort commerçante et bien habitée; un chemin de fer pour des voitures à chevaux la mettait en communication avec Budweis et Gmunden, qui lui envoient les produits de la Bohême et de la Styrie. Le Danube la rattache à Vienne et à la Hongrie. La haute Autriche compte 900,000 habitants; elle était divisée en six cercles administrés par un président de régence et par des états particuliers. Lintz est le siége d'un gouvernement, d'un commandement général, d'un évêché, et le centre d'un beau pays animé par une population honnête, fidèle, amie du travail, et sincèrement religieuse.

De Lintz, nous nous rendîmes à Kirchberg, en passant par Budweis, siége comme Lintz, d'un évêché, ville de cercle et l'une des plus anciennes de la Bohême. Cracus y établit en 420, la première école dont l'histoire moderne fasse mention.

L'intention du comte de Chambord était de passer l'été à Kirchberg au sein de sa famille, et de reprendre au mois de septembre, le cours de ses voyages. Le prince retrouva à Kirchberg toutes ses habitudes de travail, tous ses exercices favorisés par la belle saison ; il y trouva aussi une société heureuse de profiter de sa présence. Indépendamment des Français venus de Paris, l'habitation royale réunissait alors plusieurs jeunes gens distingués par une éducation parfaite : MM. de Blacas et de Foresta, attachés à la personne de Louis-Antoine de France. Le comte Stanislas de Blacas avait payé sa dette à la cause de la politique française en Espagne ; il avait bravement combattu sous le drapeau des libertés basques, et du droit royal fondé dans l'intérêt des deux royaumes, par le petit-fils de Louis XIV. C'était un titre de recommandation auprès du jeune prince.

Deux hommes attachés par les liens les plus étroits à l'une de nos illustrations militaires, le comte de Bellune et le vicomte d'Onsembray, l'un fils, l'autre gendre de l'illustre maréchal dont l'honneur français déplorait la perte récente, vinrent aussi à cette époque, mettre aux pieds du prince, leur deuil et les insignes de leur père. Henri de France vénérait la mémoire du duc de Bellune, il fut heureux de le dire à ses fils, et de retrouver en eux les dignes héritiers de sa glorieuse fidélité. Peu de temps auparavant, un ancien ministre de Charles X, le baron Hyde de Neuville, avait apporté au fils des rois le tribut de son expérience et de son long dévouement. Le prince aimait à le voir, à causer avec lui, à entendre de sa bouche les détails des grandes affaires auxquelles il avait pris part comme ambassadeur, et comme ministre. L'âme du prince s'exaltait aux récits d'un homme qui a si noblement soutenu en Amérique et en France, l'honneur de notre drapeau, et il saisissait toutes les occasions de lui témoigner sa confiance et son estime.

La Saint-Henri approchait, c'était une époque de réunions et de fêtes. Ces jours de bonheur intime allaient faire place à de dures journées, à des inquiétudes bien vives et bien cruelles; car nous touchions au 28 juillet 1841, date d'une grande épreuve dont les détails ne s'effaceront jamais de mon souvenir.

Le comte de Chambord avait commandé à la verrerie de Schrems, des cristaux destinés à sa sœur et à des personnes venues récemment à Kirchberg. Voulant s'assurer par lui-même si toutes ses commandes étaient exécutées, il choisit Schrems pour but de sa promenade. MM. Stanislas de Blacas et de Foresta étaient invités à l'accompagner. A moitié chemin, M. de Blacas prit les devants pour avertir le directeur de la verrerie de l'arrivée du prince. Le temps était incertain, et c'était l'époque de la moisson. A cinq lieux de Kirchberg, nous nous engageâmes dans le chemin creux qui conduit au premier hameau de la terre de Schrems. Une charrette couverte d'une bâche mobile, se présente tout à coup à l'autre extrémité de la route. A l'apparition des cavaliers, les bœufs s'effraient, font volte-face, et agitent dans ce mouvement, la toile blanche de la charrette. Bientôt le conducteur s'en rend maître, leur couvre les yeux, et nous livre un passage suffisant. Cependant les chevaux à leur tour s'inquiètent, et celui du prince plus qu'un autre! Les côtés du chemin, élevés et garnis de barrières, ne permettaient pas de le quitter: il fallait, ou retourner sur ses pas, ou s'engager dans l'étroit passage. Le comte de Chambord ne songe pas à rétrograder, il pousse son cheval qui s'effraie et résiste. Alors je veux prendre les devants. Le prince s'y oppose, attaque de nouveau l'indocile coursier qui, se cabrant de toute sa hauteur, se renverse avec une rapidité plus prompte que la pensée. Je me jette à terre et cours vers le prince pour dégager son cheval avec précaution; mais se sentant la jambe prise, il applique un vigoureux coup de poing sur la tête de l'animal qui se relève par un violent effort, et blesse grièvement son cavalier, par la pression de la selle sur le col du fémur!

Il était vraiment impossible de prévoir un pareil événement. Peu de jours auparavant le comte de Chambord avait monté ce cheval à poil, dans une course à fond de train, et enfin dans vingt autres occasions je l'avais vu sortir fort adroitement de luttes en apparence plus dangereuses. Ce fatal accident devait échapper à toute prévision, comme ceux qui arrivèrent un mois plus tard à l'infant d'Espagne, au prince Paskewitz, et au roi de Sardaigne.

Cependant, il fallait à l'auguste blessé de prompts secours, et nous étions à deux lieues de Kirchberg, à trois quarts de lieues de Schrems! M. de Foresta se chargea d'aller chercher promptement au château le docteur Bougon : « Surtout, lui dit alors le prince, qu'on « ne lise pas sur votre visage la gravité de mon « accident, vous inquiéteriez ma tante et ma « sœur; soyez prudent et de sang-froid comme « je le suis moi-même. » Deux domestiques l'avaient suivi; l'un d'eux courut à Schrems chercher une calèche; l'autre gardait les chevaux.

Tous les paysans étaient aux champs, il eût été difficile d'en réunir assez pour servir un brancard; mais on pouvait dans le hameau le plus voisin, se procurer un lit pour garnir la calèche; quelques femmes acceptèrent la mission d'en procurer un. J'ignorais la nature de la blessure du prince, mais il sentait qu'elle était grave. Je le transportai sur l'herbe, à quelques pas du lieu de sa chute; je m'assis : il posa sa tête sur moi; des enfants m'apportèrent de l'eau; cette eau salutaire le préserva d'un évanouissement complet! Enfin, après trois quarts d'heure d'attente, le comte de Blacas revint de Schrems. Peu après la calèche arrive, nous la garnissons de lits de plumes, de matelas, d'oreillers, puis nous y plaçons le prince. Un domestique de confiance monte sur le siége, et nous cheminons vers Kirchberg, en soutenant la calèche de toutes nos forces, pour éviter les cahots. Après une demi-heure de marche, nous rencontrons le docteur Bougon, il examine la blessure et en reconnaît toute la gravité. Peu après arrive, au grand galop de son cheval, le duc de Lévis. « Mon ami, lui dit le prince « en l'apercevant, vous voyez dans quel triste « état je reviens; quel dommage que cet acci- « dent ne me soit pas arrivé sur un champ de « bataille, en servant la France? »

Tout le pays était en mouvement : Français et étrangers, unis dans une affliction commune, remplissaient la route que nous parcourions. A un quart d'heure du château, je pris les devants pour disposer la chambre du prince. « Je désire, » me dit-il, « que ma tante et ma sœur ne me voient « pas ce soir, demain je serai plus présentable; « ma tante a déjà tant souffert! »

Quand le comte de Chambord fut établi dans sa chambre, le docteur Bougon replaça le membre fracturé, et prit toutes les précautions nécessaires pour empêcher l'inflammation. A minuit, le comte Chambord resta seul avec le duc de Lévis et M. Bougon; je rentrai alors dans ma chambre, et m'y trouvai comme anéanti! La Providence, hélas! me réservait encore de bien dures épreuves. Depuis, j'ai vu mourir sous mes yeux, deux fils presque de l'âge du comte de Chambord, et cette séparation déchirante n'a pas pénétré plus profondément mon cœur, que la vue du fils de mes rois, blessé à mort peut-être, et prêt à défaillir dans mes bras ! Je me sentis brisé dans tous mes sentiments de Français, de serviteur et de père ! Alors j'éprouvai bien douloureusement, combien était vrai ce mot touchant prononcé par Louis XVIII devant le berceau royal : « Il nous est né un en« fant à tous ! »

M. le comte de Marnes, appréciant la gravité de cette fracture, résolut d'envoyer chercher le meilleur chirurgien de Vienne. Le comte Stanislas de Blacas partit le soir même pour cette capitale, et en ramena le docteur Watman, le même qui avait pansé l'empereur après la tentative d'assassinat dont il manqua d'être victime. Cet habile praticien, d'accord avec M. Bougon, fit établir un appareil au moyen duquel le membre fracturé était soumis à une traction continue. Si ce moyen, comme l'affirmait M. Watman, devait assurer une guérison complète, il était pénible et douloureux ; il ajoutait à la gêne d'une position, déjà difficile à supporter. Le prince s'y soumit avec fermeté, et l'endura cinq semaines, avec une courageuse patience.

Cependant il avait reçu, durant cette longue épreuve, de bien douces, de bien précieuses consolations : le jour qui suivit sa blessure, il revit son oncle, sa tante, sa sœur ; leur vive tendresse s'épanchait comme un baume salutaire, sur ses maux. Deux fois chaque jour, le prince les retrouvait assis auprès de lui, et l'entourant de leur vive sollicitude. Madame la duchesse de Berry, qui avait passé quelque temps à Kirchberg, à l'époque de la fête de son fils, y revint précipitamment à la nouvelle du terrible accident. Son retour fut pour l'auguste blessé un nouveau et bien vif sujet de consolation. Bientôt la princesse repartit, rassurée et tranquille. De toutes parts, arrivaient des témoignages d'intérêt; presque tous les princes écrivirent à Monseigneur. L'empereur de Russie lui écrivit deux fois. En France, cet événement produisit une vive impression, tous les partis s'en émurent. Les honnêtes gens s'en affligèrent. Plusieurs Français purent être reçus et admis à présenter au prince leurs hommages dans le cours de sa longue maladie.

Mademoiselle passait chaque jour, deux heures chez son frère; elle le charmait par la gaieté de son esprit, par sa douce amitié ingénieuse à le distraire de ses douleurs. Hors d'état de s'occuper d'affaires ou de travaux sérieux, le comte de Chambord aimait à demander aux arts une compensation. Mademoiselle faisait de la musique, elle dessinait auprès de lui; chaque jour elle lui offrait de charmantes aquarelles sur un sujet nouveau. Il semblait qu'ailleurs aussi, on eût deviné la préférence que le prince accordait en ce moment, à la peinture. L'auguste compagne de l'archiduc héritier, l'archiduchesse Sophie, lui fit remettre son album, riche collection de dessins précieux. Il en vint aussi de France : presque tous exprimaient des idées touchantes. De toutes parts on écrivait, on sollicitait la faveur d'être appelé à soigner le prince; partout on priait Dieu pour lui et, en le priant, on pouvait aussi le remercier; car, dans le chemin étroit, pierreux, bordé de roches, qui fut le théâtre de l'accident du 28 juillet, une légère déviation au moment de la chute pouvait la rendre mortelle! Ce lieu de malheur était devenu l'objet d'un religieux intérêt de la part des habitants du pays; ils y avaient spontanément élevé un grand crucifix, au pied duquel ils allaient s'agenouiller et prier pour *le bon prince!*

Le 29 septembre, Henri de France reçut les Français et les étrangers qui se trouvaient à Kirchberg.

La famille royale quittait ordinairement cette résidence vers le 20 septembre, pour retourner à Goritz. Cette fois, le départ fut reculé de cinq semaines; le comte de Marnes déclara même qu'il ne partirait qu'après avoir vu son neveu en état d'être transporté à Vienne. Le prince s'y rendit à petites journées, et avec de grandes précautions. Il descendit au palais Kinski, et habita l'appartement que S. A. R. le duc de Lucques avait mis à sa disposition.

Le surlendemain de l'arrivée du comte de Chambord, l'empereur vint le voir, et lui exprimer ses vœux pour son prompt rétablissement. Les archiducs François, Charles, Ferdinand, Maximilien, tous les jeunes princes lui témoignèrent le plus profond intérêt. Les impératrices, les archiduchesses envoyèrent : plusieurs vinrent elles-mêmes. Un grand nombre de personnes de distinction se présentèrent et furent reçues. Jamais le prince n'avait paru mieux portant.

Cependant, l'un des deux docteurs crut s'apercevoir que le voyage l'avait fatigué, et jugea nécessaire de le soumettre de nouveau, à un appareil de traction; mais plus doux, et de moins longue durée qu'à Kirchberg. L'autre jugeait le repos nécessaire, mais croyait la traction inutile. Le comte de Chambord était peu disposé à reprendre ses liens, mais il voulait guérir radicalement. « Messieurs, dit-il en souriant : il faut « mettre un terme à cette discussion. Henri IV, « avant de renoncer au protestantisme, entendit « discuter devant lui un orateur de chaque re- « ligion; l'un disait que le salut n'était possible « que dans la vérité catholique, l'autre recon- « naissait qu'on pouvait se sauver dans les deux « religions. S'il en est ainsi, dit alors Henri IV, « puisque l'un de vous reconnaît qu'il y a du « danger à rester protestant, et que l'autre « avoue qu'il n'y en a aucun à se faire catho- « lique, je me décide pour le parti qui me pa- « raît le plus sûr. Messieurs, le sujet qui vous « divise est beaucoup moins grave sans doute,

« mais il ne laisse pas que de m'intéresser, car « il s'agit de ma liberté. Eh bien! je vous mettrai « d'accord en répondant comme Henri IV aux « deux docteurs dissidents : L'un de vous juge « nécessaire de me soumettre à une nouvelle « gêne, l'autre pense qu'on peut s'en dispenser, « mais il reconnaît cependant que cette gêne « n'a aucun inconvénient; gênons-nous donc en- « core une fois, mais guérissons. »

La détermination du prince, et surtout la forme qu'il lui donna, décidèrent la question : cette phase nouvelle de sa maladie dura trois semaines, mais il put recevoir, et reprendre tous ses travaux. Les archiducs et le prince de Salerne vinrent souvent causer avec lui; l'empereur s'informait avec intérêt de ses nouvelles; les trois jeunes archiducs, dont l'aîné devait porter un jour la couronne, venaient chaque semaine, conduits par le comte de Bombelles, leur gouverneur, passer leurs moments de loisir auprès du lit ou du fauteuil de leur royal cousin. Le prince de Metternich se présenta aussi plusieurs fois, et lut au prince des fragments de ses notes, de ses souvenirs diplomatiques, et particulièrement de cette longue discussion de neuf heures entre Napoléon et lui, discussion qui eut pour résultat la déclaration de guerre de l'Autriche, en 1813. Ces détails étaient d'autant plus intéressants pour Henri de France, que depuis deux ans déjà, il se livrait avec ardeur, à l'étude de l'histoire de la diplomatie. La conversation pleine d'intérêt du prince de Metternich rentrait dans le cadre de ses travaux, elle en formait en quelque sorte, le complément.

Des hommes éminents dans les sciences furent également admis auprès du prince ; l'un d'eux, le docteur Bœrres, vint faire en sa présence, des opérations chimiques d'un grand intérêt. Tous les Français présents à Vienne, MM. de Miramont, de Nicolay, d'Orcet, de Lavau et plusieurs autres lui formèrent une société agréable. Bientôt d'anciens serviteurs de son enfance élargirent à leur tour, son cercle intime : le comte de Brissac, qu'il suffit de nommer pour inspirer la pensée du dévouement et de la loyauté, le marquis de Maupas, distingué par de bons services sous l'empire, et que les plus honorables qualités avaient appelé naguère comme sous-gouverneur auprès du duc de Bordeaux, arrivèrent alors à Vienne pour passer l'hiver avec lui. On voit que si la Providence n'épargna pas au prince les épreuves dans la dernière partie de cette année, elle se plut aussi à lui prodiguer de douces consolations !

XXV.

Tœplitz. — Séjour à Prague. — Le château de Sikrow. — Culm. — Dresde. — Leipsick.

Au mois de juillet 1842, le comte de Chambord, complétement guéri de sa blessure, éprouvait encore de la faiblesse et de la roideur dans le membre fracturé. On lui conseilla les bains de Tœplitz. Nous partîmes donc pour cette ville le 16, en passant par Prague et Thérèsienstadt. Cette dernière ville, située sur l'Eger, à l'entrée des défilés de la Bohême, fut fortifiée par Marie-Thérèse pour servir d'appui à une armée chargée de défendre les États héréditaires contre les invasions de la Prusse du côté de la Saxe. Au delà de Thérèsienstadt, dans la plaine qui s'étend des bords de l'Elbe au pied des montagnes, s'élève le village de Lowositz.

En face, et de l'autre côté de l'Elbe est Leitmeritz, ville de cercle et évêché. Au mois de novembre 1742, huit cents Français sous les ordres du marquis d'Armentières, laissés sur ce point par le maréchal de Broglie, pour maintenir la communication entre Prague et Dresde, furent attaqués par cinq mille hommes avec de l'artillerie, sous les ordres du comte de Wallis. Leitmeritz était une place ouverte : les Français n'avaient pas un canon, ils s'y défendirent un contre six, pendant huit jours, avec une résolution qui excita l'admiration de leurs ennemis.

Tœplitz est une ville charmante par sa position, ses promenades et son délicieux entourage de montagnes et de vallons. Le village de Schœnau qui en était séparé, est maintenant réuni à la ville par une longue suite de belles maisons, et ajoute encore à son importance. Le comte de Chambord alla descendre dans une maison de particulier très-agréablement située sur un joli jardin public, l'un des centres de réunion des baigneurs. Le prince trouva à son arrivée le vicomte Talon. Cet officier général, qui avait servi avec beaucoup de distinction dans l'armée, et dans la garde impériale, commandait sous la restauration, avec autant de talent que d'énergie, une brigade de cavalerie de la garde. Henri de France le logea chez lui, heureux de saisir cette occasion pour lui exprimer son estime et sa reconnaissance de ses bons services.

A peine arrivés à Tœplitz, nous y apprîmes le 18 au soir, par un courrier venu de Dresde, la fin terrible d'un prince, objet de grandes espérances, et que la mort venait de livrer bien jeune, au jugement libre de l'histoire.

En recevant cette nouvelle, le comte de Chambord me parut frappé de son importance; cependant une impression pénible attristait son visage : « Quel que soit, me dit-il, la portée politique de « cet événement, c'est un grand malheur privé, « que je déplore profondément, car le duc de « Chartres est mort sans avoir eu le temps de se « reconnaître! voici les noms de ce prince, « veuillez les remettre au curé de Tœplitz, dites-« lui que je demande pour Ferdinand d'Orléans, « mon cousin, les prières de l'Église, et que demain, « je me rendrai avec tous les Français qui sont « ici, à la messe qui sera dite à son intention. » Le lendemain, en effet, nous suivîmes le prince à la chapelle publique du château; le général Talon, sa famille et plusieurs autres Français se joignirent à lui et s'associèrent à son deuil religieux.

Le comte de Chambord se promenait chaque jour à cheval et à pied ; il se mêlait aux réunions populaires, si agréables, si animées dans les environs de la ville. En le voyant traverser leurs places au galop et démentir par là des bruits mensongers, les habitants se plaisaient à attribuer son rétablissement bien qu'encore incomplet, à l'efficacité de leurs eaux minérales.

Les arquebusiers vinrent en députation lui demander de prendre part aux exercices du tir et de leur permettre d'inscrire son nom en tête de leur compagnie. Son consentement fut l'occasion d'un exercice extraordinaire, et d'une petite fête militaire organisée par les tireurs.

Le château était habité, au moment de notre arrivée à Tœplitz, et l'était de la manière la plus agréable. La princesse douairière Clary, si attachée à la famille royale, le prince son fils et la jeune princesse avaient ouvert leur salon. Le comte de Chambord y trouva réunies la famille de la princesse Clary et la société étrangère : le comte et la comtesse de Fiquelmont, le prince Frédéric Guillaume, et deux princesses Radzivill, la comtesse de Benkendorff, la comtesse Apponi, sa fille aînée, dont la jolie voix donnait un grand charme à ces réunions; le comte Rodolphe d'Apponi, la comtesse Strogonoff et son mari, aide de camp général de l'empereur Nicolas; le comte de Savigny, ministre de Prusse, le prince Albert Windisch-Graetz, le comte et la comtesse O'Donnel et un grand nombre d'autres personnages de distinction.

Vers le milieu du mois d'août, madame la comtesse de Marnes arriva à Tœplitz pour y prendre les eaux; ce fut une grande satisfaction pour le prince, qui pouvait ainsi passer avec sa tante une partie de la journée. La société française devint aussi plus nombreuse, la duchesse de Blacas avait accompagné madame la comtesse de Marnes; MM. de Maccarthy, de Rochemore, Théodore Anne, le vicomte de Conny et le marquis de Nicolay n'avaient fait que passer à Tœplitz; celui-ci apportait au prince d'intéressants détails sur son voyage en Laponie. Ces messieurs accompagnaient souvent la princesse et son auguste neveu dans leurs promenades du soir; nous visitions ainsi les lieux environnants : Billin et sa source minérale, au milieu de ses riants coteaux; Osseg et son riche monastère; Maria-Schein, connu par de nombreux pèlerinages; Dux et le château de Waldstein, où les monuments de sa fastueuse grandeur sont religieusement conservés par sa famille. Les armes, les cuirasses, les étendards, tous les attributs de son commandement suprême, tous les trophées de ses victoires sont exposés dans la galerie du château. On retrouve ici plus fidèlement encore que dans le palais de Prague, les traces de cet illustre ambitieux. Schiller, médecin malgré lui à la cour de Wurtemberg, professeur volontaire à l'Université d'Iéna, et poëte dramatique par excellence, vint s'inspirer et s'instruire dans ce château, où tout rappelle l'homme extraordinaire qu'il voulait traduire sur la scène. Auteur scrupuleux, Schiller rechercha tous les souvenirs de son héros; il étudia même l'astrologie judiciaire, pour mieux se pénétrer de ses faiblesses, et produisit enfin avec éclat, sur le théâtre de Weymar, l'illustre capitaine qui, après s'être élevé comme le duc de Guise, conspira, et mourut comme lui.

Le projet du comte de Chambord était de répondre cette année même à l'invitation du roi de Saxe. Nous ne nous trouvions alors qu'à vingt lieues de Dresde ; mais le prince préférait faire le voyage à la fin de la saison, pour rencontrer la famille royale réunie. En attendant, il retourna à Prague, avec l'intention de visiter dans sa terre de Sikrow, le prince Victor de Rohan, qui était venu l'année précédente à Kirchberg, demander à Henri de France d'honorer son château de sa présence. Cette belle habitation est située à peu de distance de la Silésie prussienne, dans un charmant pays qui n'est plus la plaine, et n'est pas encore la montagne. De jolis vallons, des collines boisées, des villages qui respirent l'aisance de leurs habitants, font de cette seigneurie un heureux et magnifique séjour.

Le château de Sikrow est beau ; mais ce qui en fait surtout le prix, c'est qu'il est le centre d'une terre qui ne compte pas moins de cent mille vassaux. Le prince Benjamin de Rohan possédait sur la frontière, un château dont les terres touchent celles de Sikrow : réunies, elles forment une étendue de pays plus considérable que certaines souverainetés de la Confédération germanique. Le prince et la princesse Camille habitent Sikrow avec leur oncle. Le comte de Chambord put encore se croire en France, dans l'habitation d'une famille si éminemment française par sa naissance, par ses sentiments, et par la gloire de son nom. Le prince Victor de Rohan a servi avec distinction, dans la marine et dans l'armée de terre. Officier-général dans les troupes autrichiennes, il s'y est fait remarquer par son courage entreprenant. C'était un beau vieillard, chasseur infatigable, plein de verve et de gaieté ; il y avait en lui du marin, du housard et du chevalier de Malte. Il était le type de l'ancien gentilhomme aventureux, et peut-être en était-il le dernier.

Le comte de Chambord passa plusieurs jours dans ce château si noblement hospitalier. Le prince Benjamin de Rohan était venu se joindre à son frère pour préparer à Henri de France une partie de chasse digne de lui. Pendant trois jours, en effet, nous chassâmes en plaine, dans les bois, dans les parcs réservés, comme on ne chasse pas en France, comme on ne chasse plus peut-être qu'en Bohême. Cet exercice utile, surtout aux tempéraments vigoureux, est pour le prince un passe-temps salutaire, mais qui ne l'entraîne jamais à enfreindre la règle d'occupations sérieuses qu'il s'est imposée.

De retour à Prague, le comte de Chambord y retrouva avec une vive satisfaction, le lieutenant-général de Foissac-Latour, qui devait l'accompagner sur les champs de bataille de la Saxe. Le général, membre du conseil supérieur de la guerre sous la restauration, s'était activement occupé de toutes les questions qui intéressent notre puissance militaire. Le prince qui en avait fait, depuis deux ans, l'objet de ses études, profita de la présence du général, par les examiner avec lui. Chaque jour ces graves intérêts étaient traités dans des conférences auxquelles l'expérience du vicomte de Foissac-Latour donnait une grande utilité.

L'approche de l'hiver ramenait à Prague la société ; le comte Kotech, grand burgrave, s'y 'rouvait en ce moment. Premier administrateur d'un royaume qui doit beaucoup à son zèle et à ses talents, il était fort apprécié en Bohême. Le comte de Chambord le voyait souvent, et se faisait un plaisir de mettre à profit sa conversation. La comtesse Kotech lui donna une soirée, et peu après la princesse Vérian Windisch-Graëtz. Le prince Vérian, frère du commandant-général de la Bohême, l'un des grands propriétaires du pays, possédait le joli château de Troïa, situé sur les bords de la Moldau, à deux lieues de Prague. Ce château a appartenu à Marie-Thérèse. La princesse Vérian ayant proposé au prince d'en faire un but de promenade, nous allâmes voir cette habitation où l'on retrouve encore la chambre de la belle reine de Hongrie. Cette chambre, simple et modeste, est au rez-de-chaussée, et communique avec un parterre où la Reine allait chercher parfois, dans la culture des fleurs, une distraction aux soucis de la politique. Le prince Vérian, et sa gracieuse femme née princesse Lobkwitz, firent au petit-fils de Charles X un accueil auquel cette honorable famille l'avait d'ailleurs accoutumé.

Ce séjour à Prague procura au comte de Chambord l'occasion de connaître le prince Frédéric de Danemark, commandant d'escadron au service d'Autriche, officier brillant et plein d'avenir. Nous allâmes voir manœuver son escadron. C'était la première fois, depuis son accident, que le prince paraissait à cheval devant les troupes; cette épreuve nous causa ainsi qu'à lui, une grande satisfaction.

Un statuaire aussi distingué par ses talents que par son caractère, M. Gayrard, vint peu de jours après de Paris, pour faire le buste du prince. Seul avec Ténérani, il réussit à représenter fidèlement ses traits. Le fils de cet estimable artiste, complétant depuis l'œuvre de Gayrard, a fait une charmante statuette équestre du comte de Chambord. Ce travail offrirait la preuve d'un talent remarquable, si la pose un peu roide du cavalier ne laissait à désirer.

Partis pour entrer en Saxe au commencement de décembre, nous descendîmes de voiture à Culm, dont la campagne fut le théâtre d'un combat malheureux qui détruisit l'effet de la victoire de Dresde. Le général Foissac commandait alors un régiment de cavalerie dans le corps de Vandamme obligé de capituler à Culm, devant des forces triples des siennes.

Il se rappelait parfaitement les positions respectives des combattants, et les accidents divers du champ de bataille, qu'il n'avait quitté qu'après la capitulation, pour rejoindre, à travers mille dangers, la grande armée qui le croyait perdu.

Nous rencontrâmes, à Pirna, les relais du roi de Saxe venus au devant du comte de Chambord. Deux heures après, nous arrivions à Dresde, où nos logements étaient préparés au palais. Le prince fut reçu par Leurs Majestés et par la famille royale, avec des sentiments de sympathie que fortifia bientôt la plus cordiale amitié. Les princes de Saxe, unis entre eux, par des liens étroits, habitaient ensemble un palais qui communique avec la résidence du souverain. Souvent la famille se réunit à la table royale : c'est ce qui arriva toutes les fois que nous dînâmes chez le roi.

S. M. Frédéric-Auguste jouissait dans son royaume d'une grande popularité, popularité durable, parce qu'elle reposait sur des vertus que les Saxons étaient dignes d'apprécier. Le roi n'avait pas d'enfant; le prince Jean, son frère, possédait, au contraire, une nombreuse et charmante famille. Le prince Frédéric, qui devait un jour porter la couronne, annonçait les dispositions les plus heureuses; sa conversation m'a paru celle d'un prince fort instruit pour son âge, et fort désireux d'apprendre ce qu'il lui était encore permis d'ignorer.

La princesse Amélie, sœur du roi, était douée d'un esprit remarquable et qui, fort heureusement pour le public allemand, ne s'est pas enfermé dans l'étroite enceinte du château royal. La scène lui doit des comédies pleines d'intérêt, et écrites avec une verve, une connaissance du cœur humain et des mœurs populaires, plus extraordinaires de la part d'une personne d'un si haut rang, que de toute autre femme de la société. La princesse Auguste était la fille du vénérable Frédéric-Auguste, le seul de tous nos alliés d'outre-Rhin, qui ne nous ait pas tourné le dos avec la fortune.

Les soirées du comte de Chambord appartenaient à sa famille, ses matinées à la ville de Dresde, à ses monuments, ses établissements d'art, de science, d'utilité publique. Chaque jour, nous dînions chez l'une des princesses ou chez le roi. Le spectacle commençait à six heures; entre neuf et dix heures du soir, nous accompagnions le prince chez Leurs Majestés; là on servait un souper dans le salon même de conversation. Deux tables étaient ordinairement dressées, l'une pour les princes, l'autre pour les hommes et les dames attachés au service de leurs personnes.

Le roi et la reine, par une bienveillance toute particulière, nous invitaient à nous asseoir à leur table, et se plaisaient à causer avec nous, à exprimer, avec la bonté qui les caractérisait, leur estime pour notre dévouement à un prince objet de leur profond attachement. Le roi venait souvent le voir; il lui remit la correspondance de son arrière-grand'mère, Marie-Josèphe de Saxe, princesse aimable et aimante, morte trop tôt pour la France ainsi que son royal époux, dont le règne nous eût épargné bien des malheurs. Le prince lisait avec un vif intérêt, ces lettres d'une princesse devenue, par son mariage, le lien entre les deux familles souveraines de France et de Saxe.

Le surlendemain de son arrivée, le comte de Chambord alla visiter le champ de bataille de Dresde. Le roi avait attaché à sa personne l'un de ses aides de camp, le lieutenant-colonel Heintz, officier plein d'activité et de mérite, qui a fait, avec le corps saxon, une partie de nos grandes guerres. Le colonel connaissait parfaitement ce champ de bataille, objet d'étude pour les officiers généraux; il pouvait nous procurer tous les renseignements dont le prince avait besoin, pour trouver, sur le terrain, la justification des travaux de son cabinet.

Deux batailles furent livrées les **26** et **27** août devant Dresde. Napoléon, arrivé précipitamment le 26, avait, à huit heures du matin, contribué par sa présence, par les renforts qu'il amenait à sa suite, à repousser l'ennemi sur les hauteurs. Le lendemain, prenant l'initiative de l'attaque, il enleva, par un mouvement rapide de sa droite, la gauche autrichienne isolée par le ruisseau encaissé de Weisseritz, et gagna avec 96,000 hommes la bataille contre **160,000**.

Le comte de Chambord alla visiter le terrain où le corps du duc de Bellune, et la cavalerie de Latour-Maubourg fixèrent le sort de la journée.

Il se rendit ensuite sur le plateau de Rocknitz, où Schwarzemberg avait établi son centre, à cheval sur la route de Dippoldiswald. L'empereur Alexandre, pendant l'action, se trouvait sur ce plateau au-dessous duquel s'était engagé un vif combat d'artillerie. Vers le milieu du jour, il causait avec Moreau des événements de la bataille, lorsque le général, ayant fait quelques pas vers l'extrémité du plateau, pour mieux voir la plaine qu'il domine, un boulet lui enleva les deux jambes. Il continua avec un admirable sang-froid, d'entretenir l'empereur, et mourut comme il avait vécu, en brave soldat, mais malheureusement, hélas! d'un boulet français!

Le soir, après le dîner du roi, nous allâmes au spectacle voir représenter *l'Héritier du majorat*, charmante pièce de la princesse Amélie. Cette comédie fut jouée avec un entrain remarquable. Les comédiens étaient à la fois inspirés par le talent, et par le haut rang de l'auteur. Le théâtre de Dresde est peut-être le plus agréable de l'Allemagne, par le choix des acteurs, et l'excellente organisation de la musique.

Nous avions déjà vu une partie de la société de Dresde chez M. de Reitzenstein, grand maréchal de la cour; nous la retrouvâmes réunie pour un concert, dans les salons du roi. Cette société gracieuse et bienveillante fut alors présentée au comte de Chambord. Il parla à toutes les dames, et s'entretint avec les personnages éminents de la cour, et de la haute administration du pays.

Trois jeunes princes fort intéressants se faisaient remarquer dans cette brillante réunion : deux princes de Bade, et le prince Frédéric-Guillaume de Mecklembourg-Schwerin, appelés à Dresde par le soin de leurs études. Henri de France fut charmé de faire leur connaissance; le lendemain, LL. AA. RR. vinrent le voir. Le prince Frédéric-Guillaume, frère du grand duc, nous a paru animé des plus nobles sentiments!

Le palais du roi est vaste; l'appartement de parade et la galerie sont ornés de tableaux et de meubles précieux; mais ce qui distingue surtout cette résidence, c'est l'ordre et la magnificence du service, c'est ce confortable royal qu'on ne rencontrerait peut-être pas dans un palais plus richement décoré. Cependant, la liste civile de S. M. et des princes de la maison royale ne s'élève qu'à deux millions de francs! Grâce au talent administratif de M. de Reitzenstein, et au zèle éclairé de tous les chefs de service, la maison du roi est admirablement tenue, ce qui lui permet d'accorder une généreuse protection aux arts, aux sciences et à l'industrie.

Le palais renferme de rares curiosités et de grandes richesses; huit chambres, dont l'établissement remonte à l'électeur Auguste, contiennent une grande quantité de bronzes, d'ouvrages d'ivoire, parmi lesquels on admire un petit vaisseau de Jacques Zeller et une scène de chasse de Schwarz. On y voit aussi de belles mosaïques, des peintures sur émail, une cheminée de porcelaine garnie de pierres précieuses et de perles; une riche vaisselle d'or et d'argent ornée de rubis et de grenats; un grand nombre de vases de jaspe, de lapis-lazuli, d'or, de pierres garnies de brillants; le sceptre, la couronne, le globe d'Auguste III, et enfin, la plus magnifique collection de rubis, d'émeraudes, de diamants, de saphirs et de perles montées en garnitures ,ou en parures d'un éblouissant éclat. Je n'ai vu nulle part, un trésor aussi précieux; il représente des sommes immenses. On le transporta dans le fort de Kœnigstein pendant la guerre, afin sans doute d'épargner aux vainqueurs la tentation de lui en faire payer les frais!

Le cabinet d'armures date, comme la voûte verte, du règne de l'électeur Auguste. Il est subdivisé en trente parties, qui contiennent les armes offensives et défensives, les costumes, les meubles, les monuments des mœurs et des coutumes des anciens Allemands. On remarque parmi les objets historiques, le poignard de Rodolphe de Souabe, les pistolets de Maurice de Saxe, le glaive électoral, le bouclier et le casque de Christiern, l'armure noire de Jean Frédéric, les armes de Gustave-Adolphe, celles de Pierre le Grand, le harnais de Sobieski, et les bottes que portait Napoléon à la bataille de Dresde. La pluie de cette journée les avait tellement détrempées, qu'on fut obligé de les couper, pour l'en débarrasser. Une très-grande quantité d'armes et de trophées ottomans complètent cette curieuse collection. Celle des armes modernes offre aussi beaucoup d'intérêt : on y compte deux mille fusils, et, dans ce nombre, des armes vraiment remarquables par leur fabrication et leur richesse. On peut suivre dans ces salles les progrès de la fabrication des armes à feu, depuis Frederic II jusqu'à nos jours. On y montre une double arquebuse offerte par Napoléon au roi de Saxe, et les épieux qui menaçaient de mort les sangliers, au temps d'Auguste II. Leur poids seul suffirait pour nous dégoûter de la chasse, si nous étions aujourd'hui condamnés à nous en servir. Ces épieux produisent la même impression que les longues et lourdes épées à deux mains de nos pères. Nous nous demandons, en les admirant, s'ils étaient faits pour d'autres hommes que nous? Nos aïeux ne différaient de leurs fils que par l'éducation; mais l'éducation n'est-elle pas une seconde nature!

Le cabinet des plâtres de Mengs offre la réunion la plus complète qui soit en Europe, des copies d'ouvrages d'élite dont les originaux sont aujourd'hui épars dans toutes les galeries du monde ; on en compte ici plusieurs milliers, acquis pour la plupart par le roi Frédéric-Auguste.

La galerie de tableaux est la plus estimée de l'Allemagne. Le duc Georges la fonda avec l'assistance de Cranach, qui inspira ses choix. Auguste III l'enrichit de la galerie de Modène, et d'une collection considérable des meilleurs peintres flamands.

Le musée, parmi ses deux mille tableaux, possède un grand nombre de très-bons pastels de Raphaël Mengs. Cette peinture, longtemps abandonnée, rentre en faveur aujourd'hui qu'on a trouvé un moyen sûr de conserver les couleurs.

Il n'y a rien à reprendre, dans la belle galerie de Dresde, que le local même où elle est exposée; il est lourd, humide et menace les tableaux d'une lente détérioration.

Dresde est assez riche en trésors de l'art pour leur élever un monument plus digne de les recevoir. L'électeur Auguste III n'eût pas manqué de le faire; mais ce prince gouvernait d'une manière absolue, un pays deux fois plus considérable que la Saxe constitutionnelle ne l'est aujourd'hui.

L'Académie des Beaux-Arts est située sur la terrasse du jardin de Brühl. Cet édifice renferme plusieurs tableaux estimés, les verres de Saxe et des tapisseries de Flandre, faites à Arras sur les dessins de Raphaël.

Le Zwinger se compose de six pavillons joints ensemble par une galerie. Ces édifices devaient former la cour d'honneur d'un palais royal! ce n'était pas trop de la royauté de Saxe et de Pologne, pour justifier un pareil projet.

Les arts et les sciences se sont emparés de ces

constructions, pour y réunir le cabinet d'histoire naturelle, avec ses trois grandes subdivisions, et le cabinet d'estampes, partagé en douze classes, qui comprennent des dessins originaux fort précieux, et deux cent mille gravures reproduisant les tableaux des meilleurs maîtres de tous les pays. L'arrangement de cette collection, unique peut-être, est dû à M. Heinecke; sa direction, comme celle de tous les musées et établissements artistiques de Dresde, appartenait à M. Lindenau, ministre d'État.

Le comte de Chambord, en visitant le Zwinger, rencontra le roi et la reine qu'y avait attirés un tableau récemment exposé par son auteur. Ce tableau représente Jean Huss devant le concile de Constance. L'expression des physionomies donne un grand intérêt à cette belle composition. Elle est de M. Lessing, l'un des premiers peintres de l'école de Dusseldorff. L'artiste a fait un pendant à ce tableau, et c'est encore Jean Huss prêchant sa doctrine à Prague. Le pendant le plus convenable au tableau de la condamnation de ce sectaire, serait peut-être le portrait de Ziska appuyant le bout de sa massue sur une tombe, avec cette inscription : « Ici reposent, de mon fait, cent mille catholiques! »

Le palais Japon, situé dans la ville neuve, sur une belle place, renferme la galerie des antiques, le cabinet des médailles, ceux des porcelaines, et la bibliothèque royale, divisée en vingt-cinq chambres. Ces collections sont d'une grande richesse. La bibliothèque contient 221,000 volumes, 27,000 manuscrits et 20,000 cartes géographiques.

Le prince, profitant de son séjour dans un pays de libre discussion, voulut suivre les séances de la Chambre des députés. Il se rendit donc à l'hôtel des États, bel édifice bâti en 1775, et qui, dans l'intervalle des diètes, est consacré à des réunions scientifiques. Les personnes qui cherchent, avant tout, dans les luttes de la tribune, des émotions dramatiques, ne trouveraient point à se satisfaire, dans l'assemblée des États de Dresde; celles qui aiment la liberté de discussion, pour son utilité pratique, apprécieraient, au contraire, la manière dont les affaires sont traitées en Saxe. Personne, dans ce pays, n'a eu besoin de proclamer que la constitution serait une vérité : c'est peut-être pour cela qu'elle est vraie !

Après huit jours passés à Dresde, dans l'intimité de la famille, le comte de Chambord fit une courte absence pour voir Leipsick. Cette ville, la seconde du royaume dans l'ordre politique, est la plus considérable par ses richesses, et son importance commerciale. Elle puise en outre un grand intérêt historique, dans le souvenir des événements qui s'y sont accomplis.

Le vicomte de Foissac-Latour devait se séparer du prince à Leipsick, après l'avoir accompagné dans la visite du champ de bataille. La veille de notre départ, le général prit congé de la famille royale. Leurs Majestés et les princes lui prodiguèrent de vifs témoignages d'estime. M. de Foissac-Latour était du nombre des hommes qui honorent leur pays partout où ils sont appelés à le représenter. Il portait sur sa belle figure militaire, les nobles sentiments de son âme. La cour de Saxe connaissait déjà sa carrière si bien remplie, sa conduite si loyale; la conversation et les manières du général ne pouvaient que fortifier cette première impression.

Leipsick était alors une ville de cinquante-cinq mille âmes, dont la physionomie extérieure me parut totalement changée depuis la paix. Sa population et sa richesse s'étant augmentées dans la même proportion, les faubourgs se sont étendus, pour former autour du vieux Leipsick, une grande cité couverte de beaux hôtels, et de vastes établissements publics et privés. Le comte de Chambord, du haut de l'Observatoire, put contempler ce panorama, dont le développement embrasse une partie du champ de bataille de 1813; car aujourd'hui, Lindenau, Conneritz, Sotteritz, Schoënfeld, touchent en quelque sorte à la ville, par une suite à peine interrompue, de fabriques ou de maisons de campagne. Le prince, accompagné de M. de Falkenstein, directeur du cercle, visita l'université, l'une des plus célèbres de l'Allemagne, et les établissements publics et privés. Le soir, voulant se faire une idée exacte des branches diverses du commerce de cette place, il se rendit dans l'édifice qu'on appelle Halle aux Draps, où se trouvaient exposés tous les échantillons de la foire de Noël. Cet hôtel, composé d'un grand nombre de salles contiguës, était illuminé, et rempli d'un nombre immense de curieux. Cependant, nous pûmes visiter tous les salons, et remarquer les produits les plus intéressants de l'exposition.

La journée du lendemain fut consacrée à la visite des champs de bataille. M. le directeur du cercle, et le colonel Buttler, commandant la demi-brigade de chasseurs, accompagnèrent le prince dans cette longue promenade, ainsi que le lieutenant-colonel Heintz, qui lui fut partout si utile.

Si la première bataille de Leipsick, où triompha Gustave-Adolphe, eut de graves résultats pour l'Allemagne, ceux de la bataille de 1813, furent plus considérables encore : ils renversèrent l'empire colossal de Napoléon, et délivrèrent de sa lourde suzeraineté, tous ses vassaux du continent.

L'insuccès des batailles qui suivirent sa victoire de Dresde, et la concentration imminente des forces alliées, le décidèrent à réunir aussi les siennes, et à tenter de nouveau la fortune dans une grande bataille, où l'unité, l'expérience du commandement et le prestige que son génie exerçait encore sur ses ennemis, pourraient au moins, contre-balancer leur supériorité numérique. Napoléon compta sur une victoire d'Austerlitz ou d'Iéna, lorsque dans la situation des choses, il ne pouvait compter que sur plusieurs journées d'Eylau, et il n'avait de munitions que pour deux batailles!

L'empereur fut victorieux le 16 octobre, c'est-à-dire, qu'il acheta chèrement le champ de bataille. Une seconde épreuve devait être moins heureuse encore, et cependant il la voulait tenter.

La nuit même qui suivit son insuffisante victoire, il appela le maréchal Marmont, et lui demanda son avis sur la situation; le maréchal le lui exprima sans détour. L'empereur ne voulut pas le comprendre : en proie aux plus funestes illusions, il comptait encore, comme à Moscou, sur la paix, ou sur la victoire. Ce beau génie avait perdu sa liberté : placé sur une pente providentielle, il la descendait avec rapidité; malheureusement il ne la descendait pas seul, la France était encore derrière lui!

Le comte de Chambord parcourut d'abord la ligne de Lieberwolkwitz à Conneritz, et fit une longue station sur le plateau de Waschau où furent tentés les plus grands efforts, dans la journée du 16. Napoléon s'y était placé pour diriger les opérations. En face, sur la colline de Bossa, se tenaient l'empereur Alexandre et le roi de Prusse. Le marquis de Latour-Maubourg, dans une charge brillante, faillit enlever cette position : un boulet lui fracassa la cuisse, et le renversa sur ce dernier théâtre de sa gloire.

En quittant Waschau, nous visitâmes la bergerie de Meisdorf et la tuilerie dont la possession fut si chaudement disputée; le village de Prostheida, pris, repris, conservé et occupé le 16, par Napoléon lui-même; et enfin Conneritz, où il appuya sa droite dans les deux journées. Ce grand bourg, situé sur l'un des bras de l'Elster, fut vaillamment défendu par les ducs de Reggio, de Bellune, et par Poniatowski nommé maréchal, sur le terrain même qu'il avait défendu. En rentrant par la route d'Altenberg, le général Foissac retrouva les lieux où la brigade de cavalerie dont il avait le commandement, chargea les Russes qui ramenaient Poniatowski, et préserva à propos, le nouveau maréchal d'un échec assez grave pour compromettre la droite de l'armée. De Conneritz le comte de Chambord alla à Schoënfeld et à Lindenau, où combattirent avec tant de résolution et d'habileté, Marmont, Ney, Nansouty et Bertrand. Il est surprenant que Bernadotte et Blücher, instruits le matin même du 18, des dispositions de retraite de Bertrand, n'aient pas profité de leur supériorité numérique, et de la défection des Saxons, pour se rendre maîtres de Lindenau.

Le dernier acte de ce grand drame s'accomplit sous les murs mêmes de Leipsick; nous en trouvâmes des traces douloureuses dans le jardin de M. le conseiller Gerhrard. Là est le modeste monument de Poniatowski. Chargé avec Macdonald et Lauriston de la défense de la ville, ce brillant capitaine se jeta dans l'Elster, après la rupture du pont; mais, moins heureux que Macdonald, il fut atteint d'un coup de feu dans la rivière même, et s'y noya. Sa perte fut vivement sentie alors par ses frères d'armes : elle dut l'être plus vivement encore dix-sept ans plus tard, par sa patrie tout entière. Le petit bras de l'Elster, à l'endroit du pont, n'a pas quinze pieds de large; il eût été facile de remédier au mal avec quelques madriers, mais cette retraite devait se transformer en déroute; elle en eut malheureusement tous les caractères.

De retour chez lui, le comte de Chambord, cédant à une inspiration du champ de bataille, écrivit à M. de Latour-Maubourg, à ce noble et fidèle serviteur de la monarchie, pour lui exprimer, dans toute la chaleur de ses impressions récentes, son admiration pour sa brillante conduite, dans la journée de Leipsick. Le soir, le prince assista à un fort beau concert. Le lendemain, il repartit pour Dresde, avec le regret de se séparer du général de Foissac-Latour, qui venait, dans cette circonstance, d'acquérir de nouveaux droits à sa reconnaissance et à son affection.

XXVI.

Retour à Dresde. — Départ pour l'Italie. — Venise.

En rentrant à Dresde, nous passâmes le pont que le maréchal Davoust rompit fort inutilement en 1813, au grand mécontentement des habitants; ce pont est l'un des plus beaux ornements de cette capitale, si riche aujourd'hui en édifices remarquables.

Dresde doit son origine à quelques pêcheurs slaves. Leurs cabanes ayant fait place à des habitations plus solides, ce hameau se transforma en un bourg dépendant de l'évêché de Meissen. Dresde devint une ville sous Henri l'Illustre, une capitale sous l'électeur Maurice, et la plus jolie ville de l'Allemagne sous Frédéric-Auguste Ier et ses successeurs. Ses délicieux environs, ses promenades si nombreuses et si variées; ses places qui sont aussi des promenades; ses monuments, ses galeries, ses collections d'art, ses spectacles, ses établissements scientifiques et de bienfaisance, les mœurs de ses habitants, la douceur du gouvernement, l'hospitalité bienveillante de la cour, tout contribuait à faire de Dresde un séjour fort apprécié des étrangers. Aucune capitale cependant n'a plus souffert de la guerre. Gustave-Adolphe, Frédéric, Napoléon, l'ont visitée à plusieurs reprises, et avec eux le dur fléau de la conquête. Elle a supporté trois siéges, deux bombardements, un blocus, deux grandes batailles, et s'est relevée de toutes ses épreuves, plus riche et plus belle. Ses remparts, l'une des causes de ses malheurs, ont disparu, et fait place à des boulevards, à des jardins, à de jolies habitations.

La population de Dresde s'élevait, en 1842, à soixante-quinze mille habitants, sur lesquels huit mille catholiques; elle n'en comptait que trois mille il y a un siècle, sur soixante-quatre mille âmes.

La Saxe est réduite aujourd'hui aux cercles de Dresde, Leipsick, Zwickau et Budissin; mais ce petit royaume est le plus industrieux, le plus libre, le plus heureux des États allemands, et, par l'association des douanes, plus favorable cependant à son commerce qu'à la propriété foncière; il rend les autres États tributaires de sa supériorité industrielle.

Le comte de Chambord passa trois jours à Dresde, après son retour de Leipsick. Il trouva dans son appartement, de très-beaux vases de porcelaine, que le roi vint le prier d'accepter. A l'accueil plein de sensibilité que lui fit la famille royale, il semblait que la séparation eût été longue, et l'espoir de la réunion incertain.

Le prince revit à Dresde l'un des officiers de Madame, le vicomte de Monti, que depuis il a attaché à sa personne. Officier de cavalerie avant la révolution de 1830, et fort estimé à l'école de Saumur, M. de Monti a donné depuis des preuves éclatantes de son dévouement et de sa fidélité. Le comte de Chambord le présenta à Leurs Majestés et aux princes, qui l'admirent au partage de cette flatteuse bienveillance dont nous ne perdrons jamais le souvenir.

La veille du départ, l'auguste voyageur prit congé de la famille royale, dont chaque membre était devenu un ami pour lui. Il reçut, avant de monter en voiture, les hauts fonctionnaires de cette cour gracieuse. Il faudrait, pour être juste, citer ici tous les noms qui concourent à former à Leurs Majestés et aux princes de Saxe, un entourage digne d'eux.

Henri de France avait résolu d'achever l'hiver à Venise. Nous traversâmes donc les États d'Autriche, pour nous embarquer à Trieste. Chemin faisant, le prince s'arrêta à Brundsée pour faire une visite à Madame, duchesse de Berry. C'était dans les premiers jours de janvier : le froid se faisait vivement sentir; cependant, Madame résolut d'organiser une partie de chasse pour son fils. S. A. I. l'archiduc Albert, fils aîné du prince Charles, vint de Graetz, pour y prendre part. Pendant trois jours, les lièvres et les faisans de Brundsée eurent à supporter une rude guerre. Malgré la rigueur de la saison, Madame participa à ces chasses. La dernière eut lieu dans le parc même du château. La musique d'un régiment de cavalerie, appelée de Rackesbourg, s'était placée à l'entrée du bois. Elle s'avança lentement dans notre direction, poussant devant elle les faisans; ce fut donc au son des plus brillantes fanfares, que ces pauvres volatiles vinrent chercher la mort, au-dessus de la ligne des tireurs. Madame, en costume de chasse, coiffée d'un bonnet fourré, et tenant à la main un fusil élégant, était à son poste d'affût, entre l'archiduc Albert et Henri de France. Plus d'un faisan, atteint dans son vol rapide, par le plomb de la princesse, s'abattit à ses pieds, au milieu des trophées de la journée!

Le soir on joua dix proverbes improvisés, agréable distraction, jeux piquants d'imagination et de spirituelles niaiseries auxquels la bienveillance et la gaieté des princes donnèrent beaucoup de charme et d'entrain. La présence de l'archiduc Albert ajouta au plaisir de cette réunion. Un héritage glorieux est réservé à ce prince, il s'y est préparé depuis longtemps, par de profondes études.

En arrivant à Trieste, nous allâmes voir la frégate de l'archiduc Frédéric, qui revenait d'une longue tournée. L'archiduc était absent; mais les officiers ayant reconnu le comte de Chambord, lui firent la plus aimable réception. Ils lui montrèrent en détail leur frégate, et exécutèrent devant lui, toutes les manœuvres de combat. A peine le prince était-il rentré dans son bateau, que les canonniers chargèrent leurs pièces, et lui firent le salut dû à son rang. La population de Trieste, attirée par la canonnade, s'assembla sur le rivage pour apercevoir, au retour, le grand personnage inconnu qui lui valait ce majestueux concert; mais déjà le prince s'était mêlé à la foule des curieux. Peu d'instants après, il monta sur le bateau à vapeur qui le débarqua à Venise le lendemain matin.

L'archiduc vice-roi s'y trouvait en ce moment avec sa famille, ainsi que l'archiduc Frédéric. La vice-reine avait plusieurs fois visité à Vienne le comte de Chambord sur son lit de douleurs, elle montra un vif plaisir à le revoir sorti de la longue épreuve à laquelle il avait été soumis.

Plusieurs Français étaient aussi à Venise au moment de notre arrivée. Un homme honorable qui porte un nom marquant dans la haute administration de notre pays, le vicomte Ernest de Chabrol, habitait avec sa jeune femme l'hôtel où nous étions descendus. Il venait d'entrer dans la magistrature en 1830, avec la perspective d'une belle carrière. En quittant son poste, il ne renonça pas à servir son pays. Le *Dictionnaire de législa-*

tion usuelle, fruit de ses veilles et de ses longues études, aujourd'hui entre les mains de tout le monde, témoigne du talent de son auteur. Le prince fut charmé de le connaître, et d'utiliser son séjour à Venise.

Distrait à Dresde de ses occupations habituelles, il les avait retrouvées en Italie. Suivre attentivement les discussions de la tribune, et de la presse dans notre patrie; noter les bonnes pensées et les idées pratiques qui s'y révèlent; examiner avec un soin scrupuleux les actes du gouvernement et de l'administration; tout lire, tout connaître pour apprécier les hommes supérieurs; étudier les embarras d'une société qui s'encombre, où tout le monde veut l'égalité, et chacun des distinctions; rechercher les ressources de cette société et les bons éléments qu'elle peut mettre en œuvre; tel était depuis plusieurs années, l'objet des occupations du prince, et cependant, elles n'excluaient pas les études historiques qui mûrissaient son jugement, en replaçant avec utilité sous ses yeux, les fautes de nos devanciers.

Le dernier voyage de Saxe avait interrompu la lecture raisonnée des événements de la péninsule espagnole sous l'empire, le prince la reprit en mettant le pied en Italie. Le lendemain même de son arrivée, il écrivait des notes sur la campagne de 1812, d'après l'ouvrage de Napier, lorsqu'on lui annonça un personnage en possession d'un premier rôle dans ce grand drame militaire, le duc de Raguse, qui dans ce moment habitait Venise.

« Monsieur le maréchal, lui dit le prince en « se levant pour le recevoir, je m'occupais de « vous au moment même où vous êtes entré, « et je remarquais, en lisant le récit de la ba- « taille des Arapiles, que vous vous y êtes trouvé « précisément dans la position de Villars à Mal- « plaquet, blessé grièvement, au commencement « même de l'action, après avoir habilement pré- « paré la victoire. Malheureusement vous n'aviez « pas alors un maréchal de Boufflers, tout prêt à « hériter du commandement, et à faire payer cher « votre blessure à l'ennemi. »

Le maréchal Marmont fut très-sensible à la forme de l'accueil du prince, qui cependant ne lui avait pas fait un compliment, car Napier lui-même rend justice aux savantes manœuvres qui précédèrent une bataille dont un accident fortuit nous enleva l'avantage. Le maréchal saisit l'à-propos de cette particularité des occupations du comte de Chambord, pour lui demander de vouloir bien entendre la lecture de ses propres mémoires, sur cette importante campagne. Le prince n'eut garde de laisser échapper une occasion de connaître une version de plus, et une version intéressante, des événements contemporains.

Le duc de Raguse s'est trouvé placé bien jeune, dans des positions et des commandements qui l'ont mis à même de savoir une multitude de détails fort instructifs pour un prince; aussi, interrompait-il parfois son récit, pour raconter des anecdotes propres à faire connaître les principaux acteurs de cette grande époque. Les lectures du maréchal intéressèrent le comte de Chambord; il alla lui-même l'en remercier, lorsqu'elles furent terminées.

Le vice-amiral Paulucci, commandant-général de la marine, s'était aussi présenté chez le prince avec les officiers de son état major, au moment de son arrivée à Venise. Convaincu qu'il n'y passerait pas l'hiver, sans s'occuper de la marine, il lui donna pour officier d'ordonnance son propre fils, jeune homme plein d'intelligence et d'activité.

Le prince mit souvent à l'épreuve l'obligeance de l'amiral : tantôt il montait à bord de la frégate-école, pour assister aux manœuvres, tantôt il allait faire une longue station à l'arsenal, et voir travailler les ouvriers. Tous les marins le connaissaient et l'aimaient, parce qu'ils remarquaient que lui-même aimait leur état et appréciait leurs services. La marine est en effet un élément considérable de la puissance de la France, et de la liberté de notre politique.

J'ai dit ailleurs que le comte de Chambord s'adonnait depuis plusieurs années, à l'étude sérieuse de la diplomatie. Il possède un volume entier de notes écrites de sa main; c'est un résumé de ses propres réflexions sur les traités, les gouvernements, et les hommes qui y prirent part, depuis deux siècles. Un jour qu'il écrivait ses remarques, sur les diverses conventions qui ont suivi le traité de 1783, entre la France et l'Angleterre : « Voyez, « me dit-il, en me montrant la déclaration des « cours de Versailles et de Londres du 30 août 1787, « voici une convention peu connue, et qui cons- « tate un principe d'égalité maritime, entre la « France et l'Angleterre. Par cette convention, « les deux puissances ne pouvaient mettre en mer « en temps de paix, que six vaisseaux de ligne « chacune. Eh bien ! cette égalité reconnue ici « implicitement, par la Grande-Bretagne, n'était « alors qu'apparente, car le pacte de famille nous « assurait, en réalité, sous Louis XVI, la supério- « rité dont nous avions joui sous Louis XIV. »

« En 1814, cette situation était à refaire; mais « il fallait, avant tout, libérer la France, et la ré- « concilier avec l'Europe. Cette tâche remplie, on « s'occupa de la marine; on marcha d'abord len- « tement; mais on marcha toujours. Notre poli- « tique n'était point hostile à l'Angleterre : elle se « fondait sur un principe de justice, et d'hono- « rable réciprocité ; mais pour amener nos voisins « à l'admettre, nous avions besoin de nous ap- « puyer, comme nous l'avons fait en 1823 et en « 1830, sur de solides alliés. Là était et serait encore « à l'occasion, la force de notre pays, s'il pouvait « enfin se soustraire à l'isolement auquel les révo- « lutions l'ont condamné. »

Cette opinion du prince n'était en quelque sorte qu'un résumé des idées que je lui avais déjà entendu exprimer; mais elle me donnait cette fois, sa pensée complète sur un intérêt vital de notre pays, et je m'empressai de la recueillir.

Le comte de Chambord aimait beaucoup Venise; ses relations de famille, qui furent si actives pendant notre séjour, le charme d'une société bienveillante, l'agrément d'un théâtre, où il retrouvait encore la société, le mouvement du port, tout contribuait à lui rendre cette résidence agréable. Cette capitale, d'ailleurs, était fort attachante par ses souvenirs, et par la douceur de ses mœurs. Le gouvernement ombrageux de la république avait créé, au milieu de cette bonne population, un petit peuple de tyrans et de séides, qui a disparu avec elle. De toutes les villes de l'Italie Venise est celle où il se commet le moins d'excès. Nous l'avons vue tout entière en mouvement, le jour d'une fête populaire, le jour du tirage de la loterie. *La Tombola*, ce mot magique qui émeut toutes les imaginations vénitiennes, avait attiré une foule immense sur la place Saint-Marc, sur les quais, sur les places adjacentes; pas un délit grave ne troubla les plaisirs de cette foule joyeuse.

La population, réduite par la diminution de son commerce, par la prospérité de Trieste, sa rivale, était, en 1843, de cent mille âmes. Le terme de cette fâcheuse situation semblait enfin arrivé; de grands travaux devaient dégager le port, des vases qui en interdisaient l'entrée aux gros navires ; un pont, qu'on pourrait appeler des géants, avec plus de justice, que l'escalier du palais des doges, un pont d'une lieue jeté sur les lagunes, allait rattacher Venise au continent; enfin, tout annonçait alors, que l'Autriche voulait imprimer à son port militaire, une activité favorable à son commerce, et au mouvement de sa population. J'ai entendu regretter la construction de ce nouveau pont, qui n'est, à bien dire, qu'un long viaduc pour le chemin de fer, car les wagons seuls y seront admis. Il ôtera, disait-on, à Venise sa physionomie originale. Il me semble, au contraire, qu'il ne peut être pour cette ville qu'une originalité de plus. Elle n'en aura pas moins ses églises orientales, sa place Saint-Marc, ses mille ruelles, ses trois cents ponts, son Rialto, son grand canal, ses neuf mille gondoles, et sa silencieuse activité.

Une nouveauté dont on ne dit rien, et qui a bien aussi son importance, c'est l'introduction des exercices équestres dans cette ville, où durant tant de siècles, les chevaux de bronze de Néron, ont fourni la seule cavalerie admise au droit de cité. Nous avons pu voir, dans le jardin public, des parodistes de Franconi attirer la foule sur ce rivage, où elle s'assemblait jadis, pour saluer le *Bucentaure* de ses acclamations. N'est-ce pas là aussi une étrange révolution, bien propre à éveiller l'active sollicitude des gondoliers?

Venise possède sept théâtres, cinq grandes

écoles, quatre hôpitaux considérables, un nombre immense de palais, et soixante-douze églises. On rencontre dans ses palais des tableaux de prix, et de grands souvenirs; car plusieurs d'entre eux portent les noms des doges qui les habitèrent. On admire dans ses églises des tombeaux, des mosaïques, des ornements précieux, des chefs-d'œuvre des grands peintres. Mais c'est dans l'église Saint-Marc, son plus majestueux monument, c'est au palais de ses doges, où délibéraient le sénat et le conseil des Dix, c'est sur la Piazetta où s'accomplissaient les arrêts de ses tribunaux, c'est à l'arsenal où se manipulait le matériel de sa puissance, qu'il faut surtout aller chercher la reine de l'Adriatique, la maîtresse du commerce au moyen âge, l'heureuse adversaire des sultans.

La cathédrale, placée sous l'invocation de saint Marc, après la translation des reliques de cet éloquent évangéliste en 815, fut brûlée deux siècles après, et rétablie par le doge Urseolo. Ses successeurs enrichirent le temple et son trésor des dépouilles de Constantinople. La forme grecque de Saint-Marc rappelle le Kremlin; mais rien, pas même Saint-Pierre de Rome, ne peut donner une idée de la profusion de ses marbres, de ses mosaïques, de ses bas-reliefs, de ses colonnes. On voit partout de plus grandes églises, nulle part on n'en voit de plus extraordinaire, pour les détails, pour le luxe varié des ornements. C'est devant le portique de ce beau temple, qu'eut lieu, au mois d'août 1177, la réconciliation du pape Alexandre III et de Frédéric Barberousse. Ce fut une grande fête pour le peuple vénitien, et un triomphe pour son gouvernement!

Le palais des doges, aussi riche dans ses détails, qu'admirable dans sa forme, fut incendié avec Saint-Marc, dans la révolution qui arracha la vie à Pierre Candiano, mauvais fils, mauvais citoyen, élevé au dogat, malgré ses vices. Le palais comme l'église, fut rebâti par le plus vertueux, le plus pieux des doges vénitiens, par Urseolo, et ce qui semble invraisemblable, à ses frais.

On pénètre dans le palais du doge, par huit issues ornées d'arcades et de colonnes. En face de l'une d'elles, sont les prisons, d'où s'échappa Casanova, où tant d'autres moins heureux que lui, durent, comme à l'entrée de l'enfer du Dante, laisser l'espérance au seuil de leurs portes massives. L'escalier de marbre des géants s'élève entre les statues de Mars et de Neptune, entre les deux lions dénonciateurs. Ces statues représentent la guerre et la police, ces deux grands ressorts de la puissance vénitienne.

Les salles du palais rappellent les institutions de la république : là, cst l'ancien arsenal du doge, avec ses quinze cents fusils toujours prêts à répondre à l'émeute; ici, la salle des élections, décorée des souvenirs de la gloire militaire de Venise, et des portraits de ses premiers magistrats; plus loin, la salle de la marine, celle du sénat, du tribunal des Dix, institué par Gradenigo en 1309, et enfin, la salle de ce grand conseil, dont la réforme occasionna la révolte du peuple, et l'institution redoutable du tribunal des Dix! Des tableaux historiques ornent cette vaste salle; ils rappellent les querelles des Vénitiens et de leur doge Ziani, avec Frédéric Barberousse, amené par leur puissante médiation aux pieds d'Alexandre III, leur allié. L'un des tableaux représente la scène dont le portique de Saint-Marc fut le théâtre; mais le peintre, usant du privilége *de tout oser*, a placé le pied du pape sur la tête de Frédéric; cette licence pouvait flatter la vanité vénitienne, mais elle blesse l'histoire, éclairée par l'imposante autorité de l'archevêque napolitain Romuald, l'un des témoins de cette grande scène. On dit qu'en passant devant ce tableau, Joseph II s'écria : *Tempi passati ;* il aurait pu dire avec plus de vérité : *Male trovato*; car l'action attribuée faussement au souverain pontife, eût été aussi injurieuse à l'empereur, que répréhensible de la part du pape.

Combien de souvenirs rappellent cette place Saint-Marc, théâtre des grandes solennités et aussi des luttes civiles de la république! Cette piazetta où périt Marino Faliero, et tant d'autres coupables ou innocents; cette piazetta où, dans des jours plus heureux, le peuple entier se pressait pour saluer, au retour de leurs expéditions, les vainqueurs de Constantinople et de Lépante; et l'arsenal maritime, d'où sortirent les flottes victorieuses des Ziani, des Zéno, des Morosini, des Dandolo ! Ce bel établissement était riche encore des vastes magasins, des salles d'armes, des chantiers, des arsenaux de Venise; mais un seul vaisseau avait survécu à sa flotte, comme un triste monument du passé, c'est le *Bucentaure*, sur lequel le doge épousait la mer Adriatique ! Cette reprise annuelle de possession fut justifiée durant plusieurs siècles, par la supériorité maritime des Vénitiens; mais leur suprématie, uniquement fondée sur la lenteur des grands États à chercher la puissance à la même source, devait disparaître, le jour où des flottes de cinquante vaisseaux, sillonneraient les mers, sous les pavillons de France, d'Espagne et d'Angleterre. La découverte du cap de Bonne-Espérance ébranla le commerce de Venise; l'apparition de nos escadres dans la Méditerranée détruisit l'importance de sa marine; dès ce moment la république ne fut plus qu'un État du quatrième ordre. Dès ce moment aussi, son gouvernement fondé par un coup d'État, contre le vœu populaire, commença à décheoir rapidement. Il avait été impopulaire, mais estimé; il finit par joindre le mépris à l'impopularité.

Une puissance peut bien, dans de pareilles conditions, se traîner dans la boue, en l'absence des événements; mais au premier choc, elle se brise, pour faire place à une restauration, si le corps social est encore vivace, à l'anarchie et à la conquête, s'il ne l'est plus.

Venise, effacée de la carte des nations, et livrée à l'Autriche par le Directoire, avait conservé un grand nombre de familles honorables, dont le nom est lié à ses plus beaux souvenirs; toutes ont déploré la perte de leur nationalité. Le dernier doge lui-même, trop faible pour la situation, mais trop patriote pour n'en pas mourir, exhala en quelque sorte, le dernier soupir de la république. Forcé de résigner un pouvoir que tant de grands hommes avaient illustré, il tomba sans mouvement, au pied du général autrichien chargé de recevoir son serment d'obéissance !

D'autres familles se sont affaissées dans une misère profonde. En allant par le grand canal, admirer, au palais Zanobrio, un beau tableau de Gregoletti, représentant la condamnation de Jacques Foscari par son père, nous avons entrevu les dernières filles de ce père héroïque, cachant leur pauvreté, dans un coin obscur de leur vieux palais !

L'Autriche, en absorbant le gouvernement de Venise, avait hérité de ses devoirs, comme des éléments de sa puissance : secourir les familles déchues, utiliser sur sa marine restaurée, les enfant des marins qu'on vit pendant tant de siècles à l'avant-garde de la chrétienté, telle était la tâche que le gouvernement de Vienne s'était imposée, et qu'il était de son honneur d'accomplir!

Au mois de septembre 1843, voyant que les événements des années précédentes n'avaient laissé dans la politique générale, aucune trace contraire à ses prévisions, le comte de Chambord jugea le moment favorable, pour reprendre son projet de voyage en Prusse et en Angleterre. Les personnes qui devaient l'accompager avaient été invitées à le rejoindre à Dresde : c'étaient le vicomte de Saint-Priest, l'un des hommes qui ont le plus honorablement représenté la France à l'étranger, et dans ce même royaume de Prusse, où il allait retrouver les heureux souvenirs de son ambassade ; le lieutenant-général Vincent, mis jadis à l'ordre de l'armée dans la campagne d'Iéna, et qui venait pour la dernière fois, hélas ! porter au fils de ses rois, le tribut de ses bons services ; c'était aussi M. Villaret de Joyeuse, dont la présence devrait être si utile au prince dans les ports de la Grande-Bretagne. Ai-je besoin de nommer le duc de Lévis ! Chacun sait qu'alors aussi il était à son poste de dévouement. Moins heureux, je ne suivis pas le comte de Chambord en Angleterre, comme je l'avais fait partout ailleurs. Des raisons graves me rappelaient en France. Pour retarder l'instant de cette séparation, le prince voulut bien m'engager à l'accompagner au moins jusqu'à Dresde : je reçus avec reconnaissance, cette nouvelle marque de ses bontés.

Nous partîmes pour la Saxe, au commencement de septembre, en suivant une route agréable en tout temps, mais charmante dans cette saison de l'année. Nous nous embarquâmes à Dibsko, à quelques lieues au-dessus de Melnick, et de l'endroit où la Moldau, malgré le volume supérieur de ses eaux, renonce humblement à son nom, pour se perdre dans l'Elbe.

Dès ce moment, la navigation devient facile ; elle acquiert un grand charme au delà d'Aussig, situé à l'entrée des montagnes et de l'heureuse contrée qu'on appelle la Suisse-Saxonne. Tetschen, à l'embranchement des routes de Tœplitz et de Kamnitz, en est peut-être le point le plus remarquable. Cette petite ville forme le centre de quatre vallées arrosées par l'Elbe, ou par de frais ruisseaux bordés de prairies et de riches villages. Le château du comte de Thun couronne ce beau paysage ; perché sur un roc à mi-côte, il se détache avec grâce, de son entourage de jardins en terrasses, et domine les clochers, les usines, les habitations qui se groupent à ses pieds.

Avant d'entrer à Tetschen, nous remarquâmes le pavillon de la Grande-Bretagne flottant à l'extrémité d'un mât de cocagne, planté dans le gazon d'un joli parc, sur le bord même de l'Elbe. Un Anglais avait fait sur ce rivage, acte de souveraineté au nom de son pays, pensant apparemment, que la reine des mers doit l'être, à plus forte raison, des fleuves, leurs très-humbles et très-obéissants tributaires.

Schandau et ses sources minérales, Kœnigstein et son château-fort, lieu de détention, en 1704, des deux fils de Sobieski, et dernier refuge, en

1813, de la nationalité saxonne, Pirna et son palais déchu; mais encore plein des souvenirs du grand Frédéric, nous conduisirent en passant devant Pilnitz, près des quais du jardin de Brühl. Le prince y débarqua, mais cette fois, il ne fit que passer à Dresde. Le lendemain matin, les voitures de la cour l'emmenèrent à Pilnitz, où se trouvait alors la famile royale. Cette résidence, bâtie sur la rive droite de l'Elbe, se compose de plusieurs édifices séparés par une vaste cour intérieure. La principale façade donne sur le fleuve; là sont les grands appartements. Le parc est bien planté et adossé à de jolies collines qui ajoutent à l'agrément de l'habitation. C'est dans un salon de l'édifice intérieur parallèle au grand corps de logis, que fut signée, le 25 août 1791, entre l'empereur Léopold et le roi de Prusse, la célèbre convention dont le but était la liberté de Louis XVI, dont les conséquences furent des actes de conquête sur notre territoire, la mort du roi, et vingt-cinq années de bouleversements et de guerres! De nos jours, le principe révolutionnaire eut aussi sa convention de Pilnitz applicable à l'Espagne et au Portugal; mais il l'exécuta avec plus de franchise et de succès.

Le temps que le comte de Chambord passa dans cette résidence fut consacré à des réunions de famille et à des excursions dans les environs.

Le jour même de mon départ pour la France, LL. MM. choisirent pour but de promenade l'une des vallées les plus romantiques de la Suisse-Saxonne. Arrivés à Pirna, nous quittâmes la grande route, pour nous diriger sur la vallée profonde de la Müglitz; puis, laissant à gauche, les collines dentelées et le nid d'aigle de Koenigstein, pour suivre le val romantique de Schottwitz, nous le remontâmes vers les frontières de la Bohême, jusqu'au lieu où la route elle-même nous manqua. Là, LL. MM. et les princes mirent pied à terre, près du moulin des Seigneurs, et le roi, prenant avec la reine et Henri de France, la tête de la marche, nous conduisit dans un sentier étroit, bordé de rochers de forme variées, à travers lesquels on chemine un à un.

Les parois de ces étroites crevasses sont ouverts et laissent entrevoir, par intervalles, le ravissant paysage du vallon. Sur le versant opposé, des mineurs attachaient, en l'honneur du roi, le pétard aux murailles granitiques de la montagne, et accompagnaient leurs détonations des plus joyeux vivats. Après une assez longue marche, accidentée par les nombreux caprices de ces rochers bizarres, nous montâmes sur une plate-forme, où le roi rallia sa colonne un peu décousue; et là, un vieux mineur, gardien des archives de ce petit monde de pierres, nous donna sur son histoire, sur ses révolutions géologiques, des détails un peu prétentieux peut-être, mais qui amusèrent d'autant plus la royale assemblée.

En quittant cette plate-forme, nous passâmes le ruisseau, et, redescendant la vallée, à travers des prés et de jolis bosquets, nous revînmes au point de départ, où se trouvait dressée, dans une prairie, au pied d'une colline boisée, à quelques pas du ruisseau et du moulin, une table de vingt couverts, où je suppose que les princesses durent s'asseoir avec un certain plaisir; car elles avaient longtemps marché, sur une route que les poëtes avaient oublié de semer de fleurs.

Ce dîner royal sur l'herbe, favorisé par un beau temps, encadré par un paysage charmant, animé par une excellente musique, et, qu'on me passe la brutalité de ce souvenir, par un appétit militaire, couronna fort agréablement cette partie de campagne; mais ce que j'y remarquai surtout, c'est la bonté de cette auguste famille, c'est l'attitude de la population. Elle s'était placée d'elle-même, assez près pour voir les princes, pas assez pour les incommoder; tous semblaient s'associer au charme de cette réunion, et dire en regardant le roi : « Il s'amuse, mais il en a le droit, car il nous rend heureux. »

Je devais partir le soir à dix heures, LL. MM. et les princes daignèrent recevoir mes adieux avec la plus gracieuse bienveillance. Le comte de Chambord m'accorda le dernier quart d'heure de cette journée, tristes mais précieux instants que je ne pourrais ni oublier, ni décrire.

endant près de cinq ans, j'avais vu le fils de

nos rois dans les situations les plus diverses : je l'avais vu dans ses travaux, dans ses plaisirs, dans ses souffrances, dans l'intimité de la famille, dans ses relations avec les personnages les plus éminents, et chaque jour avait augmenté mon dévouement à sa personne. De pareils souvenirs devaient être ineffaçables! peut-être était-ce un devoir de ne les pas garder pour moi? Ce devoir, j'ai essayé de le remplir, je l'ai fait avec réserve, mais avec une religieuse fidélité.

Je quittai le prince, pour trois ans, le 18 septembre. Il devait partir le surlendemain, et aller recueillir dans le nord de l'Europe, de nouveaux témoignages d'intérêt. Eh bien! après cette nouvelle épreuve, comme au retour de ses précédents voyages, il a pu dire avec le poëte, en se rappelant tant d'hommages flatteurs, mais aussi en se rappelant la France :

> Plus je vis d'étrangers, plus j'aimai mon pays.

FIN.

TABLE DES CHAPITRES.

IX.

XVIII.

XIX.

XX.

XXI.

XXII.

XXIII.

XXIV.

XXV.

XXVI.

FIN DE LA TABLE.

BIBLIOTHÈQUE NATIONALE
R.F.
IMPRIMÉS.

www.ingramcontent.com/pod-product-compliance
Ingram Content Group UK Ltd.
Pitfield, Milton Keynes, MK11 3LW, UK
UKHW012004240726
13965UKWH00001B/137

9 782012 396777